地质勘探工程与测绘技术应用

陈明军　杨菁　王锋　著

吉林科学技术出版社

图书在版编目（CIP）数据

地质勘探工程与测绘技术应用 / 陈明军 , 杨菁 , 王
锋著 . —— 长春 : 吉林科学技术出版社 , 2024.5
ISBN 978-7-5744-1299-6

Ⅰ . ①地… Ⅱ . ①陈… ②杨… ③王… Ⅲ . ①地质勘
探②地质学—测绘 Ⅳ . ① P624 ② P5

中国国家版本馆 CIP 数据核字 (2024) 第 089384 号

地质勘探工程与测绘技术应用

著　陈明军　杨菁　王锋
出 版 人　宛　霞
责任编辑　宋　超
封面设计　刘梦杳
制 　版　刘梦杳
幅面尺寸　185mm×260mm
开 　本　16
字 　数　330 千字
印 　张　16.5
印 　数　1~1500 册
版 　次　2024 年 3月第 1 版
印 　次　2024年10月第1次印刷

出 　版　吉林科学技术出版社
发 　行　吉林科学技术出版社
地 　址　长春市福祉大路5788 号出版大厦A 座
邮 　编　130118
发行部电话/传真　0431-81629529 81629530 81629531
　　　　　　　　　81629532 81629533 81629534
储运部电话　0431-86059116
编辑部电话　0431-81629510
印 　刷　廊坊市印艺阁数字科技有限公司

书 　号　ISBN 978-7-5744-1299-6
定 　价　99.00元

前　言

Preface

岩土工程，直译为"地质技术工程"，是20世纪60年代在前人土木工程实践的基础上建立起来的一个新的技术体系，它主要是研究岩体和土体工程问题的一门学科。岩土工程勘察技术是建设工程勘察的重要手段，直接服务于地基和基础工程设计。采用合理的勘察技术手段是确保建设工程安全稳定、技术经济合理的关键。随着我国经济建设的繁荣，工程建设场地已没有较多的选择空间，在大多数情况下，只能通过岩土工程勘察查明拟建场地及其周边地区的水文地质、工程地质条件，在对现有场地进行可行性和稳定性论证的基础上，对场地岩土体进行整治、改造、再利用，这也是当今岩土工程勘察面临的新形势。随着我国基础设施建设规模的不断扩大，对岩土工程提出了一个又一个需要解决的新课题和亟待解决的新问题。

随着科学技术的发展和进步，信息技术、数字技术都得到了空前的发展。在当今世界，经济全球化的发展趋势也势如破竹，推动经济全球化的动力则来源于信息技术和信息产业。伴随着信息时代的发展，我国的传统测绘技术也迈向数字化、信息化测绘时代，测绘新技术对现代土木工程建设的影响愈来愈大。

土木工程活动是人类适应与改造自然生态环境的重要生产活动之一，而土木工程的加固改造以及现场测量工作则是其质量和寿命的决定因素。在现代土木工程活动开展过程中，土地测绘工作具有基础性的作用，也是土地管理工作的核心内容之一。工程测绘技术作为行业中不可或缺的工程检测与数据测绘手段，通过不断应用新兴技术，工程测绘技术得到长足的发展。

本书围绕"地质勘探工程与测绘技术应用"这一主题，以勘察分级和岩土分类为切入点，由浅入深地阐述了岩土工程条件、岩土工程勘察分级、岩土工程勘察的基本程序、岩土的分类和鉴定等，并系统地论述了工程地质测绘，包括工程地质测绘准备工作、工程地质测绘内容、工程地质测绘资料的整理等内容。此外，本书对地球物理勘探、测绘遥感技术的应用等进行了探索。本书内容翔实、条理清晰、逻辑合理，兼具理论性与实践性，适用于从事相关工作与研究的专业人员。

由于作者水平有限，加之时间仓促，书中难免存在不足与疏漏之处，望广大读者给予批评指正。

目 录

Contents

第一章　勘察分级和岩土分类

第一节　岩土工程条件

　　查明场地的工程地质条件是传统工程地质勘察的主要任务。工程地质条件指与工程建设有关的地质因素的综合，或者是工程建筑物所在地质环境的各项因素。这些因素包括岩土类型及其工程性质、地质构造、地貌、水文地质、工程动力地质作用和天然建筑材料等方面。工程地质条件是客观存在的，是自然地质历史塑造而成的。由于各种因素组合的不同，不同地点的工程地质条件随之变化，存在的工程地质问题也各异，其影响结果是对工程建设的适宜性相差甚远。工程建设不怕地质条件复杂，怕的是复杂的工程地质条件没有被认识、被发现，因而未能采取相应的岩土工程措施，以致给工程施工带来麻烦，甚至留下隐患，造成事故。

　　岩土工程条件不仅包含工程地质条件，还包括工程条件，是把地质环境、岩土体和建造在岩土体上的建筑物作为一个整体来进行研究。具体地说，岩土工程条件包括场地条件、地基条件和工程条件。

　　场地条件——场地地形地貌、地质构造、水文地质条件的复杂程度；有无不良地质现象，不良地质现象的类型、发展趋势和对工程的影响；场地环境工程地质条件（地面沉降，采空区，隐伏岩溶地面塌陷，水土的污染、地震烈度，场地对抗震有利、不利影响或危险，场地的地震效应等）。

　　地基条件——地基岩土的年代和成因，有无特殊性岩土，岩土随空间和时间的变异性；岩土的强度性质和变形性质；岩土作为天然地基的可能性、岩土加固和改良的必要性和可行性。

　　工程条件——工程的规模、重要性（政治、经济、社会）；荷载的性质、大小、加荷速率、分布均匀性；结构刚度、特点、对不均匀沉降的敏感性；基础类型、刚度、对地基强度和变形的要求；地基、基础与上部结构协同作用。

第二节 建筑场地与地基的概念

一、建筑场地的概念

建筑场地是指工程建设直接占有并直接使用的有限面积的土地，大体相当于厂区、居民点和自然村的区域范围的建筑物所在地。从工程勘察角度分析，场地的概念不仅代表所划定的土地范围，还应涉及建筑物所处的工程地质环境与岩土体的稳定问题。在地震区，建筑场地还应具有相近的反应谱特性。新建（待建）建筑场地是勘察工作的对象。

二、建筑物地基的概念

任何建筑物都建造在土层或岩石上，土层受到建筑物的荷载作用就产生压缩变形。为了减少建筑物的下沉，保证其稳定性，必须将墙或柱与土层接触部分的断面尺寸适当扩大，以减小建筑物与土接触部分的压强。建筑物最底下扩大的这一部分，将结构所承受的各种作用传递到地基上的结构组成部分称为基础。地基是指支承基础的土体或岩体，在结构物基础底面下，承受由基础传来的荷载，受建筑物影响的那部分地层。地基一般包括持力层和下卧层。埋置基础的土层称为持力层，在地基范围内持力层以下的土层称为下卧层。地基在静、动荷载作用下要产生变形，变形过大会危害建筑物的安全。当荷载超过地基承载力时，地基强度便遭到破坏而丧失稳定性，致使建筑物不能正常使用。因此，地基与工程建筑物的关系更为直接、更为具体。为了建筑物的安全，必须根据荷载的大小和性质给基础选择可靠的持力层。当上层土的承载力大于下卧层时，一般取上层土作为持力层，以减小基础的埋深。当上层土的承载力低于下层土时，如取下层土为持力层，则所需的基础底面积较小，但埋深较大；若取上层土为持力层，情况则相反。选取哪一种方案，需要综合分析和比较后才能决定。地基持力层的选择是岩土工程勘察的重点内容之一。

三、天然地基、软弱地基和人工地基

未经加固处理直接支承基础的地基称为天然地基。

若地基土层主要由淤泥、淤泥质土、松散的砂土、冲填土、杂填土或其他高压缩性土层所构成，这种地基称为软弱地基或松软地基。由于软弱地基土层压缩模量很小，所以在荷载作用下产生的变形很大。因此，必须确定合理的建筑措施和地基处理方法。

若地基土层较软弱，建筑物的荷重又较大，地基承载力和变形都不能满足设计要求时，需对地基进行人工加固处理，这种地基称为人工地基。

第三节　岩土工程勘察分级

岩土工程勘察的分级应根据岩土工程的安全等级、场地的复杂程度和地基的复杂程度来划分。不同等级的岩土工程勘察，因其复杂难易程度的不同，勘探测试、分析计算评价、施工监测控制等工作的规模、工作量、工作深度质量也相应有不同的要求。

一、岩土工程的安全等级

根据工程破坏后果的严重性，如危及人的生命、造成的经济损失、产生的社会影响和修复的可能性，岩土工程的安全等级按表1-1分为3个等级。

表1-1　岩土工程的安全等级

安全等级	破坏后果	工程类别
一级	很严重	重要工程
二级	严重	一般工程
三级	不严重	次要工程

对于房屋建筑物和构筑物而言，属于重要的工业与民用建筑物、20层以上的高层建筑、建筑形式复杂的14层以上的高层建筑、对地基变形有特殊要求的建筑物、单桩承受荷载在4000kN以上的建筑物等，其安全等级均划为一级；一般工业与民用建筑划为二级；次要建筑物划为三级。划为一级的其他岩土工程有：有特殊要求的深基开挖及深层支护工程；有强烈地下水运动干扰的大型深基开挖工程；有特殊工艺要求的超精密设备基础、超高压机器基础；大型竖井、巷道、平洞、隧道、地下铁道、地下硐室、地下储库等地下工程；深埋管线、涵道、核废料深埋工程；深沉井、沉箱；大型桥梁、架空索道、高填路堤、高坝等工程。划为二级的其他岩土工程有：大型剧院、体育场、医院、学校、大型饭店等公共建筑；有特殊要求的公共厂房、纪念性或艺术性建筑物等。不属于一、二级岩土工程的其他工程划为三级岩土工程。

二、场地复杂程度分级

（一）场地条件按其复杂程度分级

场地条件按其复杂程度分为一级（复杂的）、二级（中等复杂的）、三级（简单的）场地3个级别。

1.一级场地

抗震设防烈度大于或等于9度的强震区，需要详细判定有无大面积地震液化，地表断裂、崩塌错落、地震滑移及产生其他异常高震害的可能性；存在其他强烈动力作用的地区，如泥石流沟谷、雪崩、岩溶、滑坡、潜蚀、冲刷，融冻等地区；地下环境已遭受或可能遭受强烈破坏的场地，如过量地采取地下油、地下气、地下水，而形成大面积地面沉降，地下采空区引起地表塌陷等；大角度顺层倾斜场地、断裂破碎带场地；地形起伏大、地貌单元多的场地。

2.二级场地

抗震设防烈度为7～8度的地区，且需进行小区划的场地；不良动力地质作用一般发生不强烈的地区；地质环境已受到或可能受到一般破坏的场地；地形地貌较复杂的场地。

3.三级场地

抗震设防烈度小于或等于6度的场地，或对建筑抗震有利的地段；无不良动力地质作用的场地；防震环境基本未受破坏的场地；地形较为平坦、地貌单元单一的场地。

（二）复杂场地分类

1.建筑场地抗震稳定性

按《建筑抗震设计规范》（GB 50011—2010）的规定，选择建筑场地时，应根据工程需要和地震活动情况、工程地质和地震地质的有关资料，对抗震有利、不利和危险地段作出综合评价。对不利地段，应提出避开要求；当无法避开时，应采取有效的措施。对危险地段，严禁建造甲、乙类的建筑，不应建造丙类的建筑。选择建筑场地时，应划分对建筑抗震有利、一般、不利和危险的地段。

（1）有利地段。稳定基岩，坚硬土，开阔、平坦、密实、均匀的中硬土等。

（2）一般地段。不属于有利、不利、危险的地段。

（3）不利地段。软弱土，液化土，条状突出的山嘴，高耸孤立的山丘，陡坡，陡坎，河岸和边坡的边缘，平面分布上成因、岩性、状态明显不均匀的土层（含故河道、疏松的断层破碎带、暗埋的塘浜沟谷和半填半挖地基），高含水量的可塑黄土，地表存在结构性裂缝等。

（4）危险地段。地震时可能发生滑坡、崩塌、地陷、地裂、泥石流等及发震断裂带上可能发生地表错位的部位。

2.不良地质现象发育情况

"不良地质作用强烈发育"是指泥石流沟谷、崩塌、土洞、塌陷、岸边冲刷、地下水强烈潜蚀等极不稳定的场地，这些不良地质作用直接威胁着工程的安全。不良地质作用一般发育是指虽有上述不良地质作用，但并不十分强烈，对工程设施安全的影响不严重，或者说对工程安全可能有潜在的威胁。

3.地质环境破坏程度

地质环境是指由人为因素和自然因素引起的地下采空、地面沉降、地裂缝、化学污染、水位上升等。人类工程经济活动导致地质环境的干扰破坏是多种多样的，例如，采掘固体矿产资源引起的地下采空，抽汲地下液体（地下水、石油）引起的地面沉降、地面塌陷和地裂缝，修建水库引起的边岸再造、浸没、土壤沼泽化，排除废液引起岩土的化学污染，等等。地质环境破坏对岩土工程实践的负影响是不容忽视的，往往对场地稳定性构成威胁。地质环境受到强烈破坏是指由于地质环境的破坏，已对工程安全构成直接威胁，如矿山浅层采空导致明显的地面变形、横跨地裂缝，因水库蓄水引起的地面沼泽化、地面沉降盆地的边缘地带等。地质环境受到一般破坏是指已有或将有地质环境的干扰破坏，但并不强烈，对工程安全的影响不严重。

4.地形地貌条件

地形地貌条件主要指地形起伏和地貌单元（尤其是微地貌单元）的变化情况。一般来说，山区和丘陵区场地地形起伏较大，工程布局较困难，挖填土石方量较大，土层分布较薄且下伏基岩面高低不平。地貌单元分布较复杂，一个建筑场地可能跨越多个地貌单元，因此地形地貌条件复杂或较复杂。平原场地地形平坦，地貌单元均一，土层厚度大且结构简单，因此地形地貌条件简单。

5.地下水复杂程度

地下水是影响场地稳定性的重要因素。地下水的埋藏条件、类型、地下水位等直接影响工程稳定。

三、地基复杂程度分级

地基条件亦按其复杂程度分为一级（复杂的）、二级（中等复杂的）、三级（简单的）地基3个级别。

（1）一级地基。一级地基岩土类型多，性质变化大，地下水对工程影响大，需特殊处理；极不稳定的特殊岩土组成的地基，如强烈季节性冻土、强烈湿陷性土，强烈盐渍土、强烈膨胀岩土、严重污染土等。

（2）二级地基。二级地基岩土类型较多，性质变化较大，地下水对工程有不利影响；需进行专门分析研究，可按专门规范或借鉴成功建筑经验的特殊性岩土。

（3）三级地基。三级地基岩土类型单一，性质变化不大或均一，地下水对工程无影响；虽属特殊性岩土，但邻近即有地基资料可利用或借鉴，不需进行地基处理。

四、岩土工程的勘察等级

根据岩土安全等级、场地等级和地基等级，按表1-2对岩土工程勘察划分等级。

由表1-2可以看出，勘察等级是工程安全等级、场地等级和地基等级的综合表现。如一级勘察等级，当工程安全等级为一级时，场地等级和地基等级均可任意；还可看出，勘察等级均等于或高于工程安全等级，如二级勘察等级，其工程安全等级可为二级或三级，高于安全等级的原因，则是考虑场地等级或地基等级只要有一个是一级或两者均为二级即可。这些结论正是综合考虑上述3个因素的结果。

表1-2　岩土工程勘察划分等级

勘察等级	确定勘察等级的条件		
	工程安全等级	场地等级	地基等级
一级	一级	任意	任意
	二级	一级	任意
		二级	一级
二级	二级	二级	二级或三级
		三级	二级
	三级	一级	任意
		任意	一级
		二级	二级
三级	二级	三级	三级
	三级	二级	三级
		三级	二级或三级

（1）对于一级岩土工程勘察，由于结构复杂，荷载大、要求特殊，或具有复杂的场地和地基条件，设计计算需采用复杂的计算理论和方法，采用复杂的岩土本构关系，考虑岩土与结构的共同作用，故必须由具有丰富工程经验的工程师参加；岩土工程勘察除进行常规的室内试验外，还要进行专门的测试项目和方法，以获取非常规的计算参数；为保证

工程质量，常采用多种手段进行测试，以便进行综合分析，并进行原型试验和工程监测，以便相互检验。

（2）对于二级岩土工程勘察，其岩土工程为常规结构物，基础为标准形式，采用常规的设计与施工方法；需要定量的岩土工程勘察，常由具有相当经验和资历的工程师参加，采用常规的室内试验和原位测试方法，即可获得地基的有关指标参数；有时也可能要进行某些特殊的测试项目。

（3）对于三级岩土工程勘察，因结构物为小型的或简单的，或场地稳定，地基具有足够的承载力，故只需通过经验与定性的岩土工程勘察，就能满足设计和施工要求，设计采用简单的计算模式。

第四节 勘察阶段的划分

岩土工程勘察服务于工程建设的全过程，其目的在于运用各种勘察技术手段，有效查明建筑物场地的工程地质条件，并结合工程项目特点及要求，分析场地内存在的工程地质问题，论证场地地基的稳定性和适宜性，提出正确的岩土工程评价和相应对策，为工程建设的规划、设计、施工和正常使用提供依据。

为保证工程建筑物自规划设计到施工和使用全过程达到安全、经济、合用的标准，使建筑物场地、结构、规模、类型与地质环境、场地工程地质条件相互适应。任何工程的规划设计过程必须遵照循序渐进的原则，即科学地划分为若干阶段进行。工程地质勘察过程是对客观工程地质条件和地质环境的认识过程，其认识过程由区域到场地，由地表到地下，由一般调查到专门性问题的研究，由定性评价到定量评价的原则进行。

岩土工程勘察阶段的划分与工程建设各个阶段相适应，大致可分为四个阶段。

一、可行性研究勘察（选址勘察）

本勘察阶段的目的与任务是收集、分析已有资料，进行现场踏勘，必要时进行工程地质测绘和少量勘探工作，对场址稳定性和适宜性作出岩土工程评价，明确拟选定的场地范围和应避开的地段，对拟选方案进行技术经济论证和方案比较，从经济和技术两个方面进行论证，以选取最优的工程建设场地。

一般情况下，工程建筑物地址力争避开以下工程地质条件恶劣的地区和地段：

（1）不良地质作用发育（崩塌、滑坡、泥石流、岸边冲刷、地下潜蚀等地段）对建筑物场地稳定构成直接危害或潜在威胁的地段。

（2）地基土性质严重不良。

（3）建筑抗震危险地段。

（4）受洪水威胁或地下水不利影响地段。

（5）地下有未开采的有价值的矿藏或未稳定的地下采空区。

此阶段勘察工作的主要内容为：调查区域地质构造、地形地貌与环境工程地质问题，调查第四纪地层的分布及地下水埋藏性状、岩石和土的性质、不良地质作用等工程地质条件，调查地下矿藏、文物的分布范围。

二、初步勘察阶段

初步勘察与工程初步设计相适应，此阶段的目的与任务是对工程建筑场地的稳定性作出进一步的岩土工程评价：根据岩土工程条件分区，论证建筑场地的适宜性；根据工程性质和规模，为确定建筑物总平面布置、主要建筑物地基基础方案，对不良地质现象的防治工程方案进行论证；提供地基结构、岩土层物理力学性质指标；提供地基岩土体的承载力及变形量资料；对地下水进行工程建设影响评价；指出本勘察阶段应注意的问题。勘察的范围是建设场地内的建筑地段。主要的勘察方法是工程地质测绘、工程物探、钻探、土工试验。

此阶段勘察工作主要内容为：

（1）根据拟选建筑方案范围，按本阶段的勘察要求，布置一定的勘探与测试工作。

（2）查明建筑场地内地质构造和不良地质作用的具体位置。

（3）探测场地内的地震效应。

（4）查明地下水的性质及含水层的渗透性。

（5）搜集当地已有建筑经验及已有勘察资料。

三、详细勘察阶段

此阶段的目的与任务是对地基基础设计、地基处理与加固、不良地质现象的防治工程进行岩土工程计算与评价，满足工程施工图设计的要求。此阶段要求的成果资料更详细可靠，而且要求提供更多、更具体的计算参数。

此勘察阶段的主要工作和任务是：

（1）获取附有坐标及地形的工程建筑总平面布置图，各建筑物的平面整平标高和建筑物的性质、规模、结构特点，提出可能采取的基础形式、尺寸、埋深，对地基基础设计的要求。

（2）查明不良地质作用的成因、类型、分布范围、发展趋势、危害程度，提出评价与整治所需的岩土技术参数和整治方案建议。

（3）查明建筑范围内各岩土层的类别、结构、厚度、坡度、工程特性，计算和评价地基的稳定性和承载力。

（4）对需要进行基础沉降计算的建筑物，提供地基变形量计算的参数，预测建筑物的沉降性质。

（5）对抗震设防烈度不小于Ⅴ度的场地，划分场地土的类型和场地类别；对抗震设防烈度不小于Ⅲ度的场地，还应分析预测地震效应，判定饱和砂土或饱和粉土的地震液化势，并计算液化指数。

（6）查明地下水的埋藏条件，当进行基坑降水设计时还应查明水位变化幅度与规律，提供地层渗透性参数。

（7）判定水和土对建筑材料及金属的腐蚀性。

（8）判定地基土及地下水在建筑物施工和使用期间可能产生的变化及其对工程的影响，提供防治措施和建议。

（9）对地基基础处理方案进行评价。一般包括地基持力层的选择、承载力验算和变形估算等。当需要进行地基处理时，应提供复合地基或桩基础设计所需的岩土技术参数，选择合适的桩端持力层和桩型，估算单桩承载力，提出基础施工时应注意的问题。

（10）对深基坑支护、降水还应提供稳定计算和支护设计所需的岩土技术参数，对基坑开挖、支护、降水提出初步意见和建议。

（11）在季节性冻土地区提供场地土的标准冻结深度。

四、施工勘察

施工勘察不作为一个固定阶段，视工程的实际需要而定，对条件复杂或有特殊施工要求的重大工程地基，需进行施工勘察。施工勘察包括施工阶段的勘察和施工后一些必要的勘察工作，如检验地基加固效果。

第五节　岩土工程勘察的基本程序

岩土工程勘察要根据有关政府部门的批文，按勘察合同所定的拟建工程场地进行。岩土工程勘察要分阶段进行，其基本程序如下：

（1）前期准备工作。调查、收集工程资料，进行现场踏勘或工程地质测绘，初步了解场地的工程地质条件、不良地质现象及其他主要问题。

（2）编写勘察纲要。编写勘察纲要时要针对工程的特点，根据合同任务要求，结合场地的地质条件，分析预估工程场地的复杂程度，按勘察阶段要求布置勘察工作量，并选择有效的勘探测试手段，积极采用新技术和综合测试方法。明确工程中可能出现的具体岩土工程问题以及所需提供的各种岩土技术参数。

（3）现场勘察和室内试验。勘探工作是根据工程性质和勘测方法综合确定的。常用勘探方法有钻探、井探、槽探和物探等。勘探工作结束后，还需要对勘探井孔进行回填，以免影响工程场地地基的性质。

勘察的目的是鉴别场地中岩土性质和划分地层。岩土参数可以通过岩土的室内或现场测试测得，测试项目通常按岩土特性及工程性质确定。目前在现场直接测试岩石力学参数的方法有很多，有现场载荷试验、标准贯入试验、静或动力触探试验、十字板剪切试验、旁压试验、现场剪切试验、波速试验、岩体原位应力测试等，统称为原位测试。原位测试可以直观地提供地基承载力和岩土体变形参数，也可以为工程监测与控制提供参数依据。

（4）整理资料并编写报告书。勘察报告书是对勘察过程和成果的总结。依据调查、勘探、测试等原始资料编写报告书，编写内容要有重点，要包括勘察项目的目的与要求，拟建工程概况，所使用勘察方法和具体勘察工作布置，对场地工程条件的评价等。

（5）施工和运营期的监测。在重要岩土工程的施工过程中，需要进行监测和监理，检查施工质量，使其符合设计要求，或根据现场实际情况的变化，对设计提出修改意见。

在岩土工程运营使用期限内对其进行长期观测，用工程实践检验岩土工程勘察的质量，积累地区性经验，提高岩土工程勘察水平。

可见，岩土工程勘察不仅需要在设计、施工前进行，而且需要在施工过程中甚至在工程竣工后进行长期观测，把勘察、设计、施工截然分开的想法是有缺陷的。

第六节　岩土的分类和鉴定

一、岩石的分类和鉴定

岩石的分类可以分为地质分类和工程分类。地质分类主要根据其地质成因、矿物成分、结构构造和风化程度，可以用地质名称（岩石学名称）加风化程度表达，如强风化花岗岩、微风化砂岩等。这对于工程的勘察设计是十分必要的。工程分类主要根据岩体的工程性状，使工程师建立起明确的工程特性概念。地质分类是一种基本分类，工程分类应在地质分类的基础上进行，目的是较好地概括其工程性质，便于进行工程评价。国内目前关于岩体的工程分类方法很多。

（一）按成因分类

岩石按成因可分为岩浆岩（火成岩）、沉积岩和变质岩3大类。

1.岩浆岩

岩浆在向地表上升过程中，由于热量散失逐渐经过分异等作用冷却而成岩浆岩。在地表下冷凝的称为侵入岩；喷出地表冷凝的称为喷出岩。侵入岩按距地表的深浅程度又分为深成岩和浅成岩。岩基和岩株为深成岩产状，岩脉、岩盘和岩枝为浅成岩产状，火山锥和岩钟为喷出岩产状。

2.沉积岩

沉积岩是由岩石、矿物在内外力作用下破碎成碎屑物质后，经水流、风吹和冰川等的搬运、堆积在大陆低洼地带或海洋中，再经胶结、压密等成岩作用而成的岩石。沉积岩的主要特征是具层理。沉积岩的分类如表1-3所示。

表1-3　沉积岩的分类

成因	硅质的	泥质的	灰质的	其他成分
碎屑沉积	石英砾岩、石英角砾岩、燧石角砾岩、砂岩、石英岩	泥岩、页岩、黏土岩	石灰砾岩、石灰角砾岩、多种石灰岩	集块岩
化学沉积	硅华、燧石、石髓岩	泥铁石	石笋、石钟乳、石灰华、白云岩、泥灰岩	岩盐、石膏、硬石膏、硝石
生物沉积	硅藻土	油页岩	白垩、白云岩、珊瑚石灰岩	煤炭、油砂、某种磷酸盐岩石

3.变质岩

变质岩是岩浆岩或沉积岩在高温、高压或其他因素作用下，经变质作用所形成的岩石。变质岩的分类如表1-4所示。

表1-4　变质岩的分类

岩石类别	岩石名称	主要矿物成分	鉴定特征
块状的岩石类	片麻岩	石英、长石、云母	片麻状构造，浅色长石带和深色云母带互相交错，结晶粒状或斑状结构
	云母片岩	云母、石英	具有薄片理，片理上有强的丝绢光泽，石英凭肉眼常看不到
	绿泥石片岩	绿泥石	绿色，常为鳞片状或叶片状的绿泥石块
	滑石片岩	滑石	鳞片状或叶片状的滑石块，用指甲可刻画，有滑感
	角闪石片岩	普通角闪石、石英	片理常常表现不明显，坚硬
	千枚岩、板岩	云母、石英等	具有片理，肉眼不易识别矿物，锤击有清脆声，并具有丝绢光泽，千枚岩表现得很明显
	大理岩	方解石、少量白云石	结晶粒状结构，遇盐酸起泡
	石英岩	石英	致密的、细粒的块状，坚硬，硬度近7L玻璃光泽，断口贝壳状或次贝壳状

（二）按岩石的坚硬程度分类

岩石的坚硬程度直接与地基的承载力和变形性质有关，我国国家标准按岩石的饱和单轴抗压强度把岩石的坚硬程度分为5级，具体划分标准、野外鉴别方法和代表性岩石如表1-5所示。

表1-5　岩石坚硬程度分类

坚硬程度等级		定性鉴定	代表性岩石
硬质岩	坚硬岩	锤击声清脆，有回弹，震手，难击碎；浸水后，大多无吸水反应	未风化～微风化的花岗岩、正长岩、闪长岩、辉绿岩、玄武岩、安山岩、片麻岩、石英片岩、硅质板岩、石英岩、硅质胶结的砾岩、石英砂岩、硅质石灰岩等
	较硬岩	锤击声较清脆，有轻微回弹，稍震手，较难击碎；浸水后有轻微吸水反应	弱风化的坚硬岩；未风化～微风化的熔结凝灰岩、大理岩、板岩、白云岩、石灰岩、钙质胶结的砂岩等
软质岩	较软岩	锤击声不清脆，无回弹，较易击碎；浸水后，指甲可刻出印痕	强风化的坚硬岩；弱风化的较坚硬岩；未风化～微风化的凝灰岩、千枚岩、砂质泥岩、泥灰岩、泥质砂岩、粉砂岩、页岩等
	软岩	锤击声哑，无回弹，有凹痕，易击碎；浸水后，手可掰开	强风化的坚硬岩；弱风化～强风化的较硬岩；弱风化的较软岩；未风化的泥岩等

坚硬程度等级		定性鉴定	代表性岩石
软质岩	极软岩	锤击声哑，无回弹，有较深凹痕，手可捏碎；浸水后，可捏成团	全风化的各种岩石；各种半成岩

（三）按风化程度分类

我国标准与国际通用标准和习惯一致，把岩石的风化程度分为五级，并将残积土列于其中，如表1-6所示。

表1-6　岩石按风化程度分类

风化程度	野外特征	风化程度参数指标	
		波速比	风化系数
未风化	结构构造未变，岩质新鲜，偶见风化痕迹	0.9～1.0	0.9～1.0
微风化	结构构造、矿物色泽基本未变，仅节理面有铁锰质渲染或略有变色；有少量风化裂隙	0.8～0.9	0.8～0.9
中等（弱）风化	结构构造部分破坏，矿物色泽较明显变化，裂隙面出现风化矿物或存在风化夹层，风化裂隙发育，岩体被切割成岩块；用镐难挖，岩芯钻方可钻进	0.6～0.8	0.4～0.8
强风化	结构构造大部分破坏，矿物色泽明显变化，长石、云母等多风化成次生矿物；风化裂隙很发育，岩体破碎；可用镐挖，干钻不易钻进	0.4～0.6	<0.4
全风化	结构构造基本破坏，但尚可辨认，有残余结构强度，矿物成分除石英外，大部分风化成土状；可用镐挖，干钻可钻进	0.2～0.4	—
残积土	组织结构全部破坏，已风化成土状，锹镐易挖掘，干钻易钻进，具可塑性	<0.2	—

风化带是逐渐过渡的，没有明确的界线，有些情况不一定能划分出5个完全的等级。一般花岗岩的风化分带比较完全，而石灰岩、泥岩等常常不存在完全的风化分带。这时可采用类似"中等风化—强风化""强风化—全风化"等语句表达。古近系、新近系的砂岩、泥岩等半成岩处于岩石与土之间，划分风化带意义不大，不一定都要描述风化状态。

二、土的分类和鉴定

（一）土的分类

1.按地质成因分类

土按地质成因可分为残积土、坡积土、洪积土、冲积土、淤积土、冰积土、风积土和化学堆积土等类型。

2.按堆积年代分类

土按堆积年代分为老堆积土、一般堆积土和新近堆积土3类。

（1）老堆积土——第四纪晚更新世（Q_3）及其以前堆积的土层。

（2）一般堆积土——第四纪全新世早期（文化期以前Q_4）堆积的土层。

（3）新近堆积土——第四纪全新世中近期（文化期以来）堆积的土层，一般呈欠固结状态。

3.按颗粒级配和塑性指数分类

通用分类标准：一般土按其不同粒组的相对含量划分为巨粒类土、粗粒类土和细粒类土3类。粒组的划分如表1-7所示。

表1-7　粒组的划分

粒组	颗粒名称		粒径d的范围（mm）
巨粒	漂石（块石）		d＞200
	卵石（碎石）		60＜d≤200
粗粒	砾粒	粗砾	20＜d≤60
		中砾	5＜d≤20
		细砾	2＜d≤5
	砂粒	粗砂	0.5＜d≤2
		中砂	0.25＜d≤0.5
		细砂	0.075＜d≤0.25
细粒	粉粒		0.005＜d≤0.075
	黏粒		d≤0.005

（二）土的综合定名

土的综合定名除按颗粒级配或塑性指数定名外，还应符合下列规定：

（1）对特殊成因和年代的土类应结合其成因和年代特征定名，如新近堆积砂质粉土、残坡积碎石土等。

（2）对特殊性土应结合颗粒级配或塑性指数定名，如淤泥质黏土、弱盐渍砂质粉土、碎石素填土等。

（3）对混合土，应冠以主要含有的土类定名，如含碎石黏土、含黏土角砾等。

（4）对同一土层中相间呈韵律沉积，当薄层与厚层的厚度比大于1/3时，宜定名为"互层"；厚度比为1/10～1/3时，宜定名为"夹层"；厚度比小于1/10的土层，且多次出现时，宜定名为"夹薄层"，如黏土夹薄层粉砂。

（5）当土层厚度大于0.5m时，宜单独分层。

（三）土的描述与鉴别方法

1.土的现场描述内容

（1）碎石土宜描述颗粒级配、颗粒形状、颗粒排列、母岩成分、风化程度、充填物的性质和充填程度、密实度等。

（2）砂土宜描述颜色、矿物组成、颗粒级配、颗粒形状、细粒含量、湿度、密实度等。

（3）粉土宜描述颜色、包含物、湿度、密实度等。

（4）黏性土应描述颜色、状态、包含物、土结构等。

（5）特殊性土除应描述上述相应土类规定的内容外，尚应描述其特殊成分和特殊性质。如对淤泥尚需描述嗅味，对填土尚需描述物质成分、堆积年代、密实度和均匀程度等。

（6）对具有互层、夹层、夹薄层特征的土，尚应描述各层的厚度和层理特征。

（7）需要时，可用目力鉴别描述土的光泽反应、摇震反应、干强度和韧性。

2.简易鉴别方法

（1）目测鉴别法：将研散的风干试样摊成一薄层，估计土中巨、粗、细粒组所占的比例确定土的类别。

（2）干强度试验：将一小块土捏成土团，风干后用手指捏碎、掰断及捻碎，并根据用力的大小进行区分：很难或用力才能捏碎或掰断的为干强度高；稍用力即可捏碎或掰断的为干强度中等；易于捏碎或捻成粉末者为干强度低；当土中含碳酸盐、氧化铁等成分时会使土的干强度增大，其干强度宜再将湿土做手捻试验，予以校核。

（3）手捻试验：将稍湿或硬塑的小土块在手中捻捏，然后用拇指和食指将土捏成片状，并根据手感和土片光滑程度进行区分：手滑腻，无砂，捻面光滑为塑性高；稍有滑腻，有砂粒，捻面稍有光滑者为塑性中等；稍有黏性，砂感强，捻面粗糙为塑性低。

（4）搓条试验：将含水量略大于塑限的湿土块在手中揉捏均匀，再在手掌上搓成土条，并根据土条不断裂而能达到的最小直径进行区分：能搓成直径小于1mm土条的为塑性高；能搓成直径小于1~3mm土条的为塑性中等；能搓成直径大于3mm土条的为塑性低。

（5）韧性试验：将含水量略大于塑限的土块在手中揉捏均匀，并在手掌上搓成直径3mm的土条，并根据再揉成土团和搓条的可能性进行区分：能揉成土团，再搓成条，揉而不碎者为韧性高；可再揉成团，捏而不易碎者为韧性中等；勉强或不能再揉成团，稍捏或不捏即碎者为韧性低。

（6）摇震反应试验：将软塑或流动的小土块捏成土球，放在手掌上反复摇晃，并以另一手掌击此手掌。土中自由水将渗出,球面呈现光泽;用两个手指捏土球,放松后水又被吸入,光泽消失。并根据渗水和吸水反应快慢进行区分:立即渗水和吸水者为反应快;渗水及吸水中等者为反应中等;渗水及吸水反应慢者为反应慢;不渗水、不吸水者为无反应。

第二章　工程地质测绘

第一节　工程地质测绘准备工作

一、概述

工程地质测绘是工程地质勘察中一项最重要、最基本的勘察方法，也是诸勘察工作中走在前面的一项勘察工作。它是运用地质、工程地质理论对与工程建设有关的各种地质现象进行详细观察和描述，以查明拟定工作区内工程地质条件的空间分布和各要素之间的内在联系，并按照精度要求将它们如实地反映在一定比例尺的地形地图上，配合工程地质勘探编制成工程地质图，作为工程地质勘察的重要成果提供给建筑物设计和施工部门考虑。在基岩裸露山区进行工程地质测绘，就能较全面地阐明该区的工程地质条件，得到岩土工程地质性质的形成和空间信息的初步概念，判明物理地质现象和工程地质现象的空间分布、形成条件和发育规律。即使在第四系覆盖的平原区，工程地质测绘也仍然有着不可忽视的作用，只不过测绘工作的重点应放在研究地貌和松软土上。由于工程地质测绘能够在较短时间内查明地区的工程地质条件，而且费用又少，在区域性预测和对比评价中发挥了重要的作用，在其他工作配合下顺利地解决了工作区的选择和建筑物的原理配置问题，所以在规划设计阶段，它往往是工程地质勘察的主要手段。

工程地质测绘可以分为综合性测绘和专门性测绘两种。综合性工程地质测绘是对工作区内工程地质条件各要素进行全面综合，为编制综合工程地质图提供资料。专门性工程地质测绘是为某一特定建筑物服务的，或者是对工程地质条件的某一要素进行专门研究以掌握其编号规律，为编制专用工程地质图或工程地质分析图提供依据。无论哪种工程地质测绘都是为建筑物的规划、设计和施工服务的，都有特定的研究项目。例如，在沉积岩分布区，应着重研究软弱岩层和次生泥化夹层的分布、层位、厚度、性状、接触关系，可溶岩类的岩溶发育特征等；在岩浆岩分布区，侵入岩的边缘接触带、平缓的原生节理、岩脉及风化壳的发育特征等，凝灰岩及其泥化情况，玄武岩中的气孔等则是主要的研究内容；在变质岩分布区，其主要的研究对象则是软弱变质岩带和夹层等。

二、资料收集与研究

在室内查阅已有的资料，如区域地质资料（区域地质图、地貌图、构造地质图、地质剖面图及其文字说明）、遥感资料、气象资料、水文资料、地震资料、水文地质资料、工程地质资料及建筑经验，并依据研究成果，制订测绘计划。

工程地质测绘和调查，包括下列内容：

（1）查明地形、地貌特征及其与地层、构造、不良地质作用的关系，划分地貌单元。

（2）岩土的年代、成因、性质、厚度和分布，对岩层应鉴定其风化程度，对土层应区分新近沉积土、各种特殊性土。

（3）查明岩体结构类型，各类结构面（尤其是软弱结构面）的产状和性质，岩、土接触面和软弱夹层的特性等，新构造活动的形迹及其与地震活动的关系。

（4）查明地下水的类型、补给来源、排泄条件，井泉位置，含水层的岩性特征、埋藏深度、水位变化、污染情况及其与地表水体的关系。

（5）收集气象、水文、植被、土的标准冻结深度等资料，调查最高洪水位及其发生时间、淹没范围。

（6）查明岩溶、土洞、滑坡、崩塌、泥石流、冲沟、地面沉降、断裂、地震灾害、地裂缝、岸边冲刷等不良地质作用的形成、分布、形态、规模、发育程度及其对工程建设的影响。

（7）调查人类活动对场地稳定性的影响，包括人工洞穴、地下采空、大挖大填、抽水排水和水库诱发地震等。

（8）建筑物的变形和工程经验。

三、现场踏勘

现场踏勘是在收集研究资料的基础上进行的，其目的在于了解测绘区地质情况和问题，以便合理布置观察点和观察路线，正确选择实测地质剖面位置，拟定野外工作方法。

踏勘的方法和内容如下：

（1）根据地形图，在工作区范围内按固定路线进行踏勘，一般采用Z字形，曲折迂回而不重复的路线，穿越地形地貌、地层、构造、不良地质现象等有代表性的地段。

（2）为了了解全区的岩层情况，在踏勘时选择露头良好且岩层完整有代表性的地段做出野外地质剖面，以便熟悉地质情况和掌握地区岩层的分布特征。

（3）寻找地形控制点的位置，并抄录坐标、标高资料。

（4）询问和收集洪水及其淹没范围等情况。

（5）了解工作区的供应、经济、气候、住宿及交通运输条件。

四、编制测绘纲要

测绘纲要一般包括在勘察纲要内，其内容包括以下几个方面：

（1）工作任务情况（目的、要求、测绘面积及比例尺）。

（2）工作区自然地理条件（位置、交通、水文、气象、地形、地貌特征）。

（3）工作区地质概况（地层、岩性、构造、地下水、不良地质现象）。

（4）工作量、工作方法及精度要求。

（5）人员组织及经济预算。

（6）与材料物资器材的相关计划。

（7）工作计划及工作步骤。

（8）要求提交的各种资料、图件。

第二节　工程地质测绘内容

一、测绘范围和比例尺

（一）工程地质测绘范围的确定

工程地质测绘一般不像普通地质测绘那样按照图幅逐步完成，而是根据规划和设计建筑物的要求在与该工程活动有关的范围内进行。测绘范围大一些，就能观察到更多的露头和剖面，有利于了解区域观察地质条件，但增大了测绘工作量；如果测绘范围过小，则不能充分查明工程地质条件以满足建筑物的要求。选择测绘范围的根据一方面是拟建建筑物的类型及规模和设计阶段，另一方面是区域工程地质的复杂程度和研究程度。

建筑物类型不同，规模大小不同，则它与自然环境相互作用影响的范围、规模和强度也不同。选择测绘范围时，首先要考虑到这一点。例如，大型水工建筑物的兴建，将引起极大范围内的自然条件产生变化，这些变化会引起各种作用于建筑物的工程地质问题，因此，测绘的范围必须扩展到足够大，才能查清工程地质条件，解决有关的工程地质问题。

如果建筑物为一般的房屋建筑，区域内没有对建筑物安全有危害的地质作用，则测绘的范围就不需很大。

在建筑物规划和设计的开始阶段为了选择建筑地区或建筑地，可能方案很多，相互之间又有一定的距离，测绘的范围应把这些方案的有关地区都包括在内，因而测绘范围很大。但到了具体建筑物场地选定后，特别是建筑物的后期设计阶段，就只需要在已选工作区的较小范围内进行大比例尺的工程地质测绘。可见，工程地质测绘的范围是随着建筑物设计阶段的提高而减小的。

工程地质条件复杂，研究程度差，工程地质测绘范围就大。分析工程地质条件的复杂程度必须分清两种情况：一种是工作区内工程地质条件非常复杂，如构造变化剧烈，断裂发育或岩溶、滑坡、泥石流等物理地质作用很强烈；另一种是工作区内的地质结构并不复杂，但在邻近地区有可能产生威胁建筑物安全的物理地质作用的资源地，如泥石流的形成区、强烈地震的发展断裂等。这两种情况都直接影响到建筑物的安全，若仅在工作区内进行工程地质测绘则后者是不能被查明的，必须根据具体情况适当扩大工程地质测绘的范围。

在工作区或邻近地区内如已有其他地质研究所得的资料，则应收集和运用它们；如果工作区及其周围较大范围内的地质构造已经查明，那么只要分析、验证它们，必要时补充主题，研究它们就行了；如果区域地质研究程度很差，则大范围的工程地质测绘工作就必须提到日程上来。

（二）工程地质测绘比例尺的确定

工程地质测绘的比例尺主要取决于设计要求，在工程设计的初期阶段属于规划选点性质，往往有若干个比较方案，测绘范围较大，而对工程地质条件研究的详细程度要求不高，所以工程地质测绘所采用的比例尺一般较小。随着建筑物设计阶段的提高，建筑物的位置会更具体，研究范围随之缩小，对工程地质条件研究的详细程度要求亦随之提高，工程地质测绘的比例尺也就会逐渐加大。而在同一设计阶段内，比例尺的选择又取决于建筑物的类型、规模和工程地质条件的复杂程度。建筑物的规模大，工程地质条件复杂，所采用的比例尺就大。正确选择工程地质测绘比例尺的原则是：测绘所得到的成果既要满足工程建设的要求，又要尽量地减少测绘工作量。

工程地质测绘采用的比例尺有以下几种：

1.踏勘及路线测绘

比例尺1：20万～1：10万，在各种工程的最初勘察阶段多采用这种比例尺进行地质测绘，以了解区域工程地质条件概况，初步估计其对建筑物的影响，为进一步勘察工作的设计提供依据。

2.小比例尺面积测绘

比例尺1：10万～1：5万，主要用于各类建筑物的初期设计阶段，以查明规划区的工作地质条件，初步分析区域稳定性等主要工程地质问题，为合理选择工作区提供工程地质资料。

3.中比例尺面积测绘

比例尺1：2.5万～1：1万，主要用于建筑物初步设计阶段的工程地质勘察，以查明工作区的工程地质条件，为合理选择建筑物并初步确定建筑物的类型和结构提供地质资料。

4.大比例尺面积测绘

比例尺1：5000～1：1000或更大，一般在建筑场地选定以后才进行大比例尺的工程地质测绘，以便能详细查明场地的工程地质条件。

二、测绘的精度要求

工程地质测绘的精度指在工程地质测绘中对地质现象观察描述的详细程度，以及工程地质条件各因素在工程地质图上反映的详细程度。为了保证工程地质图的质量，工程地质测绘的精度必须与工程地质图的比例尺相适应。

观察描述的详细程度是以各单位测绘面积上观察点的数量和观察线的长度来控制的。通常无论比例尺多大，一般都以图上的距离为2～5cm时有一个观察点来控制，比例尺增大，实际面积的观察点数就增大。当天然露头不足时，必须采用人工露头来补充，所以在大比例尺测绘时，常需配有剥土、探槽、试坑等坑探工程。观察点的分布一般不是均匀的，工程地质条件复杂的地段多一些，简单的地段少一些，应布置在工程地质条件的关键位置。

为了保证工程地质图的详细程度，还要求工程地质条件各因素的单元划分与图的比例尺相适应，一般规定岩层厚度在图上的最小投影宽度大于2mm者应按比例尺反映在图上。厚度或宽度小于2mm的重要工程地质单元（如软弱夹层、能反映构造特征的标志层）、重要的物理地质现象等，则应采用比例尺或符号的办法在图上标示出来。

为了保证图的精度，还必须保证图上的各种界线准确无误，任何比例尺的图上界线误差不得超过0.5mm，所以在大比例尺的工程地质测绘中要采用仪器定位。

三、测绘方法

（一）建立坐标系统

一个完整的坐标系统是由坐标系和基准两个要素构成。坐标系指的是描述空间位置的表达形式，而基准指的是为描述空间位置而定义的一系列点、线、面。正如前面所提及的，所谓坐标系指的是描述空间位置的表达形式，即采用什么方法来表示空间位置。人们为了描述空间位置，采用了多种方法，从而也产生了不同的坐标系，如直角坐标系、极坐标系等。在测量中，常用的坐标系有以下几种：

（1）空间直角坐标系的坐标系原点位于参考椭球的中心，Z轴指向参考椭球的北极，X轴指向起始子午面与赤道的交点，Y轴位于赤道面上，且按右手系与X轴呈90°夹角。某点在空间中的坐标，可用该点在此坐标系的各个坐标轴上的投影来表示。

（2）空间大地坐标系是采用大地经度、大地纬度和大地高程来描述空间位置的。纬度是空间的点和参考椭球面的法线与赤道面的夹角，经度是空间中的点和参考椭球的自转轴所在的面与参考椭球的起始子午面的夹角，大地高的是空间点沿参考椭球的法线方向到参考椭球面的距离。

（3）平面直角坐标系是利用投影变换，将空间坐标（空间直角坐标或空间大地坐标）通过某种数学变换映射到平面上，这种变换又称为投影变换。投影变换的方法有很多，如UTM投影等，在我国采用的是高斯–克吕格投影，也称为高斯投影。

（二）观测点、线布置

1.观测点的定位

为保证观测精度，需要在一定面积内满足一定数量的观测点。一般以在图上的距离为2～5cm加以控制。比例尺增大，同样实际面积内观测点的数量就相应增多，当天然露头不足时则必须布置人工露头补充，所以在较大比例尺测绘时，常配以剥土、探槽、坑探等轻型坑探工程。

（1）观测点的布置不应是均匀的，而是在工程地质条件复杂的地段多一些，简单的地段少一些，都应布置在工程地质条件的关键地段：①不同岩层接触处（尤其是不同时代岩层）、岩层的不整合面；②不同地貌单元分界处；③有代表性的岩石露头（人工露头或天然露头）；④地质构造断裂线；⑤物理地质现象的分布地段；⑥水文地质现象的地点；⑦对工程地质有意义的地段。

（2）工程地质观察点定位时所采用的方法，对成图质量影响很大。根据不同比例尺的精度要求和地质条件的复杂程度，可采用如下方法：

①目测法。对照地形底图寻找标志点，根据地形地物目测或步测距离。一般适用于小比例尺的工程地质测绘，在可行性研究阶段时采用。

②半仪器法。用简单的仪器（如罗盘、皮尺、气压计等）测定方位和高程，用徒步或测绳测量距离。一般适用于中等比例尺测绘，在初勘阶段时采用。

③仪器法。用经纬仪、水准仪等较精密仪器测量观察点的位置和高程。适用于大比例尺的工程地质测绘，常用于详勘阶段。对于有意义的观察点，或为解决某一特殊岩土工程

地质问题时，也宜采用仪器测量。

（3）GPS定位仪。目前，各勘测单位普遍配置GPS（Global Positioning System）定位仪进行测绘填图。GPS定位仪的优点是定点准确、误差小并可以将参数输入计算机进行绘图，大大减轻了劳动强度，加快了工作进度。

2.观测线路的布置

（1）路线法。垂直穿越测绘场地地质界线，大致与地貌单元、地质构造、地层界线垂直布置观测线、点。路线法可以用最少的工作量获得最多的成果。

（2）追索法。沿着地貌单元、地质构造、地层界线、不良地质现象周界进行布线追索，以查明局部地段的地质条件。

（3）布点法。在第四纪地层覆盖较厚的平原地区，天然岩石露头较少，可采用等间距均匀布点形成测绘网格，大、中比例尺的工程地质测绘也可采用此种方法。

（三）钻孔放线

钻孔放线一般分为初测（布孔）、复测和定测3个过程。初测就是根据地质勘察设计书设计的要求，将钻孔位置布置于实地，以便使用单位进行钻探施工。孔位确定后，应埋设木桩，并进行复测确认，在手簿上载明复测点到钻孔的位置。

复测是在施工单位平整机台后进行。复测时除校核钻孔位置外，应测定平整机台后的地面高程和量出在勘探线方向上钻孔位置至机台边线的距离。复测钻孔位置应根据复测点，按原布设方法及原有线位和距离以垂球投影法对孔位进行检核。复测时钻孔位置的地面高程可在布置复测点的同时，用钢尺量出复测线上钻孔位置点到地面的高差。进行复测时，再由原点同法量至平机台后的地面高差，然后计算出钻孔位置的高差。复测点的布设一般采用如下方法：

（1）十字交叉法。在钻孔位置四周选定4个复测点，使两连线的交点与钻孔位置吻合。

（2）距离相交法。在钻孔位置四周选定不在同一方向线上的3个点，分别量出与钻孔位置的距离。

（3）直线通过法。在钻孔位置前后确定2个复测点，使两点的连线通过孔位中心，量取孔位到两端点的距离。

复测、初测钻孔位置的高程亦可采用三角高程法。高差按所测的垂直角并配合理论边长计算。利用复测点高程比，采用复测点至钻孔位置的距离计算，由两个方向求得，以备检核。

钻孔位置定测的目的，在于测出其孔位的中心平面位置和高程，以满足储量计算和编制各种图件的需要。钻孔定测时，以封孔标石中心或套管中心为准，高程测至标石面或套管面，并量取标石面或套管面至地面的高差。测定时，必须了解地质上量孔深的起点（一般是底木梁的顶面）与标石面或套管口是否一致，如不同应将其差数注出。在同一矿区内所有钻孔的坐标和高程系统必须一致。各种地质图件，尤其是剖面图都要用到钻孔的成果，而剖面图的比例尺往往比地形地质图大一倍，储量级别越高，图件的比例尺也越大。因此，钻孔的定测精度要满足成图的需要。一般有两种情况：①钻孔（包括水文孔）时，对于附近图根点的平面位置中误差不得大于基本比例尺图（地形地质图）上0.4mm；②高程测定时，对于附近水准点的高程中误差不得大于等高距的1/8，经检查后的成果才能提供使用。钻孔位置测定的方法和精度要求，详见解析图根测量部分。但水文孔的高程应用水准测量的方法测定。

在完成钻孔位置测定后应提交完整的资料，包括：钻孔设计坐标的计算资料，工程任务通知书，水平角、垂直角观测记录，内业计算资料，孔位坐标高程成果表。

（四）地质点填绘

工程地质测绘是为工程建设服务的，反映工程地质条件和预测建筑物与地质环境的相互作用，其研究内容有以下几个方面。

1.地层岩性

地层岩性是工程地质条件的最基本要素，是产生各类地质现象的物质基础。它是工程地质测绘的主要研究对象。

（1）工程地质测绘对地层岩性研究的内容有：确定地层的时代和填图单位；各类岩土层的分布、岩性、岩相及成因类型；岩土层的正常层序、接触关系、厚度及其变化规律；岩土的工程地质性质等。

目前工程地质测绘对地层岩性的研究多采用地层学的方法，划分单位与一般地质测绘基本相同，但在小面积大比例尺工程地质测绘中，可能遇到的地层常常只是一个"统"、"阶"甚至是一个"带"，此时就必须根据岩土工程地质性质差异作出进一步划分才能满足要求。特别是砂岩中的泥岩、石灰岩中的泥灰岩、玄武岩中的凝灰岩，以及夹层对建筑物的稳定和防渗有重大的影响，常会构成坝基潜在的滑移控制面，这是构成地质测绘与其他地质测绘的一个重要区别。

工程地质测绘对地层岩性的研究还表现在既要查明不同性质岩土在地壳表层的分布、岩性变化和成因，也要测试它们的物理力学指标，并预测它们在建筑物作用下的可能变化，这就必须把地层岩性的研究建立在地质历史成因的基础上才能达到目的。在地质构造简单、岩相变化复杂的特定条件下，岩相分析法对查明岩土的空间分布是行之有效的。

（2）工程地质测绘中对各类岩土层还应着重以下内容的研究：

①对沉积岩调查的主要内容是：岩性岩相变化特征，层理和层面构造特征，结核、化

石及沉积韵律，岩层间的接触关系；碎屑岩的成分、结构、胶结类型、胶结程度和胶结物的成分；化学岩和生物化学岩的成分、结晶特点、溶蚀现象及特殊构造；软弱岩层和泥化夹层的岩性、层位、厚度及空间分布；等等。

②对岩浆岩调查的主要内容是：岩浆岩的矿物成分及其共生组合关系，岩石结构、构造、原生节理特征，岩浆活动次数及序次，岩石风化的程度；侵入体的形态、规模、产状和流面、流线构造特征，侵入体与围岩的接触关系，析离体、捕虏体及蚀变带的特征；喷出岩的气孔状、流纹状和枕状构造特点，反映喷出岩形成环境和次数的标志；凝灰岩的分布及泥化、风化特点；等等。

③对变质岩调查的主要内容是：变质岩的成因类型、变质程度、原岩的残留构造和变余结构特点，板理、片理、片麻理的发育特点及其与层理的关系，软弱层和岩脉的分布特点，岩石的风化程度等。

④对土体调查的主要内容是：确定土的工程地质特征，通过野外观察和简易试验，鉴别土的颗粒组成、矿物成分、结构构造、密实程度和含水状态，并进行初步定名。要注意观测土层的厚度、空间分布、裂隙、空洞和层理发育情况，收集已有的勘探和试验资料，选择典型地段和土层，进行物理力学性质试验。测绘中要特别注意调查淤泥、淤泥质黏性土、盐渍土、膨胀土、红黏土、湿陷性黄土、易液化的粉细砂层、冻土、新近沉积土、人工堆填土等的岩性、层位、厚度及埋藏分布条件。确定沉积物的地质年代、成因类型。测绘中主要根据沉积物颗粒组成、土层结构和成层性、特殊矿物及矿物共生组合关系、动植物遗迹和遗体、沉积物的形态及空间分布等来确定基本成因类型。在实际工作中可视具体情况，在同一基本成因类型的基础上进一步细分（如冲积物可分河床相、漫滩相、牛轭湖相等），或对成因类型进行归并（如冲积湖积物、坡积洪积物等），通过野外观察和勘探，了解不同时代、不同成因类型和不同岩性沉积物的结构特征在剖面上的组合关系及空间分布特征。

（3）在对岩土进行观察描述时应按如下要求进行：

①岩石的描述应包括地质年代、地质名称、风化程度、颜色、主要矿物、结构、构造和岩石质量指标。对沉积岩应着重描述沉积物的颗粒大小、形状、胶结物成分和胶结程度，对岩浆岩和变质岩应着重描述矿物结晶大小及结晶程度。

②岩体的描述应包括结构面、结构体、岩层厚度和结构类型，并宜符合下列规定：a.结构面的描述包括类型、性质、产状、组合形式、发育程度、延展情况、闭合程度、粗糙程度、充填情况和充填物性质以及充水性质等；b.结构体的描述包括类型、形状、大小和结构体在围岩中的受力情况等。

③对质量较差的岩体，鉴定和描述尚应符合下列规定：a.对软岩和极软岩，应注意是否具有可软化性、膨胀性、崩解性等特殊性质；b.对极破碎岩体，应说明破碎的原因，如

断层、全风化等；c.应判定开挖后是否有进一步风化的特性。

④土的鉴定应在现场描述的基础上，结合室内试验的开土记录和试验结果综合确定。土的描述应符合下列规定。a.碎石土应描述颗粒级配、颗粒形状、颗粒排列、母岩成分、风化程度、充填物的性质和充填程度、密实度等。b.砂土应描述颜色、矿物组成、颗粒级配、颗粒形状、黏粒含量、湿度、密实度等。c.粉土应描述颜色、包含物、湿度、密实度、摇震反应、光泽反应、干强度、韧性等。d.黏性土应描述颜色、状态、包含物、光泽反应、摇震反应、干强度、韧性、土层结构等。e.特殊性土除应描述上述相应土类规定的内容外，尚应描述其特殊成分和特殊性质，如对淤泥尚需描述嗅味，对填土尚需描述物质成分、堆积年代、密实度和厚度的均匀程度等。f.对具有互层、夹层、夹薄层特征的土，尚应描述各层的厚度和层理特征。g.土层划分定名时应按如下原则：对同一土层中相间呈韵律沉积，当薄层与厚层的厚度比大于1/3时，宜定为"互层"；厚度比为1/10～1/3时，宜定为"夹层"；夹层厚度比小于1/10的土层，且多次出现时，宜定为"夹薄层"；当土层厚度大于0.5m时，宜单独分层。h.土的密实度可根据圆锥动力触探锤击数、标准贯入试验锤击数实测值、孔隙比等进行划分。

2.地质构造

地质构造对工程建设的区域地壳稳定性、建筑场地稳定性和工程岩土体稳定性来说，都是极其重要的因素。而且它又控制着地形地貌、水文地质条件和不良地质现象的发育及分布，所以，地质构造是工程地质测绘研究的重要内容。

工程地质测绘对地质构造的研究内容有：①岩层的产状及各种构造形式的分布、形态和规模；②软弱结构面（带）的产状及其性质，包括断层的位置、类型、产状、断距、破碎带宽度及充填胶结情况；③岩土层各种接触面及各类构造岩的工程特性；④近期构造活动的形迹、特点及与地震活动的关系；等等。

工程地质测绘中研究地质构造时，要运用地质历史分析和地质力学的原理及方法，查明各种构造结构面的历史组合和力学组合规律。既要对褶皱、断层等大的构造形迹进行研究，也要重视节理、裂隙等小构造的研究。尤其是在大比例尺工程地质测绘中，小构造研究具有重要的实际意义。因为小构造直接控制着岩土体的完整性、强度和透水性，是岩土工程评价的重要依据。

工程地质测绘应在分析已有资料的基础上，查明工作区各种构造形迹的特点、主要构造线的展布方向等，包括褶曲的形态、轴面的位置和产状、褶曲轴的延伸性、组成褶曲的地层岩性、两翼岩层的厚度及产状变化、褶曲的规模和组成形式、形成褶曲的时代及应力状态。

对断层的调查内容，主要包括：断层的位置、产状、性质和规模（长度、宽度和断距），破碎带中构造岩的特点，断层两盘的地层岩性、破碎情况及错动方向，主断裂和伴生与次生构造形迹的组合关系，断层形成的时代、应力状态及活动性。

根据不同构造单元和地层岩性，选择典型地段进行节理、裂隙的调查统计工作，其主要内容是节理、裂隙的成因类型和形态特征，节理、裂隙的产状、规模、密度和充填情况等。调查时既要注意节理、裂隙的统计优势面（密度大者），也要注意地质优势面（密度虽不大，但规模较大）的产状及发育情况。实践表明，结合工程布置和地质条件选择有代表性的地段进行详细的节理、裂隙统计，对岩体结构定量模式化是有重要意义的。

3.地貌

地貌是岩性、地质构造和新构造运动的组合反映，也是近期外动力地质作用的结果，所以研究地貌就有可能判明岩性（如软弱夹层的部位）、地质构造（如断裂带的位置）、新构造运动的性质和规模，以及表层沉积物的成因和结构，据此还可以了解各种外动力地质作用的发育历史、河流发育史等。相同的地貌单元不仅地形特征相似，其表层地质结构也往往相同。在非基岩裸露地区进行工程地质测绘要着重研究地貌，并以地貌作为工程地质分区的基础。

工程地质测绘中对地貌的研究内容有：①地貌形态特征、分布和成因；②划分地貌单元，弄清地貌单元的形成与岩性、地质构造及不良地质现象等的关系；③各种地貌形态和地貌单元的发展演化历史。上述各项主要在中、小比例尺测绘中进行。在大比例尺测绘中，则应侧重于地貌与工程建筑物布置以及岩土工程设计、施工关系等方面的研究。

在中、小比例尺工程地质测绘中研究地貌时，应以大地构造及岩性和地质结构等方面的研究为基础，并与水文地质条件和物理地质现象的研究联系起来，着重查明地貌单元的类型和形态特征，各个成因类型的高程分布及其变化，物质组成和覆盖层的厚度，以及各地貌单元在平面上的分布规律。

在大比例尺测绘中要以各种成因的微地貌调查为主，包括分水岭、山脊、山峰、斜坡悬崖、沟谷、河谷、河漫滩、阶地、剥蚀面、冲沟、洪积扇、各种岩溶现象等，调查其形态特征、规模、组成物质和分布规律。同时又要调查各种微地形的组合特征，注意不同地貌单元（如山区、丘陵、平原等）的空间分布、过渡关系及其形成的相对时代。

4.水文地质条件

在工程地质测绘中研究水文地质条件的主要目的在于研究地下水的赋存与活动情况，为评价由此导致的工程地质问题提供资料。例如，研究水文地质条件是为论证和评价坝址以及水库的渗漏问题提供依据；结合工业与民用建筑的修建来研究地下水的埋深和侵蚀等，是为判明其对基础埋置深度和基坑开挖等的影响提供资料；研究孔隙水的渗透梯度和渗透速度，是为了判明产生渗透稳定问题的可能性；等等。

在工程地质测绘中水文地质调查的主要内容包括：①河流、湖沼等地表水体的分布、动态及其与水文地质条件的关系；②主要井、泉的分布位置，所属含水层类型、水位、水质、水量、动态及开发利用情况；③区域含水层的类型、空间分布、富水性和地下水化学特征及环境水的侵蚀性；④相对隔水层和透水层的岩性、透水性、厚度和空间分布；⑤地下水的流速、流向、补给、径流和排泄条件，以及地下水活动与环境的关系，如土地盐碱化、冷浸现象等。

对水文地质条件的研究要从地层岩性、地质构造、地貌特征和地下水露头的分布、性质、水质、水量等入手，查明含水、透水层和相对隔水层的数目、层位、地下水的埋藏条件，各含水层的富水程度和它们之间的水力联系，各相对隔水层的可靠性。要通过泉、井等地下水的天然和人工露头以及地表水体的研究，查明工作区的水文地质条件，故在工程地质测绘中除应对这些水点进行普查外，对其中有代表性的和对工程有密切关系的水点还应进行详细研究，必要时应取水样进行水质分析并布置适当的长期观察点，以了解其动态变化。

5.不良地质现象

对不良地质现象的研究一方面是为了阐明工作区是否会受到现代物理地质作用的威胁，另一方面有助于预测工程地质作用。研究物理地质现象要以岩性、地质构造、地貌和水文地质条件的研究为基础，着重查明各种物理地质现象的分布规律和发育特征，鉴别其发育历史和发展演变的趋势，以判明其目前所处的状态及其对建筑物和地质环境的影响。

研究不良地质现象要以地层岩性、地质构造、地貌和水文地质条件的研究为基础，并收集气象、水文等自然地理因素资料。研究内容有：①各种不良地质现象的分布、形态、规模、类型和发育程度；②分析它们的形成机制、影响因素和发展演化趋势；③预测其对工程建设的影响，提出进一步研究的重点及防治措施。

6.已有建筑物的调查

工作区内及其附近已有建筑物与地质环境关系的调查研究，是工程地质测绘中特殊的研究内容。因为某一地质环境内已兴建的任何建筑物对拟建建筑物来说，应看作是一项重要的原型试验，往往可以获得很多在理论和实际两个方面上都极有价值的资料。研究内容有：①选择不同地质环境中的不同类型和结构的建筑物，调查其有无变形、破坏的标志，并详细分析其原因，以判明建筑物对地质环境的适应性；②具体评价建筑场地的工程地质条件，对拟建建筑物可能的变形、破坏情况作出正确的预测，并提出相应的防治对策和措施；③在不良地质环境或特殊性岩土的建筑场地，应充分调查、了解当地的建筑经验，以及在建筑结构、基础方案、地基处理和场地整治等方面的经验。

7.人类活动对场地稳定性的影响

工作区及其附近人类的某些工程活动，往往影响建筑场地的稳定性。例如，地下开采，大挖大填，强烈抽排地下水，以及水库蓄水引起的地面沉降、地表塌陷、诱发地震、斜坡失稳等现象，都会对场地的稳定性带来不利的影响，对它们的调查应予以重视。此外，场地内如有古文化遗迹和文物，应妥善地保护发掘，并向有关部门报告。

第三节 工程地质监测

一、概述

某些工程地质条件具有随时间而变化的特性，例如，地下水的水位及地下水化学成分，岩土体中的孔隙水压力，季节冻结层和多年冻结层的温度、物理状态和含水率都随季节而有明显的变化。短时间内完成的测绘和勘探工作，显然不能查明它们随时间而变化的规律。尤其重要的是，对人类工程活动有重大影响的各种自然产生的地质作用都有一个较长时间的发生、发展和消亡过程，在此过程中逐步显露出它和周围自然因素间的相互关联和相互制约的关系，以及其随时间而变化的动态。只有掌握了这类变化的全过程，才能确切地查清其形成的原因和发展趋势，正确评价它对人类工程活动的危害性，也才能进一步将这种规律性的认识用于预测其他未经详细研究的区域内同一类作用的发生、发展趋势及其对人类工程活动的可能危害。例如，斜坡上岩土体的变形和滑坡、崩塌等作用的产生，就是一个长期的地质过程。由于地表水对斜坡外形的改造，地下水和其他风化形成斜坡土石物理力学性质的改变，以及地震在斜坡岩土体中引起的附加荷载等，部分岩土体中有不稳定因素积累、滑动，稳定因素积累及活动停止等阶段，所以，其当前所处的阶段及与周围因素的关系是预测其发展趋势和评价其危害性的根据。

各种地质作用的动态观测必须在查清地质条件的基础上进行，这样才能根据观测资料判明其发育条件和影响发育的主要因素，也才能根据观测资料预测工程地质条件类似区的同类地质作用的动态。

二、岩土体性质与状态的监测

岩土体性质和状态的现场监测，可以归纳为岩土体变形观测和岩土体内部应力的观测两大方面。如果工程需要进行岩土体的监测，则岩土体的监测内容应包括以下3个方面：硐室或岩石边坡的收敛量测、深基坑开挖的回弹量测、土压力或岩体的应力量测。

岩土体性状监测主要应用于滑坡、崩塌变形监测，洞室围岩变形监测，地面沉降、采空区塌陷监测以及各类建筑工程在施工、运营期间的监测和对环境的监测等。

（一）岩土体的变形监测

岩土体的变形监测分为地面位移变形监测、洞壁位移变形监测和岩土体内部位移变形监测几种。

1.地面位移变形监测

主要采用的方法是：①用经纬仪、水准仪或光电测距仪重复观测各测点的方向和水平、铅直距离的变化，以此来判定地面位移矢量随时间变化的情况，测点可根据具体的条件和要求布置成不同形式的观测线、网，一般在条件比较复杂和位移较大的部位应适当加密；②对规模较大的地面变形还可采用航空摄影或全球卫星定位系统来进行监测；③采用伸缩仪和倾斜计等简易方法进行监测；④采用钢尺或皮尺观测测点的变化，或用贴纸条的方法了解裂缝的张开情况。监测结果应整理成位移随时间变化的关系曲线，以此来分析位移的变化和趋势。

2.洞壁位移变形监测

洞壁岩体表面两点间的距离改变量的量测是通过收敛量测来实现的，它被用于了解洞壁间的相对变形和边坡上张裂缝的发展变化，据此对工程稳定性趋势作出评价并对破坏的时间作出预报。测量的方法可采用专门的收敛计进行，简易的可用钢卷尺直接量测。收敛计可分为垂直方向、水平方向及倾斜方向等几种，分别用于测量垂直、水平及倾斜方向的变形。

3.岩土体内部位移变形监测

准确地测定岩土体内部位移变化，目前常用的方法有管式应变计、倾斜计和位移计等，它们皆要借助于钻孔进行监测。管式应变计是在聚氯乙烯管上隔一定距离贴上电阻应变片，随后将其埋植于钻孔中，用于测量由于岩土体内部位移而引起的管子变形。倾斜计是一种量测钻孔弯曲的装置，它是把传感器固定在钻孔不同的位置上，用以测量预定程度的变形，从而了解不同深度岩土体的变形情况。位移计是一种靠测量金属线伸长来确定岩土体变形的装置，一般采用多层位移计量测，将金属线固定于不同层位的岩土体上，末端固定于深部不动体上，用以测量不同深度岩土体随时间的位移变形。

（二）岩土体内部的应力监测

岩土体内部的应力监测是借助于压力传感器装置来实现的，一般将压力传感器埋设在结构物与岩土体的接触面上或预埋在岩土体中。目前，国内外采用的压力传感器多为压力盒，有液压式、气压式、钢弦式和电阻应变式等不同形式和规格的产品，以后两种较为常用。由于压力观测是在施工和运营期间进行的，互有干扰，所以务必防止量测装置被破坏。为了保证量测数据的可靠性，压力盒应有足够的强度和耐久性，加压、减压线形良好，能适应温度和环境变化而保持稳定。埋设时应避免对岩土体的扰动，回填土的性状应与周围土体一致。通过定时监测，便可获得岩土压力随时间的变化资料。

（三）不良地质作用和地质灾害的监测

工程建设过程中，由于受到各种内、外因素的影响，如滑坡、崩塌、泥石流、岩溶等，这些不良地质作用及其所带来的地质灾害都会直接影响工程的安全乃至人民生命财产的安全。因此，在现阶段的工程建设中对上述不良地质作用和地质灾害的监测已经是不可缺少的工作。

不良地质作用和地质灾害监测的目的：一是正确判定、评价已有不良地质作用和地质灾害的危害性，监视其对环境、建筑物和对人民财产的影响，对灾害的发生进行预报；二是为防治灾害提供科学依据；三是预测灾害发生及发展趋势和检验整治后的效果，为今后的防治、预测提供经验。

根据不同的不良地质作用和地质灾害的情况，开展的地质灾害监测内容应包括以下几个方面：

（1）应进行不良地质作用和地质灾害监测的情况是：①场地及其附近有不良地质作用或地质灾害，并可能危及工程的安全或正常使用时；②工程建设和运行，可能加速不良地质作用的发展或引发地质灾害时；③工程建设和运行，对附近环境可能产生显著不良影响时。

（2）岩溶土洞发育区应着重监测的内容是：①地面变形；②地下水位的动态变化；③场区及其附近的抽水情况；④地下水位变化对土洞发育和塌陷发生的影响。

（3）滑坡监测应包括下列内容：①滑坡体的位移；②滑面位置及错动；③滑坡裂缝的发生和发展；④滑坡体内外地下水位、流向、泉水流量和滑带孔隙水压力；⑤支挡结构及其他工程设施的位移、变形、裂缝的发生和发展。

（4）当须判定崩塌剥离体或危岩的稳定性时，应对张裂缝进行监测。对可能造成较大危害的崩塌，应进行系统监测，并根据监测结果，对可能发生崩塌的时间、规模、塌落方向和途径、影响范围等作出预报。

（5）对现采空区，应进行地表移动和建筑物变形的观测，并应符合：①观测线宜平行和垂直矿层走向布置，其长度应超过移动盆地的范围；②观测点的间距可根据开采深度确定，并大致相等；③观测周期应根据地表变形速度和开采深度确定。

（6）因城市或工业区抽水而引起区域性地面沉降，应进行区域性的地面沉降监测，监测要求和方法应按有关标准进行。

三、地下水的监测

当建筑场地内有地下水存在时，地下水的水位变化及其腐蚀性（侵蚀性）和渗流破坏等不良地质作用，对工程的稳定性、施工及正常使用都能产生严重的不利影响，必须予以重视。当地下水水位在建筑物基础底面以下压缩层范围内上升时，水浸湿和软化岩土，从而使地基土的强度降低，压缩性增大。尤其是对结构不稳定的岩土，这种现象更为严重，能导致建筑物的严重变形与破坏。当地下水在压缩层范围内下降时，则增加地基土的自重应力，引起基础的附加沉降。

在建筑工程施工中遇到地下水时，会增加施工难度。如需处理地下水，或降低地下水位，工期和造价必将受到影响。如基坑开挖时遇含水层，有可能会发生涌水涌沙事故，延长工期，直接影响经济指标。因此，在开挖基坑（槽）时，应预先做好排水工作，以减少或避免地下水的影响。

周围环境的改变，将会引起地下水位的变化，从而可能产生渗流破坏、基坑突涌、冻胀等不良地质作用，其中以渗流破坏最为常见。渗流破坏是指土（岩）体在地下水渗流的作用下其颗粒发生移动，或颗粒成分及土的结构发生改变的现象。渗流破坏的发生及形式不仅决定于渗透水流动水力的大小，同时与土的颗粒级配、密度及透水性等条件有关，而对其影响最大的是地下水的动水压力。

对于地下水监测，不同于水文地质学中的"长期观测"。因观测是针对地下水的天然水位、水质和水量的时间变化规律的观测，一般仅提供动态观测资料。而监测不仅是观测，还要根据观测资料提出问题，制定处理方案和措施。

当地下水水位变化影响到建筑工程的稳定时，需对地下水进行监测。

（一）对地下水实施监测的情况

对地下水实施监测的情况有：地下水位升降影响岩土稳定时；地下水位上升产生浮托力，对地下室或地下构筑物的防潮、防水或稳定性产生较大影响时；施工降水对拟建工程或相邻工程有较大影响时；施工或环境条件改变，造成的孔隙水压力、地下水压力变化，对工程设计或施工有较大影响时；地下水位的下降造成区域性地面下沉时；地下水位的升降可能使岩土产生软化、湿陷、胀缩时；需要进行污染物运移对环境影响的评价时。

（二）监测工作的布置

应根据监测目的、场地条件、工程要求和水位地质条件决定监测工作的布置。地下水监测方法应符合下列规定：

（1）地下水位的监测，可设置专门的地下水位观测孔，或利用水井、泉等进行。

（2）孔隙水压力、地下水压力的监测，可采用孔隙水压力计、测压计进行。

（3）用化学分析法监测水质时，采样次数每年不应少于4次，并进行相关项目的分析。

（4）动态监测时间不应少于1个水文年。

（5）当孔隙水压力变化影响工程安全时，应在孔隙水压力降至安全值后方可停止监测。

（6）受地下水浮托力的工程，地下水压力监测应进行至工程荷载大于浮托力后方可停止监测。

（三）地下水的监测布置及内容

根据岩土体的性状和工程类型，对于地下水压力（水位）和水质的监测，一般应沿地下水流向布置观测线。在水位变化较大的地段、上层滞水或裂隙水变化聚集地带，都应布置观测孔。基坑开挖工程降水的监测孔应垂直基坑长边布置观测线，其深度应达到基础施工的最大降水深度以下1m处。

第四节　工程地质测绘资料的整理

一、概述

工程地质测绘资料的整理，从性质上可分为野外验收前的资料整理和最终成果的资料整理。

（一）野外验收前的资料整理

野外验收前的资料整理，是指在野外工作结束后，全面整理各项野外实际工作资料，检查核实其完备程度和质量，整理誊清野外工作手图和编制各类综合分析图、表，编写调查工作小结。一般野外资料验收应提供下列资料：①各种原始记录本、表格、卡片和统计表；②实测的地质、地貌、水文地质、工程地质和勘探剖面图；③各项原位测试、室内试验鉴定分析资料和勘探试验资料；④典型影像图、摄影和野外素描图；⑤物探解释成果图、物探测井、井深曲线及推断解释地质柱状图及剖面图、物探各种曲线、测试成果数据、物探成果报告；⑥各类图件，包括野外工程地质调查手图、地质略图、研究程度图、实际材料图、各类工程布置图、遥感图像解释地质图；等等。

（二）最终成果资料整理

最终成果资料整理，在野外验收后进行，要求内容完备，综合性强，文、图、表齐全。其主要内容是：①对各种实际资料进行整理分类、统计和数学处理，综合分析各种工程地质条件、因素及其之间的关系和变化规律；②编制基础性、专门性图件和综合工程地质图；③编写工程地质测绘调查报告。

二、常用的工程地质图件

（一）实际材料图

该图主要反映测绘过程中的观察点、线的布置、填绘、成果，以及测绘中的其他测绘、物探、勘探、取样、观测和地质剖面图的展布等内容，是绘制其他图件的基础图件。

（二）岩土体的工程地质分类图

该图主要反映各工程地质单元的地层时代、岩性和主要的工程地质特征（包括结构和强度特征等），以及它们的分布和变化规律。对于特殊的岩土体和软弱夹层、破碎带可夸大表示。还应附有工程地质综合柱状图或岩土体综合工程地质分类说明表、代表性的工程地质剖面图等。

（三）工程地质分区图

该图是在调查分析工作区工程地质条件的基础上，按工程地质特性的异同性进行分区评价的成果图件。工程地质分区的原则和级别要因地制宜，主要根据工作区的特点并考虑工作区的经济发展规划的需要来确定。一级区域应依据对工作区工程地质条件起主导作用的因素来划分，二级区域应依据影响动力地质作用和环境工程地质问题的主要因素来划分，三级区域应根据对工作区主要工程地质问题和环境工程地质问题的评价来划分。

（四）综合工程地质图

该图是全面反映工作区的工程地质条件、工程地质分区、工程地质评价的综合性图件。图面内容包括岩土体的工程地质分类及其主要工程地质特征，地质构造（主要是断裂）、新构造（特别是现今活动的构造和断裂）和地震，地貌与外动力地质现象和主要地质灾害，人类活动引起的环境地质工程地质问题，水文地质要素，工程地质分区及其评价等。

该图由平面图、剖面图、岩土体综合工程地质柱状图、岩土体工程地质分类说明表和图例、必要的镶图等组成，应尽可能地增加工程地质分区说明表。

第三章　工程测量技术创新应用

第一节　工程测量在工程建设中的重要性

随着经济发展，工程建设规模日益壮大，工程测量涉及多领域，工程测量与各阶段有着最直接的联系，包含工程建设各阶段。工程建设中一系列工序都需要以测量工作为依托。工程测量工作开始后能够具体把握工程项目的真实情况，由工作人员进行数据记录和图纸记载，促进后期工程实践活动的开展。本书将分析工程测量在工程建设中的重要性，从建筑定位与基础施工阶段、主体结构施工阶段、工程竣工阶段、工程验收审核阶段、施工和运行阶段的变形观测阶段进行具体阐述。实践证明，工程测量在整个工程建设中起着决定性意义。

一、工程测量的概念

工程测量是获取工程数据的有效途径，现实生活中，在工程开展前会选派专业技术人员利用专业知识完成所有工程测量工作。了解工程性质之后，我们就会发现工程测量贯穿建筑项目全过程，而不仅仅在设计阶段或其他某单一阶段。在现实施工中极有可能会遇到待开发区地质条件较差的情况，一般来讲，工程人员会通过工程测量来检验地质条件是否合适，工程是否能够顺利进行。工程测量不以操作人员的意见和感觉为标准，测量数据为最实在性的工程依据，对于工程建设具有重要的参考意义。

在当前社会条件下，建筑行业利用有效手段为行业的迅速发展作出巨大的努力，现阶段已经取得了一定成效，工程项目不断增多、工程规模越来越大。我们不能因目前的发展而否认现实中存在的问题，重大工程事故的发生使得社会各界的关注点逐渐放在工程质量上。测量工作应用于工程建设的各个阶段，从工程开工一直到工程结束都会看到测量人员的身影，都会感受到工程测量的存在。测量工作在建设过程中发挥着较大的作用，本身的价值较高。具体来看，工程测量实际工作可以具体分为两个内容，分别是外业和内业。我们所说的外业工作即放样工作，需要工作人员利用工具分别测量地面上各点之间的角度，除此之外还需要做好水平距离和高差的记录；现场放样、记录成果、整合复核属于内业工作范畴。内业和外业工作都极其考验人员的素质，从事该项工作的人员需要具有专业知识与扎实的工程功底，才能够胜任此项工作。

二、工程测量的重要性

工程质量的好坏是整个工程建设的核心，工程质量只有通过测量把控后才是可靠的。在实现工程整体进度、整体费用有效控制的前提下，工程质量控制是整个工程建设的核心。在大中型工程建设中，影响工程整体质量水平的相关因素也较多，需要采取科学的质量监管办法，工程测量在施工操作和施工监管方面都发挥着重要的作用，工程测量能够确保施工数据的准确清晰，也能够有效地确保工程质量的好坏，能有效地确保工程建设的顺利进行。因此，工程测量在工程建设中发挥着举足轻重的作用。

三、工程测量在项目建设各阶段的作用

（一）在建筑定位与基础施工阶段的作用

质量是工程建设的最高追求这一主题永远不会改变，建筑质量总是受着基础工程影响。换句话说，基础工程做实做牢则会为接下来的工程奠定坚实的基础。基础施工的重要性不言而喻，这也就能够解释为何对基础施工阶段的要求如此严格。基础桩位施工是基础施工阶段的一项重要内容，不容小觑。施工规范允许承台桩位出现适当的偏差，但要求偏差值要尽可能小，如果现实中桩位偏差超出规范标准外过多会进一步影响工程受力情况，以往设计的方案与计划就要全部推翻，需要根据实际情况重新进行受力计算。这是保证建筑物不留下安全隐患的唯一途径。再次受力计算除造成不必要的精力与时间投入以外，还导致工程工期延迟，精细周密的测量有利于解决问题上的弱势。我们在实践过程中逐步明白了只有做到在思想上高度重视，在测量过程中利用专业知识并进行经验分析才能够做好该项工作，并发挥其应有价值。

工程需要进行底板基础施工，必定会经历土方开挖阶段。我们不允许在这一阶段出现不符合客观要求的情况，因此，工作人员在开展这一实践活动时需要引起高度注意，避免出现任何工作失误。土方开挖部位的确定、开挖深度的控制并不容易，只有在进行精细周密的测量之后再制定方案，严格按照方案执行才能够使得这一操作规范化，避免超挖或乱挖。对于建筑工程专业测量人员来讲学习和掌握先进的测量方法具有重要意义，这些人员必须全面认识和分析工程，全面把握工程实际情况。基础墙柱钢筋定位放线也是基础施工阶段所必须做的工作。毫无疑问的是，该阶段需要运用工程测量，需要人员测量桩头和垫

层的标高控制。

在此阶段有几点需要注意：①工程施工单位需要依照设计规范以及相关标准规范的要求，编制切实可行的测量细则以及项目基础施工相关的规定；②审查各施工单位资源配置计划是否合理；③组织相关施工人员实地验线，重点检查相关开挖线的走向，以及留设桩位是否合理。

（二）在主体结构施工阶段的作用

施工单位历来都非常重视主体结构施工阶段。针对建筑工程进行细致研究，了解到主体结构施工中各环节的操作会导致建筑物的垂直度出现变化，会对质量产生直接的影响。在实际施工过程中模板施工与墙柱钢筋捆绑有可能会出现问题，都会留下一些隐患。为了确保工程建设万无一失，必须进行测量放线工作。测量放线工作的意义在于寻找问题、解决问题，避免错失解决问题的最佳时间。工作人员在测量过程中一旦发现问题要及时上报，避免因对问题视而不见引发重大的安全事故。目前建筑工程规模越来越大，建设难度有所提高，建筑趋于高层化。新的发展背景下对建筑垂直度要求较高，更多将问题归咎于建筑垂直度偏差过大。对主体标高控制进行精准质量测量才会有可靠的保障，工程测量具有现实意义。

此阶段有几点需要注意：①明确工程设计意图，准确把握施工过程中出现的问题，制定预防措施；②加强施工过程中质量监管，检查部位几何尺寸、坡比、高程以及平面位置是否正确；③监测工程是否有滑坡、塌方的危险；④监理工程师需要加强工程过程中质量是否合格；⑤工程验收是否合格，认真审核施工单位月报数据；⑥配合监理做好验收工作。

（三）在工程竣工阶段的作用

工程竣工并不代表工程的完成，只是代表着实际施工实践的停止。在工程完成之后，会有相关测量人员完成最后的竣工测量。工程的竣工测量之所以那么重要，是因为测量成果报告包含着重要信息，相关部门一般会以此为依据来判定工程是否合格，来判定工程是否严格按照要求进行。工程测量是工程竣工规划中的一项重要内容，这一程序必不可少。

此阶段有几点需要注意：①认真审核工程测量数据是否合理；②竣工验收材料要齐全；③竣工验收时参加监理的业主、监理单位、施工单位要三方到场。

（四）在施工和运行阶段在变形观测中的作用

建筑物建成使用一段时间后可能会出现沉降情况，对于一些沉降幅度较大、状况较为严重的工程要及时采用有效方法，进一步降低安全事故发生的可能性。对建筑物进行沉降观测可以进一步判定建筑物实际状况。将建筑物的状况变化置于监测之下，一旦发现问题能够得到及时解决，有效避免了态势的蔓延①。

此阶段有几点需要注意：①要按既定的施工方案检查建立质量检验工作制度，使质量控制有章可循、有法可依；②在施工的过程中要控制好工程质量，工程技术人员要熟悉相关的技术标准、规范等，要掌握具体的施工步骤；③认真审查施工运行中对工程质量的把控。

剖析工程测量对于我们正确把握工程测量的价值具有重要意义。建筑工程在建设期间必将经历建筑定位与基础施工阶段、主体结构施工阶段、工程竣工阶段工程验收审核阶段、施工和运行阶段的变形观测阶段，工程测量也始终贯穿于这4个阶段。换句话说，工程测量基于建筑施工各环节，其直接为工程建设服务，现实中暴露出的工程问题有一部分原因在于工程测量工作不够到位，在明晰工程测量的重要性之后应当尽量消除工程测量上的不足。在施工过程中借助工具进行测量和计算，得到一系列测量数据，以支撑建设施工的顺利进行。工程测量并不如想象中那般简单，对工程测量有一个全面的了解之后就会发现它是一个极度复杂的工作，考察专业人员相关的专业能力。人员在测量过程中要有严谨的工作态度，测量前注意进行仪器控制，最大限度地做到精确。只有这样，才能保证工程建设的整体质量，才能发挥工程测量在工程建设中的重要作用。

第二节　数字化测绘技术在工程测量中的应用

随着我国基础设施建设的不断推进，工程项目建设也越来越多，其面临的工程测量问题也相应地增多。这些问题不仅来源于复杂多变的气候环境因素，也来源于复杂的地理环境等因素。在工程项目开展之前，准确而有效地进行相关工程参数的测量并获得可靠的工程设计项目参考数据则显得尤为关键。这些数据不仅直接影响整个建设项目的合理设计和如期开展，也是整个工程项目顺利完成的有效保障。而这些数据的准确获得往往是需要依靠较为先进的测量设备和测量技术才能完成的。其中，数字化测绘技术作为一种先进的测量技术被广泛应用于现代工程项目测量过程中。它不仅可以使工程项目测量工作方便、快捷，也可获得更加真实和准确的数据。数字化测绘技术在工程项目测量中具有非常重要的

---

① 蔡天元. 浅析测绘工程测量中测绘新技术的应用 [J]. 居业，2016，5（3）：31+33.

作用。下面，笔者首先对数字化测绘技术进行了认识，其次分析数字化测绘技术在工程测量中的应用优势，最后进一步探讨数字化测绘技术在工程测量中的具体应用。

一、认识数字化测绘技术

数字化测绘技术是一种利用计算机和网络的现代测图技术，主要使用的测量工具包括全球定位仪、数字化摄影仪及全站控制系统等。通过这些设备，可对测量范围的地理状况、地貌信息等有效测量，并进行地图和地形等数据信息的准确采集，并最终绘制出全面而完整的测绘图。在数字化测绘技术的广泛应用下，工程测量的工作不仅得到了有效的提升，而且逐渐向自动化测定的水平迈进。

数字化测绘技术主要有全球定位系统（GPS）、地理信息系统（GIS）以及遥感技术（RS）等组成。其中，GPS是一种卫星空间导航定位系统，其主要由地面控制系统、空间定位卫星及信息接收设备3大部分构成。GPS最早在美国实现，其具有定位范围广、多层次实时导航以及空间定位等典型功能。在工程测量过程中，可利用该定位系统实现距离和时间的测定。随着测量技术的发展，工程测量研究者进一步在此技术基础上开发了实时动态差分技术（RTK），该技术相比于GPS，具有更高的测量精度，可达厘米级。与GPS相对应的另一种重要数字化测绘技术是地理信息系统，即GIS。该测量技术是一种能够对地理空间数据进行有效分析以及综合性处理的技术，主要包括地图作图、管理及电网分析等功能模块。由于该测量技术主要通过三维空间矢量坐标轴来对所测量的空间目标进行定位，同时该技术具有可操作性强、三维仿真和可视化等特点，所以被广泛应用于工程地质勘测工作中。另外，现代遥感技术（RS）也是数字化测绘技术中一种非常重要的技术。该技术主要通过对来自目标物体的电磁场信息进行传感器探测和接收获得测量数据。RS按其信息获取类型可分为物理场遥感、声学遥感及电磁波遥感3大技术，同时随着技术的进步，测量研究工作者们还开发出了可见光、微波以及红外遥感技术。由于以上3种测绘技术各具特点和优势，所以在数字化测绘工作中进行综合性地利用，才能发挥出最大效用。

二、数字化测绘技术在工程测量中的应用优势

与传统的测绘技术相比，数字化测绘技术在工程测量中体现出了非常明显的优势。其主要体现在如下几方面：

（一）测量和绘图精度相对高

在工程测量过程中，现场测绘工作人员可以根据所测定的地理环境特点选择特殊的数据采集模式，以实现数据的准确采集。例如，通过选择全站式的自动采集模式，可对所测

定的地理环境进行三维定位，从而获得精准的数据。同时，由于这种模式的便捷性，所以大大降低了现场测绘工作者的工作量。

（二）自动化采集功能强大

由于数字化测绘技术是在自动化技术、电子信息技术和计算机网络技术等先进学科基础上发展而来的，所以其相比于传统的测绘技术，其自动化采集功能相当强大。例如，通过利用自动化操作软件，可以对所勘测的地质数据、空间数据及气候数据等进行全自动化的实时分析，同时根据当时的测定条件，自动选取与该条件相匹配的测绘符号、图形颜色等工具，从而充分地保证测量绘图的精确性和规范性。

（三）测量的图形属性信息相当丰富

在工程测量过程中，通过数字化的测绘技术，不仅可以对所测量的地理位置进行精准的定位，而且可以将所测位置的地形特点用丰富的图形属性信息呈现出来。这些图形属性不仅包含所测位置的基本信息，也包含了一些测量学上特殊的属性符号。通过这些符号，可以有效地将所测的地貌、地质状况真实地还原，从而极大地提高勘测结构图的显示效果。

（四）信息存储更加简便快捷

在工程测量过程中，大量的现场测量数据会随时产生，数据不仅复杂多样，而且在测量仪器中所占的存储空间非常大。如果使用传统的测量方法，很难满足这一要求，而使用数字化的测绘技术恰恰能有效克服这一劣势。通过数字化测绘技术的应用，可以将所测量的数据有效地转化为数字符号，从而具有所占介质体积小、存储容量大等优势。

三、数字化测绘技术在工程测量中的具体应用

（一）数字化测绘中原图数字化处理技术的应用

在传统的工程测绘原图的数据处理过程中，很容易受到来自测绘人员操作以及设备等多方面因素的影响，从而导致原图失真。但是，通过数字化测绘技术的运用，可有效地克服这些问题。当工程测量工作人员在获得了测绘原图数据后，可通过数字化测绘和数据处理软件的使用对这些原图进行分层存储的方式进行处理，从而有效地减少矢量化处理方式所带来的问题。同时，在数字化测绘技术对原图进行处理过程中，可以根据原图中各种图形的自有属性，再进行数据比对的方式快速找到具有相同属性的图形信息。在此基础上，可进一步对原图的颜色、形状等进行修改，从而获得更加准确的图形数据信息。另外，工

程测量工作人员在对原图进行完善的过程中，可以对数字化测绘工具中已有的图形数据符号库进行进一步完善，从而为后续的工程测量原图处理工作提供更加丰富和准确的图形数据符号库。

（二）数字化测绘技术中数字化地球技术和航测成图技术的应用

在工程测量过程中，数字化地球技术与航测成图技术作为两种重要的数字化测绘技术被广泛应用。通过数字化地球技术，可对工程测量的数据信息进行综合处理，从而建立起一套统一的坐标系。在此基础上，再结合计算机的数字化技术将大量的数据信息进行有效整合，从而获得较为满意的绘图数据。例如，谷歌地球就是目前在工程测量中被测量工作人员使用较多的两种技术之一。通过在测量工作中结合这一技术，工程测量人员可对所测的地理环境和地质地貌进行有效测量。另外，航测成图技术也是工程测量中应用得较为广泛的技术。通过这一技术的运用，可以对工程测量的地面模型以及航空摄影信息的数据进行有效提取和参数构建，从而形成完整的区域测量数字图。同时，这一技术在工程测量过程中完全不会受到天气、地形等因素的限制。

（三）数字化测绘技术在建筑工程测量中的应用

随着我国建筑工程的快速发展，数字化测绘技术得到了充分的应用。这些应用主要包括建筑工程现场数据的采集，建筑工程地面的测绘，建筑工程土质的测绘以及建筑工程的定位测量等方面。在建筑工程现场数据的采集上，利用数字化测绘技术，首先，可以对建筑主体的数据进行采集，从而方便后期工程各项数据的使用；其次，利用该技术可以对建筑墙面的数据进行采集，特别是建筑的每一个墙体，都可以利用该技术实现测绘分析，包括墙体具体的承重参数等信息；最后，利用该技术还可对建筑吊板的数据进行测量，从而绘制出吊板的高度，以方便后续施工。在建筑工程地面的测绘方面，利用数字化测绘技术可以极大地提高地面测绘的精确度，其测量误差可控制在3cm的范围内。同时，通过该测绘技术，可以提供更为高效的测图手段，并形成大比例尺寸的地形图。在建筑土质的测绘方面，通过配置数字化的测量仪器和绘图软件，可有效构建出土质测绘的完整体系，从而降低土质测绘数据的误差。在建筑工程的定位测量方面，利用数字化测绘中的GPS技术，可准确地定位建筑工程中的建筑物，从而为整个建筑施工提供可靠的定位数据。

（四）数字化测绘技术在矿山工程勘测中的应用

在矿山工程的测量过程中，通过数字化测绘技术的应用可在很大程度上改善矿山工程采矿作业的精确性和效率。其主要包括如下几方面的应用：

（1）利用数字化测绘技术的数字栅格来有效绘制地形图。通过该技术与计算机应用技术结合，可以将矿山工程测定的地形图实现数字栅格化，从而帮助矿山工程的施工人员进行精准的定位和目标标定。

（2）利用该技术对矿山采集数据进行相关性分析。在矿山工程的测量过程中，利用该技术不仅可以提升测量的精确度，而且可以将所测定的数据进行快速的存储和处理，从而实现矿山工程项目的相关风险因素的预测和分析，最终保证施工安全。

（3）利用该技术实现对矿山工程作业人员的快速救援。通过利用该技术对整个矿山工程建设的数据进行有效收集和分析之后，矿山工程作业和管理人员就对矿山工程的作业进度有较为全面的掌握。一旦矿山突发安全事故，相关救援人员就可以利用这些已经收集的数据进行准确定位和及时救援，从而最大限度地减少人员和财产的损失。

（五）数字化测绘技术在地质工程勘测中的应用

在地质工程的勘测中，工程技术人员或研究者往往对地质状况的测绘结果有较高的要求，这样才能有效保证后续工作的开展。利用数字化测绘技术能有效地满足这类工程的勘测。通过数字化测绘技术的应用，可以对复杂地质结构进行有效的数据获取和图形绘制。例如，在这一技术的帮助下，可以进行地质顶线、带状地形图以及大尺寸地形图的有效测量。同时，由于地质工程勘察往往处于一些较为恶劣的野外工作环境中，所以只有携带较为方便且操作流程较为简单的测量设备才能满足他们的需要，而数字化测绘设备恰恰能满足这些要求。另外，在野外地质勘测过程中，利用数字化测绘技术的GIS系统，可有效对所测定的数据信息进行整合和快速保存，从而帮助勘测人员顺利完成工作。

（六）数字化测绘技术在水利工程勘测中的应用

测绘工作在水利工程建设中具有非常重要的作用，它是整个水利工程顺利完成的前提和保障。在水利工程建设中，数字化测绘技术则被广泛应用。水利工程勘测工作者们通过利用这一技术，可以有效地对测定的原图实现数字化。同时，在水利工程勘测过程中，地面数字测图也是应用较多的一种典型数字化测绘技术。通过该技术，可以获得测量精度较高、比例尺寸较大的地图。另外，在水利工程测量中，数字地球技术也是一种较为常用的技术。该技术由于科技含量很高，特别适用于复杂而庞大的水利工程项目。

四、今后数字化测绘技术在工程测量中的应用

随着数字化测绘技术在工程测量的广泛应用，其将迎来前所未有的发展空间。在工程测量过程中，通过有效融入人工智能的相关技术能有效地提高测绘工作的效率。同时，随着人们对工程测量的更高要求，提升测绘设备的智能化操作精度以及改善测绘设备的易携带性，将成为数字化测绘技术在工程测量中的重点开发方向。另外，在数字化测绘技术

中，如何开发出更加先进的测绘配套软件对所测数据的实时传输以及整合分析，也将成为广大测绘研究工作者深入探讨的问题。可以预见，在未来的工程测量中数字化测绘技术将朝着自动化、智能化和简便化的方向发展。

综上所述，数字化测绘技术作为一种先进的工程测绘技术在现代工程项目测量中具有举足轻重的作用。通过对这一测绘技术的有效应用，不仅能够克服传统测量技术上的劣势和缺陷，而且可以使测量数据更加真实、可靠。作为现代工程项目的测绘技术工作者，一定要充分认识这一测绘技术在现代工程项目测量过程中所起到的巨大作用。只有系统、熟练掌握对数字化测量的相关理论知识和测量技术，并把这些理论知识和测量技术在平时的工作中进行有效结合，才能使整个工程测量工作更加准确、高效。

第四章　地球物理勘探

第一节　电法勘探

一、激电中梯法

（一）基本原理

向地下供直流电时，在供电电流不变的情况下，地面两个测量电极间的电位差随时间而有所变化（一般是变大），并在相当长时间后（几分钟）趋于某一稳定的饱和值。断电后，测量电极间仍存在着随时间而减小的微小电位差，并在相当长的时间后（几分钟）衰减趋于零。这种在充电和放电过程中产生随时间而变化的附加电场的现象，称为"激发极化效应"。这种变化的附加电场，称为"激发极化场"，简称"二次场"。

（二）野外工作

1.仪器设备性能试验

（1）仪器作一致性校验。在相同条件下用同一台仪器多次重复观测，读数之间存在差异；相同条件下用多台仪器观测，读数之间也存在差异，这些差异反映了一台或多台仪器的观测误差，也即仪器读数存在不一致的问题。

生产中，在同一地区施工若使用两台（包括备用）以上仪器，必须对仪器作一致性校验，其均方相对误差应不大于设计无位均方相对误差的三分之二。

（2）测量不极化电极要求。不极化电极有瓷罐式、塑料管式及甲电池式，目前国内使用最多的是PVC管式，其具有低噪声、低漂移等特点。工作中要保证外部电线与铅棒完全连接，要用防水胶布等密封好，保证与外部绝缘。若长期不使用或工作较长时间后则要用饱和盐水浸泡数小时。（不极化电极电化学性应稳定，极差变化小于0.01mV/5min。工作中的成对偶电极要精心挑选，每天开工前和收工后要用万用表测量其极差，开工极差<±2mV，收工极差<±5mV。）

2.观测方法

开工初期安排必要的技术实验剖面，以解决最佳技术方案问题。技术实验剖面有如下要求：

（1）技术实验剖面应选在地质情况比较清楚、地质断面相对比较简单的地段，同时应尽可能考虑通过天然露头和探矿工程。

（2）应具有不同地电特征、不同地形和不同接地条件的地段，使技术实验剖面不乏代表性，且便于资料对比。

（3）实验时宜采用多种电极距和多种观测数据采集参数。

3.测网布设

测线应尽量垂直于勘查对象的走向。如果成矿受构造控制，测线应垂直构造的走向；如果成矿受岩性的控制，则应垂直岩层走向。当发现的异常走向与测线交角小于90°过多时，应在垂直异常走向布置补充工作。测线尽可能避免或减小地形影响和其他干扰因素的影响；测线方向应与工区中的地质勘探线、典型地质剖面方向一致。

测网密度应根据勘查目的、工作性质、勘查对象规模与空间位置等因素确定。普查线距应不大于最小探测对象的走向长度，点距应保证在异常区内至少有3个满足观测精度的观测点；详查线距应保证至少有3条测线通过最小极化体上方。点距应保证在异常区内至少有5个满足观测精度的测点；精测剖面通常使点距密度达到即使再加密测点，异常的细节特征也不会有明显的改变。

4.原始数据采集

在经过仪器性能试验和测地放样后，根观测方法试验所确定的极距大小、跑极方向和观测参数的设定等，有条不紊地进行正常的生产数据采集。现场数据采集是整个野外生产的核心，采集数据质量的优劣直接影响到最终的勘探成果，因此必须认真对待，严格要求。

特别需要警惕和杜绝的是：在野外数据采集困难或确实无法采集时，绝对不可人为臆造数据，要知道捏造假数据与没有数据所带来的后果是完全不一样的，假数据在后期成果解释上会带来误导，严重时会造成难以估量的损失和恶劣影响。在生产中，同一工区应采用相同的观测系统（包括观测方式，脉冲宽度、延时、采样宽度等），使得一个工区的观测数据是统一的。

二、电测深法

（一）电测深法的实质和应用条件

电测深法的全称为"电阻率垂向测深法"，它是研究垂向地质构造的重要地球物理方法。同其他物探方法一样，电测深法是在勘探区布置一定的测网，测网由若干测线组成，每条测线布置若干测点。对地面上某一测点进行电测深法测量的实质是用改变供电极距的办法来控制不同的勘探深度，由浅入深，了解该测点地下介质垂向上电阻率的变化。综合每条测线的测量结果，通过定性和定量解释，可以获得每条测线的地电断面资料；综合勘探区内各测线的测量结果，可以获得地下岩石沿水平方向和垂直方向变化的综合资料。因此，正确的工作布置和解释可以达到立体填图的效果。可见电测深法较之电剖面法，工作量大，但所获资料丰富。比如沿一剖面作一个电测深剖面，其结果中将包含多个不同电极距的电剖面结果。

按照传统的说法，电测深有利于解决具有电性差异、产状近于水平的地质问题。但从电测深方法的实践来看，它的应用范围已大大扩展，早已不局限于解决水平电性分界面的问题。在生产实践中对非水平层产状，局部的不均匀地电体（如断层、溶洞等），不同地貌单元的划分等方面，做了电测深的尝试之后，都在不同程度上获得一定的地质效果。虽然在多数情况下难以得到定量的结果，但能定性地了解地电体的分布情况，提供有用的地质信息。

电测深的定量解释方法存在很大的局限性，因为目前的电测深解释理论是建立在以下假设基础上的：地面水平、地下电性层层面水平、厚度较大，各层间电阻率差异明显；各层内电阻率均匀；浅部没有明显的屏蔽层（高阻或低阻屏蔽层）；层次不能太多。

实际上地下地质情况往往比较复杂、不可避免地会偏离上述理论条件，因此在电测深工作中按严格的电测深解释理论进行定量解释，只能解决接近上述理论条件的地质问题。

为了突破上述理论的局限性，充分发挥电测深进行立体填图的特长，扩大电测深法的应用领域，在生产实践中，根据水文地质和工程地质调查的需要，可以设法改进电测深法的某些方面，根据勘探深度要求不太大（一般在100m左右，不超过200m），但分层要求细致，并需估计局部电性不均匀体的埋深等情况，采用加密极距间隔的办法进行工作，细致地勾画定性解释图件。另外，由已知钻孔的井旁电测深曲线直观地发现目的层和曲线特征的定量统计关系，然后对大致资料进行定量解释，等等。上述措施的采用，实践表明是可行的，为指导勘探——打井，积累了不少经验。

（二）水平层状分布的地电断面和电测深的曲线类型

当地下介质在半空间均匀分布，并具有电阻率ρ_1时，在地面做电测深，无论极距怎样变化，测得的ρ_s（视电阻率）值都与均匀介质的电阻率ρ_1相等，故电测深曲线为一条$\rho_s = \rho_1$且平行于横轴的直线。如果在一个平整的岩石露头上，用较小极距装置测量某点的电测深曲线，其水平渐近线的ρ_s值等于ρ_1，可以认为该值就是岩石的真电阻率值。

须注意，对三层断面而言，由于和二层（常作中间层）本身的厚度变化与第一层及第三层的电阻率差异大小，使曲线的中段构成一些明显的特征点。

（三）电测深的几种装置形式和极距的选择

常用的装置形式为对称四极测深装置。在一个供电电极一侧遇到障碍物时，可改用三极测深装置，这时应依照联合剖面法设置无穷远极。其他装置形式还有偶极测深装置、纵轴电测深装置，等等。电测深除了在地面上进行，还可在江河、湖泊、海洋面上借助船载或借助绳索电缆进行，对水层的存在还要进行校正等，在此不详述，可参考有关水上电探资料。

（四）电测深资料的解释

1.电测深资料的定性解释

电测深成果解释的最终目的是把电测深法野外工作获得的全部资料变成地质语言，供水文地质、工程地质人员在解决有关地质问题时应用。

电测深解释工作是整个工作过程中极重要的一环，要本着从已知到未知，反复实践、反复认识的精神，要细致地进行工作。电测深解释工作一般可分为定性解释和定量解释两个阶段。定性解释是整个解释工作的基础，定性解释之前必须进行电性资料的研究。

（1）电性资料的研究。在一个测区内做电测深工作时，首先要收集该区内已知钻孔资料（柱状图）和电测井资料，其次应在已知井旁做电测深试验工作，对所获得的井旁电测深曲线进行分析，判断哪些地质体或地层反映了哪些电性层，参照钻孔柱状图、电测井资料等，经过研究对比，确定地质体或地层与曲线的对应关系，判断含水层与隔水层、淡水层与咸水层等在电阻率上的差异，掌握其异常特征和曲线类型。有了工区内已知资料作借鉴，便可估计区内的岩性、构造和地形等因素对电测深结果的影响，从而指导未知区的工作。这项工作是定性解释的第一步，是随着资料的不断丰富而逐步深化的。

（2）各种定性解释图件的绘制和分析。电测深定性解释的任务是了解地层结构特点、地层与电性层的对应关系，并掌握它们沿水平或垂直方向上的分布与变化情况。各种定性解释图件的绘制是定性解释的主要工作。这些图件将从不同角度、不同勘探深度上，从平面上、纵横剖面上把握住被测地层、地电体在空间的分布和变化，可从中获知被测对象直观的、立体的轮廓。当然，这些结果都是粗线条的，还有待通过定量解释较准确地绘制地电断面的图件。

2.电测深的定量解释方法——量板法

电测深定量解释的目的是在定性解释的基础上确定各电性层的埋深，厚度和电阻率的具体数值，最后绘制各种定量图件。

定量解释有：借助于量板进行对比的量板法和不需要使用量板的简捷定量解释方法。本节只介绍量板法，它是电测深定量解释曲线最基本的方法，理论严整，需要熟练地掌握。

量板法就是运用理论曲线对实测电测深曲线进行对比求解的方法。在已知各层电阻率和厚度的水平层状地电断面上，根据电测深的理论计算公式，计算出许多理论曲线，把它们按层数和断面类型分类组成的曲线簇及曲线册叫作"量板"。

目前普遍使用的有三种量板：二层量板、三层量板和辅助量板。

根据实测曲线，判断它的层数及类型，分别与相应的量板上的理论曲线对比，求出各电性层的埋深、厚度和电阻率值，这就是量板法的求解过程。

三、高密度电法

高密度电法是集测深和剖面法于一体的一种多装置，多极距的组合方法，它具有一次布极即可进行的装置数据采集以及通过求取比值参数而能突出异常信息，信息多并且观察精度高、速度快，探测深度灵活等特点。我们把这种技术应用于井下直流电法测量，在预测采煤工作面的开采地质条件和水文地质条件中取得了较好的应用效果，它在工程地质勘察的水文地质勘察中有着较广阔的应用前景。

（一）测量过程

这与多极距偶极剖面法的记录点断面图类似。具体施工过程为：首先以固定点距工沿测线布置一系列电极（电极数量视多芯电缆芯数而定），取装置电极间距$a=nx$（$n=1$，2，3，…，$n+1$），将相距为a的一组电极（四根电极）经转换开关接到仪器上，通过转换开关改变装置类型，一次完成该测点上各种装置形式的视电阻率观测。四极装置的电极排列中点为记录点，A装置和B装置取测量MN电极中心为记录点。一个记录点观测完之后，通过开关自动转接下一组电极（向前移动一个点距z），以同样方法进行观测，直到电极间距为a的整条剖面观测完为止。之后，再选取电极距为$a=2x$，$a=3x$，…，$a=$（$n+1$）x的不同极距装置，重复以上观测。

点距Z的选择主要依据勘探的详细程度。最大电极距$a=nx$的大小决定于预期勘探深度，一般隔离系数n的最大值不超过10，而x一般为5m或10m。

需要输入的参数：时间、地点、N（N为实接电极数）、ΔX（X为固定点间距）、L（L为装置水平移动距离）、T_g（T为供电时间）、T_d（T_d为断电时间）。

作为直流电法时，为消除激发激化现象，供电时间宜较短。

（二）高密度电法的几个技术问题

1.固定间距工与隔离系数n的选择

固定间距x（即测点点距）的选择需要综合考虑勘探详细程度和工作效率的要求。一般地，选择x遵循以下原则：$D/3<x<2D/3$，这里D为勘探区的预期深度。

隔离系数n的最大值一般不超过10，因为当固定间距选择合适时，对于$n>8$的测量便失去实际意义。

2.联合三极无穷远极C的布置

联合三极装置无穷远极通常布设在安全的地方，且保证其距离满足等效无穷远的条件。

3.误差分析

引起误差的原因有：仪器的系统误差，仪器、供电线、测量导线漏电，待测体是电性不均匀体或地电干扰体的影响，电极的接地电阻，观测的偶然误差（无穷远极不满足无穷远的条件）。因此，我们要注意根据待测地段选择合适仪器，检查仪器和导线是否漏电，注意电极布置和电极的接地条件。

（三）高密度法的资料整理和解释

1.高密度电法资料解释的一般过程

高密度电法的资料解释通常分两个阶段：第一阶段为定性解释阶段，这个阶段主要根据前面所介绍的知识进行定性分析和半定量解释，并在综合分析所得数据和几何参数的基础上，结合矿井地质资料和水文地质资料，以及其他物探资料，建立起被研究区域的地电断面模型，为下一阶段的定量解释奠定基础；第二阶段是定量解释阶段，这一阶段的一部分工作是借助于计算机正演模拟技术和电解槽物理试验，对定性解释的结果进行验证，而另一部分工作是在定性解释的基础上，选择构造影响较小的典型地段，从高密度电法不同极距的剖面线上转换为电测深曲线，然后进行计算机反演解释，以达到分层定厚的定量解释任务。最后用软件绘制出地质—物探综合图件。

2.高密度电法资料解释的基本原则

（1）根据所测地电阻率的结果评价地电阻率的分布特征。

（2）利用比值参数的平面图和拟断面图，研究观测剖面横向电阻率的变化特征，并根据此确定断层和裂隙发育带的位置、含水性及倾斜方向。

（3）比值参数的分布变化特征既包含了垂向电阻率变化的信息，又反映了横向电阻率的变化，因此，利用参数的平面剖面图和拟断面图研究地电断面的异常性质，要综合异常信息。

（4）如果以单对数坐标系绘制的α法和β法视电阻率平面剖面图上，两组剖面曲线之间存在固定间距，即比值参数是一个常数，那么介质电阻率只存在垂向变化，若比值<1，则说明介质电阻率随深度的变化而增大，否则减小。

（5）如果沿观测点剖面方向有相邻3个测点值相同，即比值参数为1，那么可以认为对应勘探范围内的介质是均匀的。

（6）由于比值参数是以联合三极装置的测量结果为基础的，因而通过求取比值参数可有效地抑制所测区域的空间效应，同样比值参数的求取也有类似作用。

（7）综合分析各类视参数所反映的介质电阻率和几何参数的信息，并结合已知区域的矿井地质，水文地质资料以及其他地球物理勘探资料，建立该区域的地电断面图，并选择一些有意义的地段进行正演模拟等，以验证地电模型的建立是否符合实际。

（8）选择部分构造影响较小的测点，由不同极距的视电阻率剖面曲线转换出垂向电测深曲线，并利用计算机进行自动反演解释。

第二节　电磁法

一、瞬变电磁法

（一）瞬变电磁法基本原理

和直流电阻率法一样，瞬变电磁法（Time domain electromagnetic methods，TEM）也是以地下不同介质之间存在导电性差异为物理基础的一类方法，属于时间域主动源（人工源）电磁法。

瞬变电磁法（TEM）是利用敷设在地面的不接地回线（大回线、线圈）通以脉冲电流向地下发射一次脉冲磁场，或利用接地线源直接向地下发送一次脉冲电流场，使地下导电介质因电磁感应现象产生感应涡旋电流，从而形成随时间变化的二次电场和磁场；在一次场的间歇期间，测量二次电场和磁场及其随时间的衰减。

理论研究表明地下感应二次场的强弱、随时间衰减的快慢与地下被探测地质异常体的规模、产状、位置和导电性能密切相关。被探测异常体的规模越大、埋深越浅、电阻率越低，所观测的二次场越强；尤其是当异常体的电阻率越低时，二次场随时间的衰减速度越慢，延续时间也越长。因此，通过研究二次场的时间和空间分布便可获得地下地质异常体的电性特征、形态、产状和埋深。此外，由傅里叶变换可知，时间域和频率域信号是可以互换的，当在一个固定测点上观测二次场随时间的变化时，所观测的早期信号即相当于频率域的高频信号，而晚期信号则相当于低频信号；如果与频率测深类比，那么早期信号反映的是地下浅层信息，而晚期信号反映的是深部信息；通过对测点上所观测的二次场时间响应曲线的反演计算，可以获得地下各岩性层的参数。这说明，瞬变电磁测量既包含剖面测量技术，又包含测深技术，可以用于解决各种不同的岩土工程测试问题。

（二）瞬变电磁法勘探的装置形式

重叠回线装置是发送回线与接收回线相重合敷设，但由于有互感现象，在野外施工时将两者分开1~2m的距离。TEM方法的供电和测量在时间上是互相分开的，因此发送回线与接收回线可以共用一个回线，称为共圈回线。重叠回线装置是频率域方法无法实现的装置，它与地质探测对象有最佳耦合，重叠回线装置响应曲线形态简单，具有较高的接收电平、较好的穿透深度及便于分析解释等特点。

中心回线装置是使用小型多匝接收线圈（或探头）放置于边长为L的发送回线中心观测的装置，常用于1km以内的中、浅层测深工作。中心回线装置和重叠回线装置都属于同点装置。因此，它具有和重叠回线装置相似的特点，但由于其线框边长较小，纵横向分辨率高，受外部干扰较小，对施工环境要求较低，适应面较宽。

1.磁偶极装置

磁偶极装置是保持发射线圈和接收线圈的距离不变，整个系统沿测线逐点移动观测的装置。偶极装置具有轻便灵活的特点，它可以采用不同位置和方向去激发导体及观测多个分量，对矿体有较好的分辨能力。由于收、发线圈分离，消除了互感作用。但是，偶极装置是动源装置，发送磁矩不可能做得很大，因此探测深度受到限制。另外，偶极装置所观测到的时间特性曲线复杂，给解释带来了一定困难。

2.大定源回线装置

煤田水文勘查中常用大定源回线装置，其发射线框为边长达数百米甚至千米的矩形回线，采用小型线圈（或探头）在回线内部中心1/3面积范围内逐点测量。一般采用发电机作为大功率电源，供电电流均达20A以上，这种场源具有发射磁矩大、磁场均匀及随距离衰减慢等特点，适于深部水文勘查。铺好回线后，可采用多台接收机同时工作，因此工作效率高、成本低。

（三）瞬变电磁法野外工作技术

1.测区、测网的选择

测区范围应根据工作任务和测区的地质及地球物理工作程度合理确定，应主要考虑以下因素：

（1）探测目标的大小、埋深及围岩的电性差异，为了保证所得异常的完整性，周围要有一定范围的正常背景场，以便分析对比。

（2）测区范围应尽可能覆盖部分已知区。

（3）大定源回线装置不同发送回线的测区范围相衔接时，必须有一定的重叠面积。

2.装置类型的选择

（1）一般准则。在给定的条件下，要选用最佳的装置类型应考虑多种因素的影响，如目标体的特性、地质环境、电磁噪声干扰等。一般情况下，动源装置（如重叠回线、中心回线装置）的灵敏度随位置的变化是均匀的，而定源装置（如大回线装置）的灵敏度随离开发射回线中心点距离的增加而降低。因此，在地质资料少或空白地区做普查工作时，最好采用动源装置，如果选用中心回线装置或重叠回线装置，在后一阶段的详查工作中可以用大定源回线装置。

（2）目标体参数的估计。目标体的主要参数决定了目标体的响应，接收机测到的信号强度是目标体大小、电导率和顶部埋深的函数，选择回线装置组合时应当考虑这些参数，具体可采用两种方法：一种是试验法，在正式工作开始之前，采用不同装置在异常区段反复试验，以此来选择能给出所需灵敏度的回线组合及其大小；另一种是计算法，即在选出回线装置组合之前，最好能估计有关目标体的参数，如埋深及电阻率，计算不同回线组合的目标体电磁响应，以此来选择能最好反映该目标体异常的回线组合及其大小。

（3）地质环境。地质环境类型主要是指覆盖地区（厚度大于100m的第四系覆盖层）和冻土地区（10m厚的高阻冻土盖层）。冻土地区地质环境TEM响应很弱，但覆盖地区地质环境引起可观的地质噪声，它对选择回线几何形状、回线尺寸和延时具有主要影响，为了把地质噪声的影响降至最低应采用尽可能大的发射功率以及产生高的信噪比。

（4）电磁噪声。电及各种人文电磁干扰产生的电磁噪声是TEM频带中电磁干扰的主要成分，总感应噪声与接收回线的面积成正比。天然电磁噪声具有低纬度地区强、高纬度地区弱，夏季强、冬季弱的特点，为了尽量抑制电磁噪声应采用尽可能大的发射磁矩，同时尽量减小接收线圈的尺寸。

3.回线大小的选择

各种装置回线大小的选择应依据如下原则：

（1）重叠回线装置是适用于轻便型仪器的工作装置，一般情况下回线边长$L=H$，H

为探测目标的最大埋藏深度。

（2）中心回线装置发送回线边长按该区测深工作所需要的探测深度、覆盖层平均电阻率、干扰电平及发送电流合理选定。

（3）大定源回线装置发送线框依据探测深度在600m×600m～1000m×1000m范围内选用，供电电流一般为10～30A。

4.道数和叠加次数的选择

一般情况下，希望在实际工作中选择取样道数尽可能多些，以记录在较宽延时范围内的有用信号；而希望叠加次数取得少些，以提高观测速度。这两点主要决定于测区内所用观测装置的信噪比。要选择合适的取样道数和叠加次数，在一个测区开始工作之前首先做一些试验工作。如果最后几道读数为仪器噪声电平，说明有用信号都已记录下来，取样道数和叠加次数的选择是合适的；如果最后的读数超过噪声电平但波动较大，表明还未达到噪声电平，应增加测道数和叠加次数，直到最后几道仅为噪声电平为止。

5.与三维地震配合施工时的测网布置及施工技术

理论上，网度取决于拟采用装置形式对勘探分辨率的要求，在同时进行三维地震勘探的测区，还应兼顾三维地震勘探的CDP网格大小以确定测线的线距、点距及回线的边长。对重叠回线和中心回线的装置形式，一般要求回线的4个边落在地震测线上，以方便在野外确定测点和边框位置，节省额外的测量工作。为提高工作效率，可以采用滚动式测量技术。

二、探地雷达法

（一）探地雷达法原理

探地雷达法（Ground penetrating radar，GPR）是利用一个天线发射高频宽带（1MHz～1GHz）电磁波，另一个天线接收来自地下介质界面的反射波而进行地下介质结构探测的一种电磁法。由于它是从地面向地下发射电磁波来实现探测的，故称探地雷达，有时亦将其称作地质雷达。它是近年来在环境、工程探测中发展最快，应用最广的一种地球物理方法。20世纪70年代以后，探地雷达的实际应用范围迅速扩大，其中有：石灰岩地区采石场的探测；淡水和沙漠地区的探测；工程地质探测；煤矿井探测；泥炭调查；放射性废弃物处理调查以及地面和钻孔雷达用于地质构造填图，水文地质调查，地基和道路下空洞及裂缝调查，埋设物探测，水坝、隧道、堤岸、古墓遗迹探查等。探地雷达利用以宽带短脉冲（脉冲宽为数纳秒以至更小）形式的高频电磁波（主频十几兆赫至数百以至千兆赫），通过天线由地面送入地下，经底层或目标体反射后返回地面，然后用另一天线进行接收。

雷达波的双程走时由反射脉冲相对于发射脉冲的延时进行测定。反射脉冲波形由重复间隔发射（重复率20 000～100 000Hz）的电路，按采样定律等间隔地采集叠加后获得。考虑到高频波的随机干扰性质，由地下返回的反射波脉冲系列均经过多次叠加（叠加次数几十至数千）。这样，若地面的发射和接收天线沿探测线以等间隔移动时，即可在纵坐标为双程走时t（ns），横坐标为距离x（m）的探地雷达屏幕上描绘出仅仅由反射体的深度所决定的"时–距"波形道的轨迹图。与此同时，探地雷达仪即以数字形式记下每一道波形的数据，它们经过数字处理之后，即由仪器绘描成图或打印输出。

探地雷达图像由于呈时–距关系形式，因此，类似于地震记录剖面，画面的直观性较强，波形图面上同一反射脉冲起跳点所构成的"同相轴"可用来勾画出反射界面。当然，对于有限几何体的界面，只要返回的能量足够，图面的各道记录上均可追踪反射脉冲同相轴，这自然就歪曲了目的体的实际几何形态。

（二）探地雷达系统

1.雷达系统的组成

探地雷达主要由主机（主控单元）、发射机、发射天线、接收机、接收天线5部分组成，其他还可能包括定位装置、电源及手推车等。发射和接收天线成对出现，用于向地下发射和接收来自地下反射的雷达波。主机是一个采集系统，用于向发射机发送发射和接收控制命令（包括起止时间、发射频率、重复次数等参数）。发射机根据主机命令向地下发射雷达波，而接收机根据控制命令开始数据采集。经过采样和A/D转换，接收的反射信号转换成数字信号被显示和保存。

2.雷达信号制式

雷达发射的信号有冲击脉冲、调制脉冲、调频连续波、步进变频和噪声调制等多种形式。目前的商用雷达大多采用冲击脉冲信号。这种信号制式对硬件要求相对较低，易于实现，造价较低。调频连续波制式的最突出优点是动态范围大、发射天线输出功率高、可匹配天线种类多等。SF制式的优点是可根据地下目标的状况调整信号频率范围，平均发射功率高并有较高的系统灵敏度。由于成本较高，调频连续波和步进变频制式雷达目前主要还处于试验室研究试制阶段，随着器件水平的不断提高，肯定会越来越多地被使用。

3.雷达天线及其基本参数

探地雷达的探测对象主要是针对地下有耗、非均匀介质的探测。和探空雷达相比，天线的设计和应用有其特殊性，这也决定了天线是探地雷达系统中最重要和关键的部件之一。由于天线频率和探测深度密切相关，探地雷达设计时常常是一套系统配备从低频到高频多种不同种类的天线，天线价格往往占系统总价的70%甚至更高。探地雷达系统的天线种类较多，按形状可分为水平杆状或板状偶极子天线、领结形天线、喇叭形天线等。按极化特性又可分为线极化天线、圆极化天线或椭圆极化天线。天线的基本功能是能量转换和辐射，天线的基本参数包括方向图、主瓣宽度、旁瓣电平、方向系数、天线效率、极化特性、频带宽度和输入阻抗等。总体而言，设计良好的探地雷达天线至少应满足以下功能和特点：

（1）发射天线应能将电磁波的能量尽可能多地辐射出去，即天线具有较高的效率；同时，还要求天线是一个良好的电磁开放系统，并与发射器和接收器匹配良好。接收天线应具有较高的灵敏度。

（2）天线应具有良好的方向性。

（3）天线要具有足够的带宽，以满足对地下介质的分辨要求。

（4）天线应具有较强的抗干扰能力，以满足城市等复杂电磁环境的应用。探地雷达也常使用屏蔽天线。

（5）探地雷达通过发射高频脉冲电磁波信号进行探测，因而要求信号波形一致性好，子波形态规则，不产生振荡。

发射天线和接收天线变换能量的物理过程不同，但同一组天线用作收发时的电参数在整体上是一致的，因而收发天线具有互易性。天线频率越高往往体积越小。商业化设计时高频天线通常收发天线集成在一起，利于施工操作。而低频天线多采用分立天线。

目前常用的商用雷达都配备了从低频到高频的系列天线，以满足不同目标对象和不同勘探深度的探测要求。总体而言，低频天线（10MHz～200MHz）探测深度大，但分辨率低，适合于工程、环境地质勘查；而高频天线（500MHz～1GHz）分辨率高，但探测深度浅，适合于钢筋混凝土质量评价，空隙探测等精度要求较高的场合。

（三）探地雷达数据采集方法

探地雷达的野外工作方法与地震勘探方法类似，可根据勘探任务目标的要求选择多种工作方法，因此参数选择具有很大的灵活性。参数选择是否恰当对勘探效果具有决定性作用，这对施工设计人员提出了更高的技术要求。另外，由于地下介质对高频电磁波的强烈衰减作用决定了探地雷达勘探深度较浅，而近地表地下环境相对复杂，需要在探测深度和分辨率之间作平衡考虑，因此，探地雷达野外测量设计和参数选择是每一个探地雷达应用人员需要认真理解和掌握的重要内容之一。下面就探测深度和分辨率以及围绕这两个目标的探地雷达系统参数选择作具体阐述。

1.探地雷达的探测深度

探测深度，直观的理解就是探地雷达所能探测到的最大深度。探地雷达的探测距离受两个因素制约：一是仪器性能指标，包括天线发射功率和仪器灵敏度。天线发射功率即是雷达天线有效辐射功率；仪器灵敏度即是探地雷达仪器系统增益指数或动态范围。天线发射功率越高或动态范围越大，深层弱反射信号就有可能被识别出来，探测距离就越大。二是探测目标对象的电学性质，主要是电导率和介电常数。电导率越大，衰减越厉害，探测距离就越短。地下介质的电学性质是我们无法左右或设定的，唯一能做的就是在仪器系统上下功夫，提高天线发射功率、改善辐射效率、设计和使用稳定性高、动态范围大的放大器。

探测目标的电学性质需要通过现场试验测试来确定，通过分析研究并结合仪器性能参数设计选择合适的工作参数。

2.探地雷达施工设计

（1）一般原则。每个探地雷达勘察项目在施工前都需要根据探测任务和目标要求对测区环境、地质概况作综合分析，以确定探地雷达探测能否取得预期效果。通常应按以下原则综合考虑：

①优先考虑探测深度能力。如果目标物埋深超过探地雷达最大探测距离的50%，那么探地雷达方法就要被排除。

②尽可能多地了解勘探目标体的大致几何形态（尺寸、埋深和走向），这样有利于测网布设和参数选择。

③查找前人资料或通过前期试验了解目标体和围岩（围土）的电性差异（介电常数和电导率），这是探地雷达工作的地球物理前提。

④了解测区地表工作条件及干扰因素。地形、地貌、温度、湿度等条件会直接影响施工进度。大型金属构件、无线电射频源、高压电线都会对测量造成严重干扰。

（2）测网布置。测量之前应建立测区坐标系统，以便确定测线的平面位置和后期成果解释。进行施工设计前应踏勘现场并收集测区地质资料，大致了解地质目标或地质构造走向和产状。测线布设的原则是，测线应尽量垂直于地质目标或地质构造的走向，并根据工作量设计以能控制地质目标或地质构造走向与宽度为原则来确定测线间距。条件许可的情况下尽量布设三维测网。

3.探测参数选择

探测参数合适与否直接关系到探测效果，其中最重要的是天线中心频率的选择，因为天线中心频率直接决定了勘探深度和分辨率。需要根据勘探目标的可能埋深和尺寸折中选择合适频率的天线。对于其他参数的选择，一般雷达仪器系统都会根据天线频率提供最佳参数，用户也可根据实际探测需要选择不同的量值。

（1）天线中心频率的选择。天线中心频率的选择通常需要考虑3个方面的因素：探测深度、设计的空间分辨率和杂波干扰强度。每种因素都可根据相应的计算公式计算得到一个天线中心频率。

（2）时窗选择。时窗长度主要取决于最大探测深度与地层电磁波速度。

（3）采样率选择。采样率是雷达记录中样点之间的时间间隔。采样率的选择受Nyquist采样定律的约束，即采样率至少应达到记录中有效波最高频率的2倍才能防止"假频"的出现。

4.探地雷达测量方式

高频电磁波运动学特征与弹性波类似，因而地震勘探的数据采集方式也被借鉴用于探地雷达的野外采集工作中，包括反射、折射和透射波法。折射波法目前用得较少，这里只介绍常用的反射和透射波法的几种测量方式。某些雷达系统的高频雷达天线，发射和接收天线按固定间距封装在一个盒子中，无法实施变偏移距的共中心点法或透射法测量，只能采用剖面法测量。而另一些类型的系统，特别是低频雷达天线（50MHz、100MHz、200MHz），多采用分立板状天线，可灵活采用变偏移距或透射测量。

（1）剖面法。剖面法是最常用的探地雷达观测方式，类似于地震勘探中共偏移采集方式，即发射天线和接收天线以固定天线间距，按一定测量步距（测点距）沿测量剖面顺序移动并采集数据，从而得到整个剖面上的雷达记录。这是目前大多数雷达系统常用的观测方式，只需要发射和接收两个通道，观测系统设计相对简单。剖面法的优点是剖面成果不需要或只需进行简单的处理就可用于解释，能直观得到测量成果，非常适合于亟须快速提供测量结果的场合。

（2）宽角法。宽角法有两种工作方式：一种方式是一个天线在某点固定不动（无论发射或接收天线），另一个天线在一定范围内按等间隔沿测线移动并采集数据，得到的记录相当于地震勘探中共炮点记录；另一种方式是以地面某点为中心点，发射天线和接收天线对称分置于中心点两侧，按一定间隔沿测线向两侧顺序移动并采集数据，得到的记录类似于地震勘探中共中心点记录，当地下界面水平时类似于共深度点记录。

采用宽角法测量的目的：一是求取地下介质的雷达波速度，为时深转换和数据解释提供速度参数；二是实现水平多次叠加，提高信噪比。采用这种测量方式沿剖面进行多点测量，与地震勘探类似，可以通过动、静校正和水平叠加处理获得高信噪比雷达资料，同时可以增加勘探深度。

（3）透射波法。透射波法主要测量穿透过测量对象的直达波到达时间进而计算出雷达波速度，通过透过测量对象的雷达波速度差异判断测量对象的质量。因此，透射波法要求发射和接收天线分立于测量对象的两侧。由于只解释和计算最早到达的直达波，波形识别和计算相对简单。透射波法主要用于工程中墙体、柱体、桥墩、桩的质量检测以及井中雷达测量。井中雷达测量需要预先布置两个井孔，类似于地震跨孔测量。透射波法也可采用层析成像的观测方式工作，从而获得更精细的孔间介质速度成像。

（4）三维测量方式。随着勘探目标要求的提高，二维剖面测量所能给出的剖面上异常目标的埋深、范围等信息已不能满足业界对探测目标延伸走向、空间变化等详细信息的要求。考古目标的规模相对较小，二维剖面法很难使测线正好跨过探测对象，剖面异常的解释也是问题，因此开展三维雷达勘探是考古地球物理应用的趋势和方向。一些商用雷达系统从硬件设备到处理软件都能够支持三维雷达勘探。

目前，探地雷达三维勘探是一种伪三维勘探设计，即采用多条二维剖面组合形成面积性三维数据体，再通过软件处理和显示。对于目前只有一个发射天线和一个接收天线的雷达系统，这种伪三维设计也是一种不错的替代。随着电子技术的发展，多通道仪器设备的出现将会带来三维雷达勘探技术的革命。一些公司已推出多探头阵列天线，如GSSI和Mala公司都推出了16～32通道的阵列天线。

从效率上讲，剖面法点测的低效率也制约着三维雷达的应用，一些公司如SSI公司采用SMARTCART（小推车）配备里程计或GPS定位系统，这样可实现快速移动采集，大大提高三维数据采集效率。

三、音频大地电磁法

目前，基于平面波卡尼亚频率域电磁测深法向两个相反方向发展：一个发展方向是重设备、大功率可控源音频大地电磁测深法（Controlled-Sourse Audio-frequency Magnetotelluric，CSAMT）；另一个相反方向是轻设备、天然源音频大地电磁测深法（Audio-frequency Magnetotelluric，AMT）。

（一）音频大地电磁测深法原理

音频大地电磁测深法原理是基于大地电磁测深法原理，在20世纪50年代初提出的一种地球物理探测方法，它是通过对地面电磁场的观测来研究地下岩（矿）石电阻率分布的一种物探方法。相对大地电磁测深法（MT）工作频率0.001～340Hz，音频大地电磁测深法（AMT）的工作频率较高，高达100 000Hz。

（二）音频大地电磁测深法仪器及野外工作方法

1.仪器设备

目前，音频大地电磁测深法仪器主要有EH-4、GMS-6、GMS-7、GDP32、V8等系统，下面简单介绍EH-4系统。

（1）EH-4应用大地电磁测深法原理，采用人工电磁场和天然电磁场两种场源。人工场源用于信号较弱或没有信号的地区，保证全频段观测到可靠信号。

（2）它能够同时接受X、Y两个方向的电场与磁场，反演X-Y电导率张量成像剖面，对判断二维构造特别有利，而一般人工场源电磁测深只能够进行标量测量，不能正确判断二维构造。

（3）仪器设备轻，观测时间短，完成一个1500m深度的电磁测深，大约只要15min。

（4）实时数据处理与成像，资料解释简洁，图像直观。

2.野外工作

野外装置共用4个电极，每两个电极组成一个电偶极子，分别与测线平行和垂直，要用罗盘定方向，误差小于±1°，电偶极子长度误差小于0.5m，通常电距等于电极距。磁传感器（磁棒）应距前置放大器大于5m，要埋于地下，相互垂直，误差小于±1°。前置放大器一般放在两个电偶极子的中心，必须接地，且远离磁棒至少5m。主机要放在远离前置放大器至少5m的一个平台上。

3.数据采集

音频大地电磁测深数据质量的好坏是获得理想地质效果的关键，而评价数据质量主要取决于信噪比。人文和环境噪声主要来源于人类的活动，工业游散电流、电台，铁路，高压线、风、工作人员的走动等都会形成干扰噪声。

音频大地电磁测深数据质量评价通常采用相关度：一是单个测点单个频率误差分析；二是布置检查点进行数据质量检查。

（三）数据处理

在音频大地电磁测深数据处理中，要进行数据编辑，删除奇异点、静态校正，反演解释等。推断解释包括划分地层、确定断裂和推测矿致异常等步骤。

四、地面核磁共振法

核磁共振找水方法是利用核磁共振（Nuclear magneticresonance，NMR）技术探测地下水的一种新的地球物理方法，它是NMR技术应用的新领域，是目前唯一的直接找水的新方法。与传统的地球物理勘查地下水的方法相比具有高分辨力、高效率、信息量丰富和解唯一性等优点。特别是探测地下淡水时更显示出新方法的优越性。利用核磁共振找水仪可以高效率地进行区域水文地质调查，确定找水远景区，圈定地下水的三维空间内的分布，进而可靠地选定水井位置。

水中氢原子核（质子）具有核子顺磁性，氢原子核是地层中具有核子顺磁性的物质中丰度最高的核子，用一定的方法使地下水中氢原子核形成宏观的磁矩，这一宏观磁矩在地磁场中产生旋进运动，其进动频率为氢原子核所特有。用线圈（框）拾取宏观磁矩进动产生的自由感应衰减信号（NMR信号），即可探测地下水的存在。因为NMR信号的强弱直接与水中质子的数量有关，即NMR信号的幅值与所研究空间内的水含量成正比（结合水和吸附水除外），因此，构成一种直接找水技术，形成了一种新的找水方法。

在利用核磁共振找水仪进行野外工作时，采用正方形（或圆形、八字形）的不接地回线，回线大小和形状视水的埋深和工区电磁噪声而定。回线中通以具有一定宽度和强度的交变电流脉冲（脉冲频率等于水中质子在当地地磁场中的旋进频率），使水中质子形成宏观磁矩。断电后用同一线圈作接收线圈，测量NMR信号，NMR信号经选频放大后进入记录装置。可以采用各种弱信号处理技术提高信噪比，突出有用信号。

第三节　地震勘探

一、地震映像法

（一）地震映像方法及其原理

地震映像（又称高密度地震勘探和地震多波勘探），是基于反射波法中的最佳偏移距技术发展起来的一种常用浅地层勘探方法。这种方法可以利用多种波作为有效波来进行探测，也可以根据探测目的要求仅采用一种特定的波作为有效波。除常见的折射波、反射波、绕射波外，还可以利用有一定规律的面波、横波和转换波。在这种方法中，每一测点的波形记录都采用相同的偏移距激发和接收。在该偏移距处接收到的有效波具有较好的信噪比和分辨率，能够反映出地质体沿垂直方向和水平方向的变化。

地震映像可以用波形图或彩色振幅图显示结果，同时进行运动学和动力学方面的解释分析，数据处理可以在空间、时间和频率域中进行，图示直观。目前一些地震仪器已采用了特殊的数据采集技术，可以方便、快速地获得地震映像记录。

1.地震映像方法的特点

地震映像法数据采集速度较快，但抗干扰能力弱，勘探深度有限。

（1）地震映像法在资料解释中可以利用多种波的信息，即有效波不但是反射波，还可以是折射波、面波、绕射波，或同时有2种或3种波能够反映地下地质条件的变化。

（2）在探测目的较单一、只需研究横向地质情况变化的情况下，地震映像法效果较好，而探测目的层较多时，不易确定最佳偏移距。

（3）由于每个记录道都采用了相同的偏移距，地震记录上的时间变化主要为地下地质异常体的反映，这给资料解释带来极大的方便，可直接对资料进行数字解释，如数字滤波、时频分析、相关分析等。

2.各种波在地震映像波形图上的反映

（1）折射波。如果界面水平，不同激发点的折射波的传播路径长度相同，传播时间也相同。在地震映像波形图上，折射波的同相轴为水平直线。而当界面起伏时，同相轴的到达时间会发生增加或减少，据此探测折射界面的深度变化与形态。

在实际工作中，如选择折射波为有效波，则地震映像波形图上的第一个同相轴为折射波。折射波同相轴的变化，反映了折射界面深度和界面以上介质速度的变化。界面水平时，折射波到达时间反映激发点下界面深度，也是界面上各点的深度。而界面起伏时，折射波到达时间只能表示滑行波传播路径内界面的平均深度。一般情况下，可根据折射波同相轴的变化情况定性推断界面的起伏情况，只有已知界面倾角、界面速度和上覆介质速度的情况下，才能作出准确的界面深度定量解释。采用折射波为有效波适用于快速探测基岩面较浅、覆盖层速度稳定的情况

（2）反射波。当界面水平时，每次激发的反射波传播时间不变，反射点的位置正好在记录点上，当界面深度发生变化时，反射波的传播时间会发生变化，如在断层两侧表现为突变；如果是倾斜界面，反射点的位置会偏离记录点向界面的上倾方向移动。同样可以根据反射波同相轴的变化情况定性推断界面的起伏情况。

（3）绕射波。在炮检距相同的条件下，随着激发点距离的改变，绕射波的传播路径发生变化，绕射波传播时间会逐渐增加，在地震映像记录上出现双曲线形同相轴。这也成为异常体、断层、岩性分界面的特有标志。

（二）地震映像的野外工作方法

1.地震映像的野外工作注意事项

地震映像方法的野外工作方法在震源选择、测线设计等方面与其他地震方法相同。特别需要指出的是：

（1）测量方法。在测量过程中，每次激发，在接收点采用单个检波器接收。仪器记录后，激发点和接收点同时向前移动一定的距离（或称为点距），重复上述过程可获得测线上的一条或多条地震映像时间剖面。

（2）记录点的位置。这种装置的记录点位于激发和接收距离的中点，反映中点两侧射线传播范围内地下的岩层、岩性的变化。

（3）最佳偏移距。在地震映像数据采集中，最佳偏移距已不仅局限于纵波反射，而是扩展为对全波列而言。为了获得具有高信噪比和分辨率的地震映像记录，需要做试验剖面，进行干扰波调查，分析各种波的传播规律，确定能够最好地反映探测目标的有效波，以及该有效波在时间域和空间域的最佳时空段。在最佳偏移距处有效波在空间距离和时间上与其他干扰波分离，信号清晰。

2.地震映像方法的应用

（1）人工洞穴的探测。兰州某机场地基为致密黄土，场地下有人工开采的砂洞、砂巷，这是机场扩建中重要的地质隐患。土洞的边缘处介质密度是突然变化的，存在较大的波阻抗差异。在固定的偏移距上会接收到来自震源的直达波、面波和来自土洞角点处的绕射波，洞顶和洞底的反射波。有空洞存在时，地震记录上最明显的特征就是被洞边缘影响而改变传播路径的面波和绕射波。

（2）岩石中溶洞的探测。岩石中的岩溶通道或地下水的运移空间有时是破碎带，有时是较完整的石灰岩中的岩洞，在有溶洞存在的地质断面上探测时，所接收到的地震映像波形。其中当激发接收点距离岩洞较远时，仅接收到直达波，而靠近岩洞时则可能接收到反射波和绕射波，以及在洞中产生的多次反射波。

根据地质特征的分析，用地震映像法探测溶洞，可得到明显的异常，但各种技术参数的选择会影响探测效果。

（3）岩溶塌陷的探测。岩溶塌陷是岩溶地区地下水作用形成的。隐伏的岩溶塌陷（或土洞）或已经塌落的岩溶塌陷处土质松散，在岩溶天窗处特别明显，寻找隐伏的岩溶天窗是在岩溶地区房屋建筑基础和路基探测中较为重要的任务。在地震映像波形图上，岩溶天窗处的波形有特殊的特征：折射波或反射波能量减小，波形不容易识别。面波能量突然增加，振幅增大，波形变宽。在岩溶天窗处还可能出现岩溶天窗边缘产生的绕射波。

岩溶塌陷的地震映像异常主要特征为：塌陷处各种波速度降低，面波振幅突然增大，形成明显下凹的同相轴。

（4）大型混凝土构件的质量检测。高层建筑地下室的地梁、桩承台等许多钢筋混凝土构件，在施工过程中如振动不足或其他原因，则会在构件中形成空洞或蜂窝，或在构件接合部位造成离析，使混凝土构件强度下降。

用地震映像方法进行混凝土构件质量检测的基本原理是：混凝土构件内部如有蜂窝或空洞存在，则介质的密度及弹性波的传播速度也随之变化，形成不均匀异常体，在异常处地震波的传播时间及地震波的波形会发生变化，据此推断混凝土内部的不均匀体的空间位置。

（5）水上探测。地震映像方法可用于水上探测。由于水为均匀介质且不传播横波，水上地震映像往往可以取得较好的效果，可以快速、准确地探测水深及水底岩层的地质情况。水上地震映像需要采用特定的机械震源，约每秒激发一次，用悬挂在水面的压力检波器接收。

（6）断层的探测。断层或岩性接触带存在时，在断层的棱角点或岩性突变点产生绕射波，由于在地震映像波形图上的反射波同相轴基本为直线，绕射波产生的双曲线型同相轴，在波形记录上非常明显，尤其是浅部的局部地质体，如防空洞、隐伏的旧房屋基础以及前面讨论的人工土洞的边缘、混凝土管道等。

二、面波法

面波勘探是近年发展起来的浅层地震勘探新方法。传统的地震勘探方法以激发、测量纵波为主，面波则属于干扰波。事实上，面波传播的运动学、动力学特征同样包含着地下介质特性的丰富信息。

在地层介质中，震源处的振动（扰动）以地震波的形式传播并引起介质质点在其平衡位置附近运动。按照介质质点运动的特点和波的传播规律，地震波可分为两类，即体波和面波。纵波（P波、压缩波）和横波（S波、剪切波）统称为体波，它们在地球介质内独立传播，遇到界面时会发生反射和透射。

当介质中存在分界面时，在一定的条件下体波（P波或S波，或二者兼有）会形成干涉并叠加产生出一类频率较低、能量较强的次生波。这类地震波与界面有关，且主要沿着介质的分界面传播，其能量随着与界面距离的增加迅速衰减，因而被称为面波。

（一）波长、频率与深度的关系

波的干涉，物理学现象。频率相同的两列波叠加，使某些区域的振动加强，某些区域的振动减弱，而且振动加强的区域和振动减弱的区域相互隔开。这种现象叫作波的干涉。

根据各类波在介质中传播的速度的不同，在离震源较远的观测点处应接收到一地震波列，其到达的先后次序是P波、S波、勒夫面波和瑞雷面波。

面波主要有两种类型：瑞雷面波和勒夫面波。

瑞雷面波沿界面传播时，在垂直于界面的入射面内各介质质点在其平衡位置附近的运动既有平行于波传播方向的分量，也有垂直于界面的分量，因而质点合成运动的轨迹呈逆椭圆形。

勒夫面波以发现者英国科学家勒夫而定名。它在传播时，介质质点的运动方向垂直于波的传播方向，在垂直面上，粒子呈逆时针椭圆形振动。震动振幅一样会随深度增加而减少。

目前在面波勘探中以应用瑞雷面波勘探为主。

（二）瑞雷面波特点

和已有的浅层折射波法和反射波法相比，瑞雷波的独特之处是它不受地层速度差异的影响，折射波法和反射波法对于波阻抗差异较小的地质体界面反映较弱，不易分辨，尤其是折射波法要求下覆层速度大于上覆层速度，否则为其勘探中的盲层，瑞雷波法则不存在这类问题。

瑞雷波法的勘探深度受方法本身的限制，明显不如前两者，但纵、横向分辨率高于前两者。

瑞雷波法勘探实质上是根据瑞雷面波传播的频散特性，利用人工震源激发产生多种频率成分的瑞雷面波，寻找出波速随频率的变化关系，从而最终确定出地表岩土的瑞雷波速度随场点坐标（x，z）的变化关系，以解决浅层工程地质和地基岩土的地震工程等问题。

瑞利面波与反射波、折射波一样都含有地下介质的地质信息。

瑞利面波在振动波组中能量最强，振幅最大，频率最低，容易识别也易于测量。

1.瑞雷面波的传播特征

（1）质点的振动。由质点位移方程可知，为椭圆方程，表明在自由表面附近沿波传播方向的垂直平面内，面波质点运动的轨迹是椭圆，椭圆的水平轴与垂直轴之比约2∶3，且质点的垂直位移比水平位移相位超前。

它以圆柱状的波前从震源出发向外传播。面波质点振动既具有垂直分量也具有水平分量；质点振动的轨迹在地表为一向后旋转的椭圆状；能量随离开表面向下迅速衰减，面波扰动层厚度在一个波长左右。面波传播的速度与其扰动层的岩石物性有关。

如果当地表存在低速盖层或者是层状介质时，这时，面波将具有明显的"频散"特征，即组成面波的不同频率谐波分量的传播速度不同。

谐波就是一组（很多个）频率呈整数倍的正弦波。自然界中的任何波动都可以用一组谐波来表示。

于是，随着距离增大，不同频率谐波分量逐渐散开，波列拉长，在多道单炮记录上出现"扫帚"状。在此情况下，值得注意的是不同频率的谐波，有不同的波长，沿地表传播的扰动层厚度也不同。频率越低，速度越低，波长越大，扰动层厚度越大，它反映的深度越深。

（2）面波穿透深度与波长的关系

①水平、垂直位移的振幅。随泊松比增大而增大，说明介质的泊松比越大，转换为面波的能量越多；泊松比是指材料在单向受拉或受压时，横向正应变与轴向正应变的绝对值的比值，也叫横向变形系数，它是反映材料横向变形的弹性常数。

②对于不同的介质，随着深度的增加，面波的水平和垂直位移振幅达到极值后迅速降低，由此认为面波的穿透深度约一个波长。

③当深度为波长的一半时，面波的能量较强，当深度与波长相近时，能量迅速衰减。因此，某一波长的面波速度主要与深度小于一个波长范围内的地层物性有关，是利用面波进行浅层勘探定量解释的前提依据。

（3）面波的衰减。①纵波、横波的波前面相对激发点呈球面扩散，面波的波前面呈圆柱面扩散，所以能量密度衰减较小。②沿深度方向衰减快，仅存在于一个波长深度内。

③研究证实，在弹性半空间表面上，通过圆形基础加一个垂向振动力，能量从震源向下辐射，约有2/3的能量转化为面波，而仅有1/3能量是由体波携带的。

2.瑞雷波勘探的基本原理

瑞雷波沿地面表层传播，表层的厚度约为一个波长，因此，同一波长的瑞雷波的传播特性反映了地质条件在水平方向的变化情况，不同波长的瑞雷波的传播特性反映着不同深度的地质情况。

在地面上沿波的传播方向，以一定的道间距设置检波器，可以测得瑞雷波的传播速度，并得出频散曲线。

通过对频散曲线进行反演解释，可得到地下某一深度范围内的地质构造情况和不同深度的瑞雷波传播速度。另外，瑞雷波传播速度的大小与介质的物理特性有关，据此可以对岩土的物理性质作出评价。

对频散曲线进行反演解释地球物理反演是在地球物理学中利用地球表面观测到的物理现象推测地球内部介质物理状态的空间变化及物性结构的一个分支。其核心问题是：如何根据地面上的观测信号推测地球内部与信号有关部位的物理状态，如物理性质、受力状态或热流密度分布等，这些问题就构成了地球物理反演的独特研究对象。

具体来说，地球物理反演研究的是各种地球物理方法中反演问题共同的数学物理性质和解估计的构成和评价方法，它是从各个地球物理分支中抽象出来的新的边缘学科。

地震反演是利用地表观测地震资料，以已知地质规律和钻井、测井资料为约束，对地下岩层空间结构和物理性质进行成像（求解）的过程，广义的地震反演包含地震处理解释的整个内容。通俗地讲，就是由地震为基础加上其他条件为约束推测出地层岩性构造的过程叫地震反演。

地球物理正演是指在地球物理资料解释理论中，由地质体的赋存状态（形状、产状、空间位置）和物性参数（密度、磁性、电性、弹性、速度等）计算该地质体引起的场异常或效应的过程。已知地质体的赋存状态和物性可统称为模型。

瑞雷波法根据其所激发的震源的不同，可分为稳态法和瞬态法两种。

（三）野外工作方法

应用瞬态法进行现场测试时一般采用多道检波器接收，以利于面波的对比和分析。当锤子或落重在地表产生一瞬态激振力时，就可以产生一个宽频带的R波，这些不同频率的R波相互叠加，以脉冲信号的形式向外传播。当多道低频检波器接收到脉冲形振动信号后，经数据采集，频谱分析后，把各个频率的R波分离出来，并绘制面波频散曲线。

当选取两道检波数据进行反演处理时，应使两检波器接收到的信号具有足够的相位差。

当采用多道检波数据进行反演处理时，虽然不受道间距公式的约束，但野外数据采集时也应考虑勘探深度和场地条件的。当探测较浅部的地层介质特性时，宜采用小的间距值并用小锤作震源以产生较强的高频信号，即可获得较好的结果；当探测较深部的地层介质特性时，易采用较大间距值，并用重锤冲击地面，以产生较低频率的信号，使其能反映地下更深处的介质信息，达到工程勘探之目的。

震源点的偏移距从理论上讲越大越好，且易采用两端对称激发，有利于R波的对比、分辨和识别，但偏移距增大就要求震源能量加大和仪器性能的改善。一般来说，偏移距应根据试验结果选取。就目前的仪器设备条件和反演技术水平，选用偏移距20~40m即可获得较好的测试结果。

由多道检波数据反演处理后可得一条频散曲线，一般把它作为接收段中点的解释结果。实际上该曲线所反映的地层特性为接收段内地层性质的平均结果，故当探测场地地下介质水平方向变化较大时，只要能满足勘探深度的要求，尽量使反演所用的接收段减小，以使解释结果更具客观实际。

三、微动法

（一）工作原理和方法技术

1.工作原理

微动测深的物理前提是基于不同时代沉积地层之间存在的波速差异。地层波速与岩石密度和弹性有关，新生界、中生界、古生界到中上元古界地层的波速差异较为明显，形成了由低到高可以识别物性界面（从几百米每秒至几千米每秒）。这种方法利用的是地球表面无时不在的地面微小"震动"作为观测对象，它的振幅很小（微米量级），它是由自然界中海浪、气压变化、人类工业及交通活动所产生。它的成分较为复杂，包括有面波、体波等各种成分，其中面波占主要成分。

2.工作方法

一般用频率-空间自相关法和频率-波数法来获取和处理分析面波。

（1）空间自相关法

①野外工作方法。空间自相关法是利用特殊阵形（如圆阵、棱形阵等）接收天然场源的面波，总的原则需满足一台拾震器位于圆心，其他各拾震器布设在半径为r的圆周上，以便接收各个方向的来波，拾震器越多，勘探的精度越高，所以在实施过程中应尽量多布设拾震器。

②数据处理方法。空间自相关法主要是在时间域进行面波提取的一种比较简便、实用的方法。对于野外所接收的数据首先在时间域进行窄带滤波处理，求出不同频率的空间自

相关系ρ，此空间自相关系数实际是面波频率成分f及空间坐标的函数。也就是说，它不但与频率有关，还与拾震器的位置有关。从形态上看，实测空间自相关曲线应是近似于零阶贝塞尔函数曲线，通过它来求取"效正值"，再加入空间坐标参数就可以提取各个频点的相速度，据以画出相速度—频散曲线，进而进行地质分层。

（2）频率-波数法

①野外工作方法。频率-波数法可以采取随机布阵的方式，对工作场地要求不高，基本上可以做到布阵的随意性，但它应满足各个拾震器尽量呈平面展布，以满足可以接收到各个方向的来波条件。在实际勘探过程中，也可采用规则布阵，通常以一个拾振器为中心，其他测点在周围形成若干个边长不等的正三角形，这样在处理分析资料时既可使用频率—波数法，也可使用空间自相关法提取面波。

②数据处理方法。频率-波数方法是在频率域进行面波提取的一种方法，首先对野外所采集的数据，通过付氏变换对原始数据进行带通滤波，以便去除各种干扰信号；其次通过最大似然法等方法求取各个频率成分的功率谱的分布图，此功率谱只是与空间坐标的单值函数，所以可以比较方便地求出相速度-频散曲线，进行地质分层。

频率-波数法比空间自相关的野外布阵更加灵活，并可有意地避开干扰源（如锅炉房、车辆较多的主干道），从而间接地提高了抗干扰能力。缺点是频率-波数法野外所需的拾震器的数量比空间自相关法要求的数量多，数据处理的工作量也相应增加。

3.观测形式

微动探测通常有3种形式。

（1）单点勘查形式。观测台阵是单点勘探的最大特点，方阵的组成是两个大小不一的同心圆，同心圆中内接正三角形。将多个微动观测仪分别设置在两个圆的圆心与圆周上的内接正三角形的顶点处。单点勘查观测方式最大的特点是勘查深度与台阵的大小是成正比关系的。如果勘查要求的深度大，可以增加同心圆，使观测台阵的观测点增多。

（2）测线勘查形式。当需要进行大面积的勘查时，单点勘查就不能满足要求。因此，为获得S波速度剖面成果图，可以根据要求采用测线（剖面）观测系统。具体方法是在测区内，根据一定的间距来设置测线，达到实现二维微动测深勘探的目的，同时能够反演测区三维S波速度结构。如果这种方式的勘查能够结合钻孔或其他相关的一些地质资料，有利于利用速度异常区域进行地质解释。

（3）平面探查形式。平面探查用于精细的勘探。当仪器数量较多时，采用平面观测，同时反演测区三维S波速度体，达到圈出速度异常体或面的目的。

4.观测系统

观测系统由多个垂直摆（宽频带拾震器）、多通道直流放大器和数字记录仪组成。垂直摆的固有周期大于5秒，灵敏度大于500mv/cm/s，相位一致性良好；直流放大器的增益为固定增益低噪声放大器，增益范围20～80db，内部噪声小于10uv，无明显零漂；A/D均独立工作，满足同步采样，转换位数12～20位，采样间隔20～200ms，记录长度无限。

5.方法的探测能力及分辨率

利用自然界中1～3秒周期的微动信号，可以获取100～6000m波长的面波信号，探测深度可达3000m。分辨率主要由受目的层与上、下地层速度差及层厚的影响。

（二）野外工作

1.现场试验

（1）在现场试验工作前，应对仪器设备作性能测试以及一致性试验工作。仪器性能检验和一致性测试应选择测区典型的位置，按仪器说明书进行，一致性测试时应将全部仪器放置到同一测点处。

（2）检波器道一致性检查，要求各道之间的振幅误差不大于10%，相位误差不大于1ms。

（3）试验工作可在工作设计的基础上，开展施工前的必要的方法技术和工作参数试验。

（4）地质地形条件复杂的工区，试验工作量宜控制在设计工作量的3%以上。

2.测线（测网）、测点布设及测量工作

（1）测量工作：

①现场测线、测点、检波器布设应采用测量仪器进行。测线的端点及转折点应进行控制测量。

②对于建筑工程场地内的勘查任务，测线端点内的测点可采用钢尺或测绳量距，钢尺和测绳应在校准有效期内。

（2）测线应按照设计书要求布置，应尽可能垂直构造或目标物走向。

（3）测点的间距依据地质任务要求、构造复杂程度和目标层稳定程度综合确定，应小于被勘探对象的水平尺寸；发现异常应在异常点布置垂直测线。

（4）测点遇地形或障碍物可适当偏移。

（5）测点发现异常时，应根据异常的大小加密测点，增加的观测点应沿剖面布设。

（6）检波器布设：

①测点观测台阵的各检波器宜在同一平面上。地形条件复杂，检波器高差较大时，应根据已知资料进行研究和评估高差对观测台阵的影响。

②检波器埋置的位置应准确。由于条件限制不能埋置在原设计点位时，应研究和评估检波器埋置移动对观测台阵的影响。

③检波器应与地面水平接触良好，安置牢固，埋置密实地层，埋置条件力求一致：

a.检波器位于虚土、干沙、砂石层时，检波器安置应挖坑并压实；

b.检波器在水泥或沥青路面安置时，应用橡皮泥、黄油或熟石膏等将检波器牢固粘于地面或采用铁靴装置安置，每个铁靴的重量应保证检波器与大地耦合良好；

c.检波器埋置在稻田、沼泽、浅滩时，应防止漏电；

d.风力过大时，检波器应挖坑深埋；

e.开展微动谱比法时，检波器需要调平，水平角应小于2°。

3.数据采集

（1）应根据勘探要求、野外实际条件、试验工作结果选择观测台阵和观测半径。

（2）圆形观测台阵或组合的圆形台阵应至少在圆心及其内接三角形的顶点分别布设观测点，三角形顶点上的测点可沿圆周整体平移。

（3）微动L形台阵、线形台阵与微动源的位置关系要求波前正交，应进行相位校正。在微动源方向尚不能确定的测区，宜采用三角圆形台阵和十字形台阵；未经试验确认，不宜采用L形台阵、线形台阵这两种观测台阵方式。

（4）剖面法应沿剖面布设观测点，通过各观测点的测深实现剖面探测。

（5）关于微动观测时间，应依据勘探深度要求进行选择。一般深度越大，所需观测时间越长。当最大观测半径大于800m时，一般观测时间不少于2.5小时。

（6）检波器按要求水平布设，连接好仪器。仪器观测采集指示灯正常采集数据后，留专人看守。所有采集站都布设到相应位置后，以最后一个采集站布设的时间开始采集计时。采集过程中不可触碰采集站及检波器等。

（7）观测时要及时做野外观测现场的测点班报记录。除按规定填写工作记录和测点布置等信息外，还应记录观测点附近的地质现象、地形地貌、人文环境等。要求字迹清晰，不应出现涂改。

（8）开展微动台阵法时，现场采集软件宜实时监测采集的波形、频散曲线和频散谱，确认原始数据是否满足勘探设计的深度和精度。

（9）开展微动谱比法时，现场采集软件宜实时监测采集的波形和谱比曲线。

4.质量监控

（1）施工前应对仪器设备进行检查，各项性能和工作状态正常才能投入使用。

（2）测量原始数据和计算成果应有专人检查和核算，发现问题应及时补充修正。

（3）每个测点采集记录后，宜在采集显示屏上对记录进行显示，以实时监视野外记录质量，对于出现异常的单道记录，应及时分析原因并采取相应的处理措施。

（4）每天野外工作结束后，室内组应及时将原始记录表进行整理。发现采集记录的频散谱异常或频散曲线未达到勘探深度和勘探分辨率要求，应及时通知野外组采取改进或补救措施。

（5）在条件允许时，应在每条测线施工结束后，对该测线剖面进行处理，以监控数据采集整体质量，发现问题及时采取补救措施。

（6）应由项目人员及时对采集的原始资料质量进行监督和检查，发现问题及时处理。

5.速度参数测定

（1）应对测区的测点、测线和下覆的地层开展速度参数测定工作。

（2）宜采用地面或井（孔）中方法测定地层的纵波、横波、面波速度。

（3）速度参数测定以下列对象为研究重点：

①探测的目标物；

②测线上出露的地层；

③测线下覆盖的地层应选择测区范围内或周边地质背景相同区域出露的地层进行对比测试。

6.野外资料质量检查、评价与验收

（1）原始资料的整理

①班报记录的整理应按工区测线及施工排列的顺序整理装订成册，并在每册的封面注明单位名称、工区、测线号及施工排列的起始号和终止号、工作时间等。

②记录数据的固体储存介质上应粘贴标签，编写序列号、测线号和日期、记录格式、记录长度、采样率等。确保与班报对应无误。

③监视记录应按工区测线统一编录，装订成册。

（2）野外资料质量检查

①测区的观测质量以"系统检查观测"来评价。系统检查观测点一般应为测区总工作量的3%~5%，且不少于1个测点。在测区内和时间上随机选择，且大体均匀分布。在异常区段，对推断解释有意义的测点应重点检查。

②系统检查观测应在原始观测完成之后，采取相同或不同仪器对于不同日期、相同测点进行重新布置并观测。

③检查点的检查观测和原始观测，主要对比测点波形（幅值、相位）、频散谱和频散曲线特性。两次观测采用相同反演参数得出的频点的面波速度的均方相对误差满足工作精度的要求。检查的频点数应根据探测的深度采用算术平均来确定，勘查目标区域可加密频点。项目质量检查对检查点的误差计算结果应编制检查点误差统计计算表。

（3）野外资料质量评价

①野外测点数据质量根据测点反演的面波频散谱和频散曲线特性进行评价。

②测点数据的质量评价分为三个等级：

a.Ⅰ级（优良）：面波频散谱能量明显集中、连续性好；特征曲线数据点圆滑连续、深度超过勘查深度要求。

b.Ⅱ级（合格）：面波频散谱能量基本集中、基本连续；特征曲线数据点连续、深度满足勘查深度要求。

c.Ⅲ级（不合格）：面波频散谱能量分散、凌乱；特征曲线数据点分散、深度未达到勘查深度要求。

③野外测点数据的Ⅰ级测点数量占比不低于70%，Ⅱ级测点数量不高于30%，无Ⅲ级测点。项目工作人员应对野外测点观测数据开展频散曲线质量评价工作。

（4）野外资料质量验收

①验收原始资料包括：

a.仪器标定、一致性试验记录（含电子文档）；

b.野外观测班报记录；

c.各测点记录数据（U盘或硬盘等）；

d.测量数据（含电子文档）；

e.质量检查点数据；

f.验收相关文件。

②验收基础资料包括：

a.实际材料图；

b.各测点面波频散谱和频散曲线图册；

c.各测线的视横波速度断面图；

d.质量检查点误差统计表；

e.速度参数测定记录及统计表；

f.野外工作小结。

第四节　声波探测

一、概述

声波探测是通过探测声波在岩体内的传播特征来研究岩体性质和完整性的一种物探方法。和地震勘探相类似，声波探测也是以弹性波理论为基础的。两者主要的区别在于工作频率范围的不同，声波探测所采用的信号频率要大大地高于地震波的频率，因此有较高的分辨率。但是，由于声源激发一般能量不大，且岩石对其吸收作用大，因此传播距离较小，一般只适用于在小范围内对岩体等地质现象进行较细致的研究。因为它具有简便快速和对岩石无破坏作用等优点，目前已成为工程与环境检测中不可缺少的手段之一。

岩体声波探测可分为主动式和被动式两种工作方法。主动式测试的声波是由声波仪的发射系统或锤击等声源激发的；被动式的声波是出于岩体遭受自然界或其他作用力时，在形变或破坏过程中自身产生的，因此两种探测的应用范围也不相同。

目前声波探测主要应用于下列几个方面：

（1）根据波速等声学参数的变化规律进行工程岩体的地质分类。

（2）根据波速随应力状态的变化，圈定开挖造成的围岩松弛带，为确定合理的衬砌厚度和锚杆长度提供依据。

（3）测定岩体或岩石试样的力学参数，如弹性模量、剪切模量和泊松比等。

（4）利用声速及声幅在岩体内的变化规律进行工程岩体边坡或地下硐室围岩稳定性的评价。

（5）探测断层、溶洞的位置及规模。

（6）研究岩体风化壳的分布。

（7）工程灌浆后的质量检查。

（8）天然地震及地压等灾害的预报。

研究和解决上述问题，为工程项目及时而准确地提供了设计和施工所需的资料，对于缩短工期、降低造价、提高安全度等都有着重要的意义。

二、原理

如前所述，声波探测和地震勘探的原理十分类似，也是以研究弹性波在岩土介质中的传播特征为基础。声波在不同类型的介质中具有不同的传播特征。当岩土介质的成分、结构和密度等因素发生变化时，声波的传播速度、能量衰减及频谱成分等亦将发生相应变化，在弹性性质不同的介质分界面上还会发生波的反射和折射。因此，用声波仪器探测声波在岩土介质中的传播速度、振幅及频谱特征等，便可推断被测岩土介质的结构和致密完整程度，从而对其作出评价。

此外，根据声波振幅的变化和对声波信号的频谱分析，还可了解岩体对声波能量的吸收特性等，从而对岩体作出评价。

三、声波仪器

声波仪器主要由发射系统和接收系统两个部分组成。发射系统包括发射机和发射换能器，接收系统由接收机、接收换能器，以及用于数据记录和处理用的微机组成。

　　发射机是一种声源讯号发生器。其主要部件为振荡器，由它产生一定频率的电脉冲，经放大后由发射换能器转换成声波，并向岩体辐射。

　　电声换能器是一种实现声能和电能相互转换的装置。其主要元件是压电晶体。压电晶体具有独特的压电效应，将一定频率的电脉冲加到发射换能器的压电晶片时，晶片就会在其法向或径向产生机械振动，从而产生声波，并向介质中传播。晶片的机械振动与电脉冲是可逆的。接收换能器接收岩体中传来的声波，使压电晶体发生振动，从而在其表面产生一定频率的电脉冲，并送到接收机内。

　　根据测试对象和工作方式的不同，电声换能器也有多种型号和式样，如喇叭式、增压式、弯曲型、测井换能器和检波换能器等。

　　接收机可以将接收换能器接收到的电脉冲进行放大，并将声波波形显示在荧光屏上，通过调整游标电位器，可在数码显示器上显示波至时间。若将接收机与微机连接，则可对声波讯号进行数字处理，如频谱分析、滤波、初至切除、计算功率谱等，并可通过打印机输出原始记录和成果图件。

四、工作方法

　　岩体声波探测的现场工作，应根据测试的目的和要求，合理地布置测网，确定装置距离，选择测试的参数和工作方法。

　　测网的布置应选择有代表性的地段，力求以最少的工作量解决较多的地质问题。测点或观测孔一般应布置在岩性均匀、表面光洁，且无局部节理、裂隙的地方，以避免介质不均匀对声波的干扰。装置的距离要根据介质的情况、仪器的性能以及接收的波形特点等条件而定。

　　由于纵波较易识读，因此当前主要是利用纵波进行波速的测定。在测试中，最常用的是直达波法（直透法）和单孔初至折射波法（一发二收或二发四收）。反射波法目前仅用于井中的超声电视测井和水上的水声勘探。

第五节　层析成像

一、弹性波层析成像

弹性波层析成像技术是一种较新的物探方法，通过弹性波在不同介质中传播的若干射线束，在探测范围内部构成切面，根据切面上每条穿过探测区的地震波初至信号的射线物性参数的变化，在计算机上通过不同的数学处理方法重建图像，结合其物理力学性质的相关分析，采用射线走时和振幅来重建介质内部声速值及衰减系数的场分布，并通过像素、色谱、立体网格的综合展示，直观反映岩土体及混凝土结构物的内部结构。弹性波层析成像技术主要用于岩土体及混凝土结构物的无损检测领域，还广泛应用于矿产勘探和环境工程地质勘探。

（一）弹性波层析成像原理

弹性波层析成像技术是利用某一探测系统，通过弹性波在不同介质中传播的若干射线束，在探测范围内部构成切面，根据切面上每条穿过探测区的地震波初至信号的射线物性参数的变化，在计算机上通过数学处理进行图像重建。这种重建探测区内波速度场的分布，可确定介质内部异常体的位置，重现物体内部物性或状态参数的分布图像，从而对被测物体进行分类和质量评价。

（二）声波层析成像的工作方法

弹性波检测最常用的发射波是声波和地震波，而声波检测是工程物探的重要手段之一，这里主要对声波层析成像方法进行介绍。声波层析成像技术是利用声波穿透被检测体并获取声波接收时间，经过计算机反演成像，呈现被检测体各微小单元的声波速度分布图像，进而判断检测体的质量。这种方法具有精度高、异常点位置定位准确的特点。

目前常用的方法有几种，下面分别介绍各种方法的特点、适用条件及应用范围。

1.透射波法

透射波法是一种简单而效果较好的探测方法。采用透射波法发射，接收换能器机-电相互转换效率高，因而在混凝土中的穿透能力相对较强，传播距离相对较长，可以扩大探测范围。

透射波法获得的波形单纯、清楚、干扰较小，初至清晰，各类波形易于辨认。透射波法要求发射探头和接收探头之间的距离必须能够准确测量，否则计算出来的误差值较大，反而会影响测量的精度。

2.反射波法

声波在岩土体中传播，遇到波阻抗面时将发生反射和透射现象，当几个波阻抗面同时存在时，则在每个界面上都将发生反射和透射。这样在岩土体表面就可以观测到一系列依次到达的反射波。反射波分辨率最好的位置是在发射探头附近，发射点接收探头距离过大，则往往使之浅层反射波振动，严重干扰下层的反射波，这时的波形图将是复杂而无法分辨的。

由于工程结构的特殊性，很多工程只有一个工作面，无法利用对穿法或透射法进行检测，而反射波法正好弥补了这一缺陷。这时，弹性波的反射和接收都在一个工作表面上，因此，该法已成为工程结构混凝土检测（如低应变动力检测混凝土灌注桩）的重要方法。

3.折射波法

当混凝土受到激发时产生的弹性波，在混凝土内部传播中遇到下伏混凝土的声速大于正在传播的介质速度时，则将产生全反射的现象。这时，在混凝土表面上可接收到沿着高速层界面滑行来的折射波，根据模型试验和理论研究证实，折射波在两种介质速度差不超过10%时，可以得到最大的强度。应用折射波的测试方法有单孔一发两收法、单孔两发四收法等。

钻孔声波测试作为工程物探常用方法之一，已广泛应用于工程勘察及现场检测工作中。施测过程是利用发射换能器发射的超声波，通过井液向周围传播，在孔壁岩体将产生透射、反射、折射，其折射波以岩体波速沿孔壁滑行。这样，两个接收换能器就接收到了沿孔壁滑行的折射波。

二、电磁波层析成像

电磁波层析成像称为无线电波透视法。这种方法来源于医学中常用的CT技术，即所谓的计算机层析成像技术，它属于投影重建图像的应用技术之一，其数学理论基于Radon变换与Radon逆变换，即根据在物体外部的测量数据，依照一定的物理和数学关系反演物体内部物理量的分布，并由计算机以图像形式显示得一种高新技术。

相对而言，电磁波在地质层析中的应用并没有地震波那么广泛，这与电磁波的特性有关，主要受以下因素影响：首先，电磁波在地层介质中衰减较快，可探测的间距相对较小；其次，电磁波传播速度比声波更快，使得准确测量电磁波走时难以实现；最后，地层中电性参数与岩性间关系复杂，增加了解释的难度。尽管如此，电磁波层析成像技术也有其独特的优势和作用：第一，电磁波分辨率较高；第二，因为地层中流体与电磁波的密切关系，在解决相关问题时电磁波层析成像有着显著的价值。

（一）理论基础

电磁波层析成像按工作方式可以分为电磁波走时层析成像技术、电磁波衰减系数层析成像技术和电磁波相位层析成像技术3种。目前，国内电磁波层析成像技术研究主要集中在电磁波走时层析成像和电磁波衰减系数层析成像两种技术方法上，研究成果相对较丰富，而在电磁波相位层析成像技术方面研究比较薄弱。下面分别简述前两种电磁波层析成像技术的方法、原理。

1.电磁波走时层析成像技术

电磁波走时层析成像技术是根据电磁波的走时来反演被测物体内部的电磁波慢度分布的技术方法。数学上可以把其视为平面上一个函数沿射线的积分，这里的函数即为慢度函数，其相应的层析成像基础为Radon变换与Radon逆变换。该方法最早由澳大利亚数学家J.Radon在1917年提出。

电磁波走时层析成像技术与声波层析成像技术的原理相似，观测数据是波的走时，反演成像参数是波的慢度（慢度是速度的倒数），成像公式为慢度函数沿射线的积分公式。电磁波走时层析成像技术与声波层析成像技术不同点在于电磁波在介质中的传播速度比声波快。另外，电磁波速度与岩性的函数关系比声波速度和岩性的函数关系更复杂，甚至电磁波速度与岩层中的流体关系更密切。

电磁波走时层析成像技术的正演方法有两种：一种是基于射线理论（raytheory）的层析成像正演方法，它忽略电磁波的波动学特征，把电磁波在介质中近似地看作直线传播，在射线路径上将旅行时反投影；另一种是基于散射理论的层析成像正演方法，其比起射线理论在电磁波频域上的高频近似，考虑了电磁波更大的频域范围。基于射线理论的层析成像正演方法在算法上已相当成熟，一般在应用中多把电磁波在介质中近似地看作直线传播。

2.电磁波衰减系数层析成像技术

与电磁波走时层析成像相同，电磁波衰减系数层析成像的数学基础也是Radon变换与Radon逆变换，只是这时待积函数从电磁波慢度函数变成了电磁波衰减函数，观测数据也从电磁波的旅行时变成了电场波的场强。

电磁波衰减系数层析成像的物理基础是：岩层中的不同介质（如不同岩体、破碎带、矿体等）的电磁波衰减系数不同，当电磁波在穿过待测岩层时，不同介质对电磁波的衰减作用就不一样，因此，根据观测到的电磁场强度，就可以求解介质内部的衰减系数，从而根据衰减系数来判断目标地质体的结构与形状。

（二）电磁层析成像的工作方式

电磁层析成像的工作方式一般分为定点发射、定点接收、同步扫描和单孔测井。所谓定点发射工作方式，就是发射机在某个深度固定，在另一钻孔中的接收机上、下移动检测发射机传来的信号。定点接收则与上述相反，发射机移动发射，接收机固定检测。同步扫描工作方式是将发射机和接收机在两个钻孔中保持同步移动，高差为零时是水平同步，高差不为零时是斜同步。在实际观测中，要遵循均匀性原则，即对观测区域的扫描要尽可能地均匀。由于能采集到的数据很有限，往往使得反演中用到的矩阵方程组为欠定型，而欠定型矩阵数据又会使得重建的图像质量变差，所以一般采用增加覆盖次数（包括交换发射孔与接收孔来增加覆盖次数）和加密测点间距等措施增加数据量的办法来提高成像质量。而且由于大多数电磁层析成像在应用时都是横向探测，这样就缺失了垂直方向的投影数据，导致水平分辨率的降低，在探测区域的上、下两侧有可能出现虚假异常，因此，在进行CT图像的地质推断解释时只有综合判断，才能得出正确的结果。

第六节　综合测井

超声电视测井采用旋转式超声换能器，对井眼四周进行扫描，并记录回波波形。岩石声阻抗的变化会引起回波幅度的变化，井径的变化会引起回波传播时间的变化。将测量的反射波幅度和传播时间按井眼内360°方位显示成图像，就可对整个井壁进行高分辨率成像，由此可看出井下岩性及几何界面的变化（包括冲蚀带、裂缝和孔洞等）。

目前具有代表性的超声成像测井仪器有：斯仑贝谢公司的超声波成像测井仪和井眼超声波成像仪、阿特拉斯公司的井周声波成像测井仪、哈里伯顿公司的井周声波扫描仪、国内华北油田公司的井下电视仪等。

一、测量原理

超声成像测井的声源是圆片状压电陶瓷。可以将声源的声场看成圆片上无限多个点声源产生声场叠加的结果。通常定义声压幅度值衰减为声轴方向中声压幅度70%（–3dB）方向的角度。这一角度对应的波场宽度又称为二分贝射束宽度，这一参数反映了超声成像的空间分辨率。换能器设计的原则是尽可能地使更多的能量汇集在一块较小的面积内。发射信号的性质主要取决于换能器的直径和频率。影响超声波衰减和成像分辨率的主要因素有以下几个：

（1）工作频率。换能器的形状、频率以及与目的层的距离决定声束的光斑大小。尺寸越小，频率越高，则光斑越小。但是，尺寸越小，功率就越小；频率越高，声波衰减就越大。泥浆引起的声波衰减会降低信号分辨率，要求工作频率尽可能地低，然而降低频率会对测量结果的空间分辨率产生不利影响。

（2）井内泥浆。井内泥浆由泥浆的固有吸收和固相颗粒（或气泡）散射衰减两个部分组成。泥浆密度越大，声波衰减越大，探测灵敏度则下降。

（3）测量距离。

（4）目的层的表面结构。不同类型岩石具有不同的表面结构，如钻井过程造成的非自然表面结构。

（5）目的层的倾角。在仪器居中不好或井眼不规则时，图像中呈现出遮掩显著特征的垂直条纹。

（6）岩石的波阻抗差异。

二、图像处理方法

图像处理方法包括可供用户选样的数据显示、传播时间和反射波幅度剖面图的绘制，进行图像增强、计算地层倾角、确定裂缝方位以及进行频率分析等。图像增强是通过用平衡滤波器来改善低振幅的黑暗部分，使用清晰滤波器突出近似水平或近似垂直的特征，从而使整个图像的明暗度得到有效的调整，使得薄夹层显露出来。由频率分析可确定出某一井段上的层理面、裂缝、孔洞和冲蚀层段的数目。此外，可用所得到的地层方位玫瑰图来确定层理面或裂缝系统的主要方向。提高图像的垂向分辨率则受技能器性能、扫描旋转速度以及测井速度等因素的制约。

三、应用

井眼声波成像资料主要有以下几个方面的用途：

（1）360°空间范围内的高分辨率井径测量，可分析井眼的几何形状，推算地层应力的方向。

（2）确定地层厚度和倾角。

（3）利用传播时间图和反射波幅度图可探测裂缝。

（4）进行地层形态和构造分析。

（5）对井壁取芯进行定位。

（6）通过测量套管内径和厚度变化来检查套管腐蚀及变形情况。

（7）进行水泥胶结评价。

第七节　物探方法的综合应用

一、地基土勘测的物探方法

物探方法在地基土勘测中主要用来查明施工场地及外围的地下地质情况，对地基土进行详细的分层，测定土的动力学参数，提供地基土的承载力等。目前最常用的物探方法是弹性波速原位测试方法中的渐层法和跨孔法。就测量剪切波而言，渐层法是测量竖直方向上水平波动的SH波，而跨孔法是测量水平方向的SV波。理论上对于同一空间点SH波与SV波的波速应是相同的，但在实际测试过程中，由于渐层法带有垂直方向的平均性，而跨孔法带有水平方向的平均性，因此两者实测结果并不完全相同，一般SV波的速度稍大于SH波的速度。由于水平传播的弹性波有利于测定多层介质的各层速度，因此需精确测定各层参数时，应采用跨孔法。

二、岩体的波速测试

岩体通常是非均质的和不连续的集合体（地质体）。不同的岩性具有不同的物理性质，如基性岩和超基性岩的弹性波速度最高，达6500～7500m/s；酸性火成岩稍低一些；沉积岩中灰岩最高；往下依次是砂岩、粉砂岩、泥质板岩等。目前岩体测试广泛采用地震学方法，重要原因就是速度值与岩石的性质和状态之间存在着依赖关系。这种依赖关系可用来进行岩体结构分类、岩体质量评价、岩体风化带划分，以及评价岩体破裂程度、裂隙度、充水量和应力状态等。

（一）岩体的工程分类及断层带

岩体工程分类的目是于预测各类岩体的稳定性，进行工程地质评价。根据地球物理调查研究结果，将岩体划分为具一定地球物理参数、不同水平和级别的块体及岩带。该巷道为花岗岩体，构造断裂发育，岩石破碎。新鲜完整岩体纵波速度为5000～5500m/s，横波速度为3000m/s，动弹性模量为39.2×10^9Pa。通过声波测试及地质分析可将巷道分为3段：第一段为巷道进口处断层风化岩体，本段纵波平均速度为2000m/s，岩体岩石波速比0.4，岩体完整系数0.16；第二段为裂隙发育的块状岩体夹破碎岩体，全段纵波速度平均值为3000m/s，岩体岩石波速比0.6，岩体完整系数0.36；第三段为节理发育的块状岩体，纵波平均波速为4000m/s，岩体岩石波速比0.8，完整系数0.64，本段岩体稳定性较好。由此可见，第一段岩体工程地质特性较差，而第三段岩体工程地质特性较好。

在长江下游某穿江工程勘测中，选用了多种方法（地震折射波法、反射波法、直流电测深法、电剖面法、水底连续电剖面法和电磁剖面法）进行综合物探调查。实际工作中，要求查明破碎带宽度大于3m的断层位置和产状，划分地层界线并对断层活动性作出评价。通过江面上地震反射波法时间剖面，可识别第三纪（古近纪＋新近纪）地层的构造轮廓和江底由第四系上新统至第三系全部地层剖面。反射波组为单斜构造，倾角较缓，反射波组同相轴图像连续，反映了无断裂的构造地质形态。

（二）风化带划分

通常岩石愈风化，其孔隙率和裂隙率愈高，造岩矿物变为次生矿物的比例愈大，性质愈软弱，地震波传播的速度也愈小。因此，人们可以利用测定特征波的波速，对风化带进行分层。根据声波测试结果，对洞岩体风化带进行了划分。如洞深0～33m岩体风化严重，发射的声波全部吸收，十几对钻孔没有一个能见到结果，其波速很低；33～54m岩体不均匀，大部分测不到结果，波速变化大；洞深大于85m的新鲜岩体中所有钻孔均测到大于5000m/s的波速。另外，还可利用衰减系数、波谱面积、波谱宽度及主频点号进行分类。强风化带衰减大，新鲜岩体衰减小。波谱面积是包含最低频率到奈奎斯特频率范围内波谱曲线包围的面积，表示穿透岩体信号的能量，新鲜岩体穿透能力大，风化带穿透能力小。波谱宽度表示信号能量的分布，宽度越大，表示能量愈分散，说明岩体不够完整致密。风化严重的岩体吸收了高频波，主频低，点号小；反之，点号大。

（三）岩体裂隙定位

一般岩体裂隙定位有两种情况：一种是在探洞、基坑或露头上已见到一些裂隙，要求在钻孔中予以定位；另一种则是在岩石上未见到，但要求预测钻孔在不同深度上是否存在显著的裂隙或软弱结构面。这对于岩体加固，尤其是预应力锚索很重要。超声波法、声波测井、地震剖面法等已成功地应用于定量研究评价裂隙性。根据这些方法的测量结果，可以取得覆荒地区岩石裂隙发育程度的定量特性，而在钻井中可取得包括破碎岩段和通常无法用岩芯研究的构造断裂带在内的全剖面裂隙特征。

（四）岩体及灌浆质量评价

岩体质量评价主要包括两个方面内容：岩体强度和变形性。岩体强度是岩体稳定性评价的重要参数，但对现场岩体进行抗压强度测试，目前是很困难的；岩体变形特性和变形量大小，主要取决于岩体的完整程度。对现场岩体进行变形特性试验，工程地质通常采用千斤顶法、狭缝法等静力法，这些方法不可能大量做。由于岩体强度特性和变形特性与弹性波速度Vp及Vs有关，故可用地震法或声波法，在岩体处于天然状态条件下进行观测，确定现场岩体的强度特性和变形特性，并可大范围地反映岩体特性。根据测得的岩体波速，即可计算出岩体的动弹性模量、动剪切模量等参数。

目前国内外常用的岩体质量评价方法有巴顿法、比尼可夫斯基法、谷德振岩体质量系数Z法等。岩体结构和岩体质量是对应的，整块、块状结构为优质岩体，碎裂结构为差岩体，其他前面介绍了天然状态下岩体质量的评价方法，但在工程中常常因为天然状态下的岩体强度不够，表现出很高的孔隙度、裂隙度和变形程度，需要人为地改善这些性质。如对于有裂隙的坚硬岩体，一般采用加固灌浆的方法，即在高压下对一些专门用来加固的钻孔压入水泥灰浆，人为地改善它的结构性能。水泥渗透到空隙和裂隙内，经过一段时间的凝固，结果形成了较大块的岩体。由此，可以提高岩体的各种应变指标，减少或完全防止加固地段承压水的渗透。这样也就需要对人为改善岩体性质的岩体进行质量检验。

三、常见地面地球物理勘探方法

（一）电法勘探

电法勘探是以介质的电性差异为基础，通过观测分析天然、人工电场或电磁场的时间和空间分布规律，来查明地下介质的形态和性质的一种地球物理方法。利用的岩石电学性质有导电性、介电性、极化特性等；接受的场源可以是人工场源，也可以是天然场源；所观测的信号可以是直流电场，也可以是交流电场；观测的地点可以是地面、空间、海洋或坑道内。

（二）地震勘探

自然界中存在大量级别不同的天然地震，这是由地球内部发生运动而引起地壳的震动，天然地震不可掌控，地震勘探则是利用人工的方法引起地壳的震动（如炸药爆炸、可控震源震动等），再用精密的仪器按一定的观测方式记录爆炸后地面上各接收点的震动信息，对原始记录进行加工处理得到成果资料，从而推断地下地质情况。

水文地质学主要研究基岩上松散介质的厚度，常用方法为折射波法。折射波法是通过地震波在松散介质中传播速度小于固结基岩，从而研究距震源不同位置处地震波的到达时间，由此可确定基岩的深度。震源通常为浅孔中的小型爆炸设备，当工作区更浅时可用大锤敲击地面上的钢板充当震源，埋设检波器检出地震波。

地震勘探在水文地质勘查中可解决如下问题：确定基岩的埋藏深度，圈定贮水地段；确定潜水埋藏深度；推测断层带；探测基岩风化层厚度，风化层是良好的储水层；划分第四纪含水层的主要沉积层次等。

（三）磁法勘探

磁法勘探有助于确定上覆含有较高含铁物质的沉积物的基底岩层形状。磁力勘探常用的仪器有磁通磁力仪及质子磁力仪，测量出来的值必须经过校正，常包括地球磁场多年及昼夜变化、经纬度等。磁法勘探还受磁暴影响（与太阳黑子活动有关），而且磁场感应强度随距离增大急剧降低（埋深较浅的磁化物质影响较大），另外沉积物的磁化率较小。所以，磁法勘探在水文地质勘探中使用较少。一般用于探测区域构造、确定松散盆地沉积物或埋藏河谷型的含水层；沉积岩一般没有磁性，一些有磁性的岩石，如玄武岩往往是重要的含水层，所以在无磁性的岩石区确定玄武岩也可以使用到磁法勘探。

（四）重力勘探

地球表面上不同点的重力加速度略有不同，这是因为各点至地心的距离略有差异，同时各测点下面的地层介质的密度也存在一些差别。由于未饱和物质的密度比充分饱和的沉积岩及火成岩小，因此可以通过对重力数据的分析来估算冲积物的厚度和形状。虽然重力勘探十分简便，但测试成果较为粗糙、资料分析复杂。要对其经纬度、高度和偏差做大量的校正工作，其常被用来探测盆地基底起伏及断裂构造，在水文地质勘查中应用较少，采用高精度重力探测仪有可能探测到埋深不大但有一定规模的溶洞。

所以，磁法及重力勘探常适用于区域地质构造的探测，在水文地质勘查中应用不多，其实例只在那些与区域构造成因有关的地下水勘探中才能见到。

四、常见地球物理测井方法

（一）电阻率测井

利用岩石导电特性——电阻率（或电导率）研究地层的一类测井方法称电阻率测井。电阻率测井系列大致可分为四类，即普通电阻率测井、感应测井、侧向测井和微电阻率测井。通常也把各种电阻率测井称为饱和度测井系列，因为在裸眼井中它是提供岩层含油气饱和度（含水饱和度）参数的主要方法。

1.普通电阻率测井

普通电阻率测井也称为视电阻率测井，它采用三电极系进行电阻率曲线测量。普通电阻率测井的视电阻率曲线由于受井眼、围岩和高阻邻层等因素影响，其测井值与岩层真电阻率差异比较大，特别是在盐水泥浆井或碳酸盐岩剖面差异尤其明显。

2.感应测井

感应测井是一种测量地层电导率的测井方法，其电导率是电阻率的倒数。感应测井下井仪器的线圈系包括主发射主接收线圈对、补偿线圈对、聚焦线圈对，一般采用6线圈系。发射线圈发射的交变磁场在井轴周围介质中产生环状涡流（感应电流），涡流产生的二次磁场在接收线圈中产生感应电势——接收信号。由于涡流大小正比于介质电导率。涡流越大，在接收线圈产生的感应电势也越大，所以接收信号能反映介质的电导率。聚焦线圈减小了围岩对测量结果的影响。补偿线圈减小了井眼对测量结果的影响。

3.侧向测井

侧向测井属于电流聚焦测井，即在主电极A0（供电电极正极）的上、下设置同极性的屏蔽电极A1、A2，与主电流同极性的屏蔽电流迫使主电流聚焦成片状进入地层，然后测量主电极（或监督电极）的电位并计算其视电阻率。由于主电流片状侧向进入地层，显著地减小了井眼的分流作用和围岩的影响。

4.微电阻率测井

微电阻率测井是测量井壁附近小范围内电阻率极板型测井方法，对于储集层主要测量泥浆滤液冲洗带电阻率。目前，微电阻率测井系列包括微电极测井、微侧向测井、微球形聚焦测井和邻近测井等。除微电极测井可作为泥饼指示测井划分渗透层外，使用微电阻率测井的主要目的在于准确反映冲洗带电阻率，以便求出冲洗带的含水饱和度。

除上述四类电阻率测井方法外，电法类测井中还有电磁波传播测井用于测量电磁波在介质中的传播时间和信号衰减，反映岩层的介电特性，从而区分含水层并计算含水饱和度。

（二）自然电位

人们在测井时，工程上出现一次偶然失误，使供电电极供电，但仍测出了电位随井深的变化曲线，由于这个电位是自然产生的，所以称为自然电位（钻井液与地层水矿化度及压力的差异、地层和井眼泥浆之间产生电化学作用和动电学作用，形成扩散—吸附电位和过滤电位），用SP表示。

（三）核测井

根据岩石及其孔隙流体和井内介质（套管、水泥等）的核物理性质，采取一系列的测井方法，最常用的测井方法包括测定岩石和流体的天然放射性及其感应衰减量，可用于各种井型，不受泥浆类型影响，使用时应注意安全防护。常见类型有自然伽马、自然伽马能谱、地层密度、中子孔隙度、中子寿命等。

（四）井径测井

测量岩层中裸孔的直径，该方法也可以用以确定套管的深度。一般来说，井径就是钻头的尺寸，但实际上因为岩层坍塌，钻井液溶解矿物会使孔径变大；钻头钻到一定深度，向下的压力消失也会使孔径变大；井径测井还可使用于确定碳酸盐岩含水层中的溶蚀扩大层面及节理，孔壁上的泥饼或塑形岩层可以使井径减小。

该方法主要应用于：判断岩性、进行地层对比；求实际井径（直接对应深度读数）；计算平均井径（为固井计算水泥用量提供依据）；作为测井曲线综合解释所不可少的资料；作为酸化、固井时选择封隔器、套管鞋位置的依据。

（五）温度测井

温度测井就是连续记录钻孔中液体的垂向温度。该记录显示岩石中的液体温度与钻孔循环液温度的差异。在新钻的孔中，钻孔中的流体会混合在一起。当井和周围环境达到平衡时，测温曲线能显示井中不同温度分区。温度测井可以反映地温梯度；不同含水层的温度不同，均可在测井曲线上显示出来。

第五章　钻探技术选择

第一节　钻探类型与钻探技术的选择

一、钻探基本概念

钻探作业的目的是借助专门的技术手段（钻探设备和钻具）在人无法到达的地下岩土中形成直径比深度小许多倍的圆柱形通道——钻孔。通常地质勘探钻孔尽量采用小口径（不大于200mm），以减轻设备和钻具的重量，提高钻进速度，降低勘探成本。钻竖井时直径可达8～10m。地质岩心钻孔按深度分为浅孔（<300m）、中深孔（300～1000m）、深孔（1000～3000m）和特深孔（≥3000m）。

钻探工作一般在地表进行，也可以在地下坑道中进行，或者在水面（江河、湖泊、海洋）进行，甚至在其他星球表面进行（例如，已实现的月球钻探和火星钻探）。

（一）钻孔要素

钻孔要素包括：

孔口——在地表开孔的位置；

孔底——为使钻孔不断延伸，破岩工具作用的孔内工作面；

孔壁——钻孔的侧表面；

套管柱——为加固孔壁，呈同心圆布置在钻孔内并相互连接起来的套管，如果孔壁稳定，可不向孔内下套管；

孔身——钻孔在地下占据的空间；

钻孔轴线——连接钻孔各个横截面中心点的一条想象中的线。

根据钻进孔底的方法可分为无岩心（全面）钻探和取心钻探。

无岩心（全面）钻探——钻进过程中整个孔底面积都被破碎掉。

取心钻探——钻进过程中对孔底进行环状破碎，并保留岩心。岩心是环状破碎孔底时形成的岩石柱体，我们把取岩心的钻进方法称为岩心钻探。岩心钻成之后，使它与孔底分离并提升至地表供地质工程师研究，编制地质剖面并研究岩石的基本成分，为今后进行该矿区的矿体圈定和储量估算服务。

钻孔在地下的空间状态由下列因素确定：孔口的中心坐标，开孔的钻进方向，孔的顶角（或井斜角）、方位角、深度。

根据钻孔的方向可分为：垂直孔、倾斜孔、水平孔、倒垂孔（由坑道内垂直向上钻进）和倒倾斜孔（由坑道内倾斜向上钻进）。

（二）钻探方法分类

钻探工程利用钻探设备和器具，按照一定的目的、要求，由地表、坑道或湖海向地壳深部，钻出一个直径小而深度大的柱状圆孔，取出岩矿样品以了解地下地质情况或钻出具有某种用途的通道，以满足其他工程的需要，其所进行的全部施工工作，称为钻探工程，简称钻探。地质勘探中以采取岩矿心为目的的机械取心钻探工作，简称岩心钻探。

岩心钻探是由动力机带动钻机，钻机带动由钻杆、岩心管和钻头组成的钻具，在一定的轴心压力作用下破碎岩石，通过泥浆泵向孔底输送冲洗液冷却钻头并携带岩粉和保护孔壁，冲洗液通过钻具和孔壁环状间隙返回地表进入净化系统，同时岩心进入岩心管，通过使用各种取心钻具，将岩心从几米至几千米深的孔底取出，从而达到了解深部地质情况的目的。

根据破碎岩石的机制不同，钻探方法可分为机械的、物理的和化学的3种。物理和化学破碎岩石的方法，目前尚处于实验室研究、试验阶段，还不能有效地用于生产实践。

1.常用机械钻探

机械方法可破碎所有类型的岩石，在钻探生产中被广泛应用。

机械方法破碎岩石，主要是以外集中载荷使岩石中产生很大的局部应力，而使其破碎。

因此，在机械破碎岩石时，根据外力作用的性质和施加方式的不同，机械钻探方法主要分为冲击钻探、回转钻探、冲击回转钻探3大类。

（1）冲击钻探。冲击钻探是利用钻头凿刃，周期性地对孔底岩石进行冲击，使岩石受到突然的集中冲击载荷而破碎。为使钻孔保持圆柱状，钻头每冲击孔底一次需转一定角度后再次进行冲击。当孔底岩粉（屑）达到一定数量后，应提出钻头，下入专门的捞砂（屑）工具，将岩粉清除，然后再下入钻头继续冲击破碎岩石。如此反复进行冲击钻凿，以加深钻孔。

根据所采用的动力不同，冲击钻探可分为人力冲击钻探和机械冲击钻探两种。根据冲击工具的不同，又可分为钢绳冲击钻探和钻杆冲击钻探两类。

冲击钻探多用于工程地质勘察、第四纪卵砾石层钻井和开采浅层地下水的水井钻探，以及大直径灌浆孔、露天矿开采中的爆破钻孔等。

（2）回转钻探。回转钻探是利用钻头在轴向压力和水平回转力同时作用下，在孔底以切削、压皱、压碎和剪切等方式破碎岩石，被破碎的岩屑、岩粉随冷却钻头的冲洗液即时带出孔外。随着钻进时间的延长，钻头被逐渐磨钝，钻进速度（进尺）也随之降低；这时应从孔内把钻头提出，更换新钻头后再下入孔内继续钻进。

根据破碎岩石时的切削具（磨料）不同，回转钻探分为硬质合金钻进、钢粒钻进和金刚石钻进3种。也可根据破碎孔底岩石的不同形式，将回转钻探分为无岩心钻探（全面钻进）和岩心钻探两大类。

岩心钻探可从孔内取出完整的柱状标本（岩心），从而能够揭示地下岩层的岩性、产状、层序、层厚等，是研究地下地质情况的有力手段。因此岩心钻探是勘察固体、液体和气体矿产及工程地质、水文地质勘察的主要方法。

（3）冲击回转钻探。冲击回转钻探是钻头在孔底回转破碎岩石的同时，施加以冲击载荷，兼有回转和冲击两种破碎岩石的作用。

根据动力介质的不同，冲击回转钻探分为液动冲击回转钻和风动冲击回转钻两类。冲击回转钻探主要应用于坚硬岩石，对提高坚硬岩石钻进效率和保持钻孔的垂直度有显著效果。

2.其他钻探方式

（1）高压水射流钻探。借助高压水射流来破碎或溶解（蚀）孔底岩石的钻探方法。

射流全面破碎孔底并形成孔身，随岩石强度的不同，破碎岩石的射流压力为2～200MPa。

当射流水中加入的研磨材料（钢粒、石英砂）体积浓度达5%～15%时，射流破碎岩石的能力得以加强。

水射流只能部分地破碎和软化孔底岩石，孔身的形成还要靠带加速射流喷嘴的钻头。这种方法在软和疏松的岩石中进行无岩心钻进时得到了实际应用。

（2）热钻、火钻或喷火钻。通过高温作用使岩石破碎。

从钻杆中往孔底下入双喷嘴火焰枪，由高压喷嘴中喷出的煤油在氧射流中燃烧并产生2300℃左右的高温（喷枪被水冷却）。孔底未被加热的围岩将阻碍高温下的岩石自由扩展，从而产生很大的热应力，形成大量岩石薄片并从母体剥落，然后被做完功的气体和蒸汽从喷枪作用区带走，返回地表。

火钻可钻进深度为8～50m，直径为160～250mm的孔，已用于打爆破孔。在石英岩中火钻的小班效率约为30m/班，而用传统的冲击回转钻进为3～3.5m/班。但热钻尚未应用于勘探钻进作业。

（3）热力机械钻进。首先用局部加热方法软化孔底岩石，接着用普通回转钻进工具破碎岩石。

（4）电热熔钻进。靠电热器融化永冻的冰层成孔。电热熔钻进可在南极冰层中钻成1000m深、直径300mm的孔，并实现100%的岩心采取率。电热丝的功率为8kW。孔内钻具中带有轴流泵，可及时把冰融化产生的水抽上来。

（5）爆炸法钻进。用定向爆破方法使孔底岩石发生破碎。

用装满炸药的塑料小瓶每隔一定时间沿着钻杆在高压水流的作用下射向孔底，在冲击孔底的同时引爆炸药破碎岩石，通过冲洗液把被爆炸能破碎的岩屑带至地表。

当钻具内准备的炸药小瓶足够多时（300个/h），爆炸法可在沉积岩中钻至孔深2800m，但孔内液柱压力使单次爆炸的能量随孔深的增加而减少。爆炸法钻进仍处于实验阶段，尚未得到实际应用。

（6）电物理方法钻进。直接采用电能来破碎岩石的钻进方法，包括：

①电液效应。在水中高压放电，占有一定体积的电火花瞬间强力推开液体，引起电动水头冲击破碎岩石。

②电脉冲效应。让孔内充满电阻大于岩石电阻的液体（如变压器油），在紧压孔底的两个电极上通以高压电流，电流便会从孔底岩石中流过，出现的电弧将击穿并有效地破碎岩石。

其他岩石破碎方法还有超声波法、等离子体法、激光法等，但这些方法还未进入实际应用阶段。

（三）钻探基本过程

一般来说，地表以上的部分，如钻机、水泵、动力机、钻塔等属于钻探设备部分；地表以下，包括孔底破碎岩石的过程、冲洗液循环状况、钻具、钻杆柱、钻孔结构及套管设计等属于钻孔工艺学的研究范围。在实际工作中，地表设备部分与地下钻进工艺是不可分割的。

由地表的工作机械（钻机及水泵）通向孔底工作面有两条渠道：其一为钻杆柱和钻具及钻头，用以进行钻岩；其二为冲洗液，通过钻杆柱中心通道，流经孔底，由井筒环状间隙返回地面。由这两条渠道连续完成钻井工序。钻塔和绞车（升降机）是完成钻杆柱或其他工具升降的必需设备。动力机是驱动工作机械的动力源，是任何工作机械不可缺少的，其余部分则属于辅助工具和附属条件。

为了使钻进工作能够连续不断地进行，必须进行破碎岩石，清除岩屑、维护孔壁3项必需的工作环节。因此，这三者乃是钻探工作的基本作业。当然，在不同的地层中钻进时，三者的难度是不同的。如在松软地层中钻进时，破碎岩石较为容易，清除岩屑的工作量就较大，维护孔壁就成为工作中的难点或重点；而在坚硬完整的地层中钻进时，破碎岩石就成为难点，清除岩屑和维护孔壁就容易一些。

在完成这3项基本作业过程中，随着孔的不断延伸，钻杆柱逐渐增长。在作业过程中或因需要更换被磨钝的钻头及磨损的钻具，或因需要把钻得的岩心提取上来，就必须把孔内的钻杆柱和钻具提出孔外；如需继续钻进时，还需把钻杆柱等又重新下入孔内。此时，必须进行升降操作。这样，钻探工作包括钻进和升降两个必要的基本作业程序（或称工序）。钻进工作是实在的生产工序，而升降工作是必不可少的非生产工序。在钻探工程中，除上述两项基本工序外，还有许多不可少的非生产性的辅助性工序，如设备的搬迁运输、安装及维修、冲洗液的制备。此外，孔内工作，如测量孔斜、物探测井，水文观察、下入和起拔套管，事故处理等，也是要按时完成的工序。但从钻进工作来说，都属于非生产性工序，因为它们没有增加钻孔的进尺。

实际钻孔往往偏离预定的钻孔中心，而发生孔位偏差，称为钻孔弯曲或孔斜，它也是衡量钻孔质量的重要指标之一。因此，岩心采取和防止钻孔弯曲都是钻探工作的重要内容。

开钻前，在设计钻孔孔位的地点平整场地；挖掘冲洗液池和地基用坑；安装钻塔。在钻塔内地基上安装有钻机、水泵、驱动钻机和水泵用的电机。没有电能时，钻机和水泵采用内燃机驱动。钻探设备在检查、调整后，按照规定的方向开钻，然后用导向管加固孔口。同时，装备净化泥浆中钻屑（岩屑）用的循环系统。

钻孔按下列次序进行钻进。使用升降机把钻具下入孔内。钻具由下列部分组成：钻头、岩心管、异径接头、钻杆柱。钻杆柱长度随钻孔的加深而增加。钻具的所有部件都借助于密封的、高强度的螺纹接头彼此连接起来。

上部主动钻杆穿过钻机回转器立轴并卡在卡盘中。主动钻杆上部接有提引水龙头。提引水龙头用高压软管与水泵连接，一边回转，一边冲洗，将钻头下到孔底开始钻进。

根据所钻岩石的物理力学性质和钻头直径、类型的不同，借助立轴，使钻具以不同的转速回转，并借助于给进调节器给钻头以必要的轴向载荷。钻头转速根据钻头类型、钻头直径和孔深选用。使用给进调节器可以产生必要的钻头载荷和孔底载荷。钻头回转并切入岩石，钻环状孔底，形成岩心。随着钻孔的加深，岩心充满岩心管。

为了冷却钻头，净化孔底岩屑并将岩屑排到地表，要冲洗孔底。水泵通过吸水管把冲洗液从接收箱中吸出，经高压软管，提引水龙头和钻杆柱送入孔底。

用冲洗液冲洗孔底，冷却钻头切削具，把破碎的岩石颗粒（岩屑）从孔底沿着井筒送到地表上。冲洗液从孔内涌出经循环槽流入沉淀，池岩石颗粒在沉淀池沉淀，净化的冲洗液流入接收箱，从接收箱再送入孔内。在这个过程中，冲洗液会有一些损耗，所以应该适时补充。

如果钻进是在稳定岩石中进行的，则可使用清水冲洗钻孔。在不够稳定的岩石中钻孔时，则用泥浆或其他可以保护弱稳定性孔壁的溶液来冲洗钻孔。在相对无水岩石和冻结岩石中钻孔时，可以使用压缩空气或气体来吹洗孔底。

高转速金刚石钻进时，使用有助于降低钻杆柱和孔壁摩擦力及减少高转速时钻杆柱振动的稀乳化溶液来冲洗钻孔。

岩心管充满岩心后，应把钻具提到地表。在硬岩和研磨性岩石中钻进时，有时由于钻头切削具磨钝、钻速大大降低而停止钻进并提钻；在破碎岩石中钻进时，常常由于岩心卡在岩心管内使钻速降低而提钻。开始提钻前，应把岩心牢固地卡在岩心钻具的下部并扭断之。岩心卡住并扭断后关掉水泵，借助升降机、钢丝绳、天车、带有大钩和提引器的游动滑车把钻具提到地表上，并把钻杆柱卸成立根。立根长度取决于钻塔高度。立根由2根或3根，有时由4根钻杆拧接而成。立根长度比钻塔高度小3~6m。立根摆放在立根台上。所提钻杆柱的重量，可借助于指重表确定。

岩心钻具提到地表以后，卸下钻头，并小心谨慎地从岩心管中取出岩心，然后配好钻具，再下入孔内继续钻进。每一次提钻时，均应检查钻头，在钻头确已磨损时，需用完好的钻头更换。

冲洗岩心并净化岩心上的泥皮，测量岩心长度，按次序把岩心摆在岩心箱内，标出提取岩心时的钻孔深度和岩心采取率。

如果钻孔穿过需要使用专门冲洗液的塌落或膨胀的不稳定岩石时，则可向孔内下套管柱以覆盖不稳定岩石，此后用较小的直径钻头继续钻进。每钻进50~100m，测量一次钻孔倾角和方向（方位角）。钻孔穿过矿体并进入底板无矿岩石后停止钻进，把钻具提升上来并拧卸后，就可以在孔内进行地球物理研究，测量钻孔弯曲度、温度，检查钻孔深度，然后对钻孔注水泥进行封孔。

二、钻探类型

钻探技术多种多样，重点放在矿产勘察中运用最广泛的3类基本技术上。钻探技术按照成本由低到高依次为：螺旋钻探、旋转冲击钻探和金刚石钻探。

三、钻探技术的选择

选择合适的技术或合适的技术组合，总是要在速度、成本、所获样品质量、样品体积、后勤及环境等多方面作出权衡。螺旋式和旋转空气爆破式（RAB）钻机获取地质信息相对较少，但其速度快、成本低，因此主要作为在较浅覆盖层下采集样品的地球化学测量（化探）工具。

　　大型旋转冲击设备能够快速钻探大口径钻孔（100～200mm），可以获取高质量的样品（体积较大），并且价格合理。该种设备威力强大，相比旋转空气爆破（Rotary Air Blasting，RAB）设备，能够钻探更深且能够钻进更加坚硬的岩石。然而，对于一般旋转冲击钻探而言，样品在沿着钻杆从钻头到地表的过程中可能会由于孔壁岩石混入造成污染。这种问题特别在面对低品位不稳定矿化带时显得尤为突出，典型的如金矿区。反循环（Reverse cycle，RC）钻探设备中的采样回收系统是为了克服这种样品污染问题而设计的。因此，如今RC钻探设备被指定应用于绝大多数旋转冲击钻探项目中。

　　金刚石钻探可以获得最优样品，表现在地质和地球化学两个方面。镀金刚石的钻头可以切割出一个完整的岩石圆柱体。在任何深度下，只要能够开采，就可以进行岩石采样。金刚石钻探的岩心可供详细的地质和构造编录，其高回收率可以获取大体积无污染的样品，以供进行地球化学测试，同时可以通过定向岩心来测量构造信息。金刚石钻探也是所有钻探中价格最高的，一般来说，每钻进1m的价格相当于RC钻探设备钻进4m的价格或RAB设备钻进20m的价格。

　　毫无疑问，岩心的直径越大越好。钻孔口径越大，其岩心采取率越高，钻探的偏离度越小。岩心越粗，对其岩相学鉴定及构造识别更加方便，并可以进行大体积采样，如此化验结果和储量计算也更加准确。然而，金刚石钻探的成本通常跟岩心直径成正比。因此，在钻孔大小上作出妥协通常也是必要的。

　　在勘察规划的具体要求中，钻探技术的选择占较大篇幅。例如，若一个地区地质情况比较复杂，或者出露较差（覆盖严重），该地区没有明确的靶区（或者可能靶区太多），这时就需要通过金刚石钻探来获得更多的地质信息。因此，从金刚石钻探岩心获得的地质信息可用来帮助筛查地表地球化学异常或帮助确立靶区。另外，如果地表地球化学异常十分清晰却又不太连续，那么要验证它们是否为埋藏较浅的盲矿体，可用大量的RC钻孔甚至RAB钻孔来简单限定就足够了。

　　在干旱地区，如澳大利亚西部的Yilgarn省，曾经用RC钻探在地表以下80m风化岩石层中发现并确立许多金矿体。这充分证明，采用RC钻探是一个绝佳的选择，它平衡了成本、较好的地球化学样品质量及从细小岩屑上获得一些地质信息的综合考量。尽管有这些成功，但RC钻探主要还是作为地球化学采样的工具，并且，单独利用这些化验数据来试图确立矿体是有风险的。RC钻探数据很少能为我们提供成矿过程中充足的地质认知，大多数情况下，需要辅以详细的地质填图（露头良好）、槽探，以及/或者有选择地施工一些少量金刚石钻探孔。

　　不同钻探设备的后勤保障，在选择最优钻探技术中也发挥着重要作用。一般来说，RC设备（以及更大的RAB设备）比较庞大，在不修路的情况下，车载式机器很难进入崎岖不平的地方，并且不能爬很陡的坡。金刚石钻探设备相对RC设备来说更容易搬运，可以车载或靠底部滑轮移动，其动力相对要小一些，必要时可拆卸，并且可以用直升机搬运。某些设备甚至设计成可拆卸的，在拆卸之后可以由人工搬运。然而，金刚石钻探需要附近有较大水源地（钻探过程中需要向钻孔内不停注水）。由于其搬运的方便性，使得金刚石钻探在环境敏感地区也同样适用。

空气岩心钻机综合了RC钻机、金刚石钻机和RAB钻机的某些优点。在理想状态下，该种钻机能够获得岩心碎块，可以由此判断孔内的岩性和构造情况，这比RC钻机提上来的碎屑更好。通常用它可以穿透黏土层并获得样品，而传统钻机碰到这种情况只能停下。相比所有RC钻机钻探的岩屑，空气岩心钻机所钻探岩屑的回收率通常较好，样品污染也较小。然而，这种钻机所获得的岩屑样品量相对大型RC钻机来说要小得多，因此对钻探金矿（地球化学层面）来说并不太适用。一般来说，空气岩心钻探的成本介于普通的RC钻探和RAB钻探之间。空气岩心钻探的某些设备可以车载，并能够搬运至交通不便的地区。

第二节　钻孔布设与钻探剖面

一、钻孔布设

矿体本身稀少且难以捉摸，准确定位它们是不容易的。否则，也不用去辛苦找矿了。一个单一的钻孔只能获取很少量的岩石样品，而我们所找寻的矿体本身相对其周围的无矿岩石来说已经很小了。即便是最初的一个钻孔已经打到潜在矿体，如果后续的钻孔位置没选对，那么依然可能无法发现矿体。因此，在真正确定矿体的形态、产状和品位之前，需要施工一系列的钻孔。为了最高效地发现矿体，勘察学家必须利用一切可以利用的知识。

地质人员布置钻孔是为了验证头脑中所设想的矿体模型的大小、形态和产状。模型越准确，钻孔成功的机会就越大。矿体模型是建立在对勘察区进行大量详细准备工作的基础上的，它涉及文献资料查找、对已知出露的矿化情况的核查、区域及矿区地质填图、地球化学和地球物理方面的研究等。与钻探相比，这些准备性的工作要相对便宜。勘察区里每施工一个钻孔，不管打到矿化交会区与否（特别是当没打到时），都将增加地质信息以指导修正或验证预设的成矿模型，并由此影响到后续钻孔的布置。一个勘察区内布设最初的几个定位孔总是很困难的，因为这关系到勘察学家如何看待该阶段的勘察工作，以最大限度地表现其真实价值。

　　为了以最高效率来确定潜在矿体的大小和形态，钻孔通常应布设在矿化范围的交会部位，倾角应尽可能接近90°。如果预期矿化体成板状陡倾斜，那么理想的验证钻孔就应该沿矿化体倾向的反方向布设斜孔。如果矿化体的倾向不确定（这会常常遇到，如在露头较差地区钻探或验证地表地球物理或地球化学异常等），那么至少应该设计两个交会于异常体之下反方向的钻孔，以确保靶区能够被穿透。平缓型矿化体（如近代砂矿、原生矿化体的表生富集带、席状交代型矿床等），最好用直孔来检验。当然，钻孔布设未必就只有一种考量。钻孔通常布设在能够打到矿化的交会部位，其深度以能够预期获得好的岩心或回返的切割岩屑为宜。若目标是原生矿化体，那钻孔就要打在预计的氧化带以下。

　　网脉状或浸染状脉型等矿床，通常沿着矿脉边界整体开采，矿床所包含的无矿或低品位围岩可能对布设钻孔造成特殊问题。矿化带边界限定了矿化体大小和矿石量，而矿化体中的成矿构造却控制了品位的分布，这些成矿构造未必就与整体矿化带的边界平行。对这种矿床来说，钻探最好评估整体品位，但这样可能对确定矿石量不太有效。然而，对于初步勘察钻探而言，最初的几个钻孔，其通常目的是放在考察品位上，而非矿石储量上。

　　一旦钻孔打到潜在矿化体（通常被称为"踩到矿上"），就应在第一个打到矿体钻孔的外围布设外延钻孔以查明矿化的延伸情况。对陡倾板状矿体最高效的钻探采样方式是，在钻孔剖面上布设交错排列的深浅孔。然而，此时最初的几个钻孔（发现矿化之后的钻孔，简称"后发现孔"）位置的选择取决于对该矿床大小和形态预测的信心，当然，也取决于所寻找目标的最小值。由于矿化体潜在的水平延伸通常比其潜在的垂向延伸更容易摸清，因此，初步的几个"后发现"钻孔绝大多数情况下应沿着发现孔的走向（沿矿体的走向）（规则网格间距为40m或50m），并预计在类似深度上打到矿体。一旦沿着矿化体走向具有重大延伸得到证实，那么在钻孔剖面上就可以布设更深的钻孔。

　　次生脉型或内生富矿脉型矿床产于原始矿床经过断层活动中断裂流体的集中膨胀带。因此，在膨胀带中高品位矿脉就趋向具有相同的形态和产状。断裂膨胀带的单个矿化体一般拉长成铅笔状，单个被拉长的矿体被称为"富矿柱"（Ore Shoot）。若富矿体的长轴在断层面上侧伏角度较缓，那么在地表矿化点或初始见矿孔的下方布设的钻孔就很有可能打在矿体下方而错过它。若富矿体陡倾，那么沿初始见矿孔的走向方向布设的钻孔也很有可能打在富矿体外围。显然，预测这种富矿体的倾斜产状至关重要。我们该如何做呢？答案就在于要弄清楚是什么控制矿脉断裂构造的性质。

　　膨胀矿化带的形状和产状受断层的应力情况控制。关于断裂的应力/形变关系的详细理论阐述超出了本书范围，但可以从许多经典教科书及出版的刊物中找到。然而，对于勘察地质学家来说，以下简短概述在预测高品位次生富矿体的产状时是十分有用的。

　　E.M.Anderson指出，绝大多数断裂形成于地壳上部几千米范围内，其主应力方向平行或者垂直于地表。这就产生3种基本断层类型，即安德森（Andersonian）断层。它们是正断层、逆掩断层（或逆断层）和走滑断层。正断层是最普通的一种断层，形成于地壳上部几千米，陡倾，但往深部倾向变缓。在正断层中，位移的方向——运动或滑移矢量——沿断层倾向使得断层活动对地壳造成水平拉张。逆断层倾斜较缓，位移矢量沿断层倾向使得断层活动对地壳造成水平挤压或缩短。走滑断层为垂直方向或陡倾，位移矢量沿着断层的走向。断层面上的位移被称为左行（左旋）或右行（右旋）。膨胀带即形成于断层活动中的强烈拉长区，其长轴平行于断层面，并与断层活动方向呈高角度相交。

实际中，我们怎么知道面对的是哪种类型的断层？为区分正断层、逆断层或走滑断层，需要弄清楚断层的产状、断层的运动矢量方向。运动矢量可以通过断层两侧标志层的位移（通过野外填图或钻孔解译）及观察露头或钻孔中有关运动指示标志来确定。

一旦我们明确或排除与次生矿化有关的断层类型，我们就可以利用以下主要原则来预测断裂带中或其附近高品位富矿体可能的产状。

（1）在正断层中，膨胀带（富矿体）的长轴趋向于亚水平，而且在断层里面的矿体倾向比断层其余部分更陡峭，或者陡倾切过主断层或在主断层附近。断层产状的局部弯曲被称为"张性齿"。对这种断裂，在最初见矿孔之后，应该沿着见矿孔走向布设新钻孔，以求在相同深度上穿透目标矿体。

（2）对逆断层，膨胀带的主延伸方向（长轴）趋向于亚水平，而且在断层里面的部分其倾向比主断层面更缓，或者缓倾切过主断层或在主断层附近。对这种断层，在见矿孔之后，新钻孔应沿其走向布设，控制相同深度。

（3）对走滑断层，膨胀带长轴趋向于陡倾。对左行走滑位移，单个膨胀带存在于断层地表形迹中的任何左阶弯曲。对右行走滑位移，单个膨胀带存在于断层走向形迹中的任何右阶弯曲。在这两种情况下，见矿孔之后，新钻孔应布设在相同剖面上的更深位置。

二、钻探剖面

一旦矿化带（潜在矿体）被发现，且大致查明其形态和产状之后，那就需要后续的加密钻孔来详细圈定。每个钻孔提供一个穿透矿化体的一维（线性）样品。勘察地质学家要面对的问题是如何利用这种有限的数据来制造一个三维模型，并区分矿化体和围岩。我们的大脑并不十分善于构想复杂的三维形状及其关系（尽管优秀的采矿工程师和勘察地质学家在这方面比其他大多数人做得更好）。解决该困难的最好方法就是在一系列垂直剖面上集中布置钻孔。因此，每个剖面上就会有相对较密集的数据以方便进一步解译。钻探剖面为横穿矿化体的二维切面，一系列平行的这种剖面可以组合成一个三维模型。以前，剖面解译图通常画在透明纸上，然后组合在一起装进一个框架内，以得到一个整体性视图。如今，矿山软件可以数字化解译剖面并直接生成矿体和岩体的可视三维实体图，并且可以在显示器上以任何角度旋转视图。虽然这些软件能够极优地表达解译结果，但这其中的关键解译步骤仍然是对二维钻探剖面的人工解译。

当实际的钻孔偏离钻探剖面时，采样和岩性信息可以正交投影到钻探剖面上（与剖面呈直角投影）。这种投影通常可以利用矿山/勘察软件程序来完成。在这些软件程序里可能要指定待投影数据的剖面"窗口"宽度。显然，如果钻孔并不垂直于成矿要素的走向，正交投影后就可能会扭曲真实剖面关系——这就进一步恶化了数据在剖面上的投影，剖面"窗口"会变宽。

第三节　回旋冲击钻探

在回旋冲击钻探中，有多种钻头或刀片安装在旋转的钻杆根部以切割岩石。冲击或撞击动作结合凿形钻头可用于穿透坚硬岩层。沿钻杆向钻头方向向下泵入高压空气，一方面润滑切割面，另一方面又将破碎的岩石（切割碎料）反吹到地表。切割碎料由破碎的岩石碎块组成，粒度从粉砂（岩粉）到直径3cm的岩屑。标准的冲击回旋钻探中，破碎岩屑沿着钻杆和钻孔壁之间的狭小空间到达地面。在矿产勘察项目中，全部岩屑到达地表后，被收集在一个被称为"气旋分离器"的大容器中。

小型回旋冲击钻探按照自身的标准采取率将岩屑回收地表，这种钻机被称为"旋转空气爆破钻探"（RAB钻探）。市面上已出现一些非常轻便的电动冲击钻探，能够手持，并且能在十分偏远或交通不便的地方使用。

反循环（RC）钻探是回旋冲击钻探的一种，它将切割面处的破碎岩屑装入钻杆内独立的管道中运至地表（该系统被称为"双管反循环钻探"）。

一、反循环（RC）钻探

在双管反循环（RC）钻探中，压缩空气沿着内管外壁和钻杆内壁之间的环形空间向下传送至钻头，然后夹裹着切割岩屑沿内管返回地面。切割岩屑在钻头后面穿过一个被称为"转换接头"的特殊开口进入内管。由于这种技术在常规的"开放式"回旋冲击钻探（包括RAB钻探中掉转空气行进方向，故称之为"反循环（RC）钻探"。反循环（RC）钻探流程避免了样品在上升过程中有钻孔侧壁的碎块物质混入而造成的污染，因此能够间接提供井下精确的原位样品。显然，这具有极高价值，特别是在金矿勘察区的钻探——少量的污染就可能造成巨大错误。

在给定进尺内要尽可能多地收集岩屑样品，这十分重要。为此，钻工要做到三点：第一，孔口要密封防止泄漏，以确保空气携裹样品沿钻杆回返至钻杆内管顶部进入接收器；第二，钻工要在每个回次（通常1～2m）之后，继续施加高压空气，待钻杆内管的全部岩屑清空之后，进入下一个回次，该步骤被称为"回吹"；第三，在钻机头部，全部切割岩屑进入一个大体积容器（气旋分离器）中，该容器要能够沉降绝大部分细小颗粒，否则这些样品颗粒就会被排放的空气吹走。

（一）地质编录

一个钻探项目中的钻孔即便已经提前设计好，但当把每个钻孔信息加入地质解译中，这样做下来就可能需要依次调整钻孔设计深度，以及后续的钻探位置。为了高效地使用一台RC钻探设备，地质学家必须在现场决策孔深和随后的孔位，而这只有在钻探的过程中实时进行地质编录和解译才可能做到。然而，对钻孔进行简单的编录通常是不够的，为充分理解其地质结果，应将钻孔信息投影到剖面图上，并在野外作出初步解译。RC钻探与大多数RAB钻探不同，前者速度相对较慢，通常会有足够多的时间供地质人员进行编录和投影，并解析其结果。为方便起见，在钻探之前就应画好钻孔剖面图。该剖面在显示所实施钻孔外，还要包含其他所有与该剖面有关的地质、地球化学和地球物理信息，还要包括以往钻孔的结果。该步骤与下一章要讲的金刚石钻探岩心的编录十分类似。与金刚石钻探相比，尽管留给RC钻孔的编录时间相对较短，但由于RC钻探是对切割岩屑进行编录，其信息量有限，因此RC钻探地质观察记录相对简单，不像金刚石钻探编录那么详细。

观察记录和分析解译是交互进行的，它们二者相互依赖。对钻探岩屑编录的鉴别特征取决于演化的地质模型。对这些岩屑的观察记录，要特别留意那些能够连接相邻钻孔或钻孔和地表之间的地质特征。只有高度意识到细节特征的重要性，才能够从钻探岩屑中发现那些更加细微的特性和变化。

RC钻探回收上来的破碎岩屑，其粒径从粉砂到数厘米的棱角状碎屑物都有。通过这些可以确立一个从上往下简单的钻孔岩性剖面。常用的方法是地质人员从每个回次（1～2m）的岩屑中取出一小拢，用一桶水和一个粗目的筛子（孔径2mm）清洗，分离出较大的颗粒。之后，对这些洗净的岩屑进行鉴定、编录，填入编录表格，作为对这个回次的描述。这看起来简单，但在实际操作中，一些小岩石碎片是很难辨认的。此外，筛子上回收的较大岩石碎块可能只代表了该回次进尺的一部分，通常是该回次中较硬的岩层部分。

在岩石鉴定中使用放大镜是必要的。但为了充分识别，对细粒岩石样品可能需要使用反射双筒显微镜，其放大倍数至少要达到50倍。在野外，车内配置个简单的双筒显微镜对编录来说是非常有帮助的，因此强烈推荐地质学家配备。

由于编录是对切割岩屑按回次一米一米地进行描述，因此，只要有行、列的编录表格，就可以记录数据，这种被称为分析型电子编录表格，"行"表示进尺截距，"列"表示所有对该项目有重要影响的特殊属性。最好能记录下岩屑的观察特征（如矿物组成、粒度、颜色、结构、构造等），而不是只简单地记录一个岩石名称，这种归纳性的描述（如变质玄武岩、斑岩、杂砂岩等）可以另起一列记录下来。

详细的岩石描述只局限于对钻孔中获得的较大碎块。由于这些碎块只代表钻探剖面中较坚硬的部分，因此需要有单独一列来记录淘洗后碎料和细小粉粒的估算比例，这是很重要的。因此，在淘洗一个回次后的粗料中有50%的石英脉碎块，而全部回收的切割碎料中有50%的细小粉粒，那么，实际上石英脉在这个回次进尺中只占25%。

编录所用电子表格可以很方便地用标准软件程序（如Excel）来制作。观察记录可以在钻探现场直接输入笔记本电脑或掌上电脑，每个描述种类的全部可能观察内容可以事先按照一定的条形码打印到标准数据簿上。通过条形码阅读器输入数据既快又方便。每天结束，或者项目结束时，可以将编录数据从野外笔记本电脑下载到台式机上储存起来，然后再选择一款商业勘察数据软件来进行数据处理，并对其剖面投影。然而，需要强调的是，尽管通过这种电子化方式可以轻松记录数据，但仍需要地质人员在钻探的过程中用人工将该钻孔的地质信息投影到剖面图上，如前所述。

在钻探的过程中，RC钻孔的方位和倾角都可能会出现较大的偏移。因此，对定位矿体的钻孔，当钻探深度超过50m时需要对其进行测斜。

（二）切割碎屑的陈列和储存

将筛洗过的钻探岩屑放入隔槽式塑料盒永久保存，以方便以后的检验工作。

除此之外，一个常用的好办法是在孔口旁边铺一张塑料席（或大样品袋），将整个钻孔淘洗后的碎块样品铺展其上。整个孔的岩性序列就可以一览无余，并能很容易地看出孔内的变化情况。在钻探项目中，按照这种方法陈列碎料样品，对比矿化交会部位和建立相邻钻孔的相互关系就变得更加容易。

对地质环境具有代表性的特殊钻孔，淘洗的碎屑可以按照相应标签贴在一个合适的岩屑板上。用这种方法，可以很方便地将其带到现场，并作为随后编录的参照。岩屑板对钻探成果的交流也具有重要作用，可以帮助训练新来的地质人员，在项目中具有统一的地质描述。

（三）采样

将每个回次的全部样品岩屑，利用气旋分离器收集到一个聚乙烯（或聚丙烯）材质的大袋子中。尽量小心谨慎，但通常不可能一点样品都不损失，比如细小粉尘或泥浆。

相反，在某些情况下，由于钻孔可能在地下局部崩落过多而导致一些回次采取的样品量大于预期。这种情况确实影响了该进尺段化验结果的有效性，然而，这对预查钻探来说并没有太大影响。但显然，这种情况对任何矿化带的钻探来说都是一个严重的问题。在详细钻探中，当怀疑出现样品损失（或增加）时，应对每米进尺的总碎屑进行例行称重，并记录到编录表格中。对具有损失或显著增加的回次样品，其化验结果应格外注意。

每米进尺的岩屑重量通常为25～30kg。外业应对岩屑进行有代表性的分离，以便采样化验。岩屑采样通常有两种方法，此外还需要采样核查，具体如下：

1.管式采样法

将袋子转动、搅拌，使其中的岩屑经过充分混合。然后从袋中采集样品：用一根长约80cm、内径约6cm的塑料管，一端切成锐角。将袋子向一侧倾斜，然后纵向插入塑料管并用力转动（注意不要将袋子戳穿）。如此，沿平行袋子长轴方向收集三管样品，再沿袋子对角线方向收集两管样品。然后将这五管样品合并为一个样品，送样化验。在采集一个完整的组合样品后，用抹布将管子内外彻底清理干净。

2.分离器采样法

分离器可以最高效地分离样品，但其流程比上述管式采样法更费时费工一些。同时，在收集每个样品之后有效地清理多级分离器也是一件很枯燥的工作，特别是当样品比较潮湿的时候。最高效的方法是用高压气枪来清理每次采样之后的分离器（如果可以从钻机上获得的话）。对矿化带的精确采样，特别是对可能存在颗粒金效应的金矿区，必须使用分离器采样。

3.采样核查

为有效地对采样和化验误差/错误进行定量分析，建议使用例行的重复样和标准样。送化验室的每20个样品中，至少要有1个重复样和1个标准样（其金属含量是已知的，品位在一定的规定范围内）。这种针对不同元素具有多种化验范围的标准样品，在市场上可以购买到。

（四）地下水位以下的采样

RC钻探的钻杆可以在地下水位以下收集样品，但水位不能太高。当然，也无法避免地对样品有一定的污染。在这种情况下，当涉及详细钻探计算储量时不应使用RC钻探。

对地下水位以下的钻探，需要使用大型设备配以更高的空压系统，并且需要密封且使用"正面采样钻头"。由于采取的样品是湿的，所以通常无法立即分离送样化验。建议将样品收集在一个大的棉质袋或聚丙烯编织袋中（尺寸如80cm×50cm），敞口放置。待干燥三四天后，绝大部分水分已经蒸发掉，然后就可以利用管式采样法进行采样。在存在较多水分的情况下，可能就需要将回收的泥浆样品装入较大的塑料桶中（可以用1001型垃圾桶）放置。可以通过添加絮凝剂来加速细颗粒的沉淀。这一步骤是十分枯燥的，但这也是为了能够采集到样品。在这种情况下，除非用金刚石钻探来代替，所以是否采用RC钻探有时候需要全面考虑。

为评估地下水位以下的矿化情况，一个可取的方法是利用金刚石钻探，比如在RC钻孔的底部改用金刚石钻探继续钻进。

（五）钻孔封口和做好标记

钻探项目结束时，需要将所有钻孔进行密封并做好永久性标记。特别是对大口径RC钻孔来说，密封格外重要。密封的目的是避免杂物和碎石滚入孔中（因为以后可能还会回来继续钻探），并避免动物陷入而受伤。设立显眼的永久性标记可以方便以后找到和识别，这种标记即便许多年后也应该依然醒目。RC钻孔的封孔及标记方法与金刚石钻孔相同。

二、空气岩心钻探

空气岩心钻探是一种特殊的RC钻探方法，它是用一个较小的环形钻头来切割出完整的岩心，多用于相对较软或易破碎的岩石。将钻头切割出的短的岩心段收集起来，并与破碎岩屑一起进入钻杆，按照标准RC钻探方式回收。该系统通常能够穿透柔软的黏土层并获得岩心，而普通钻头刃可能会受阻于这种黏土层。

三、回旋空气爆破（RAB）钻探

（一）钻探技术

RAB钻探是一种轻便的回旋冲击钻，能够用卡车运载。RAB钻探向钻杆中心往下泵入压缩空气将切割岩屑运至地表回收。岩屑到达地表从钻杆溢出，通常用带有凹槽的托盘收集，当然也可以和一般的RC设备一样用气旋分离器来收集样品。该设备作为一款地球化学采样工具，可用于对风化岩层快速浅孔钻探（深度可达60m）。

为获得高质量的地球化学样品，同时尽可能减小对环境的影响，推荐采用以下基本规程。

（1）钻探人员应确保所用空气压力刚好能够将岩屑运上来又不至于将其吹到空气中；

（2）所用空气需要加湿，以沉降粉尘。

（3）钻探人员应该在每个样品采集完成后立即清理钻杆中的岩屑，可对每段钻杆用反吹的方法清理。

（4）所有钻孔需要在结束时进行封孔，将塑料密封套插入钻孔，然后盖上泥土，夯实，市面上可以买到这种装置。

（二）地质编录

从RAB钻探切割岩屑中可以获取一定量的地质信息，因此需要照例对其编录。由于钻探速度有时会发生变化（当钻进浅孔且钻孔间距较小时，一天超过1000m也并不少见），通常也无法编录得很详细。但是，记录下每个钻孔的风化剖面情况也很重要，可以帮助理解其地球化学意义；同时，对基岩的岩相学鉴定有助于建立地下地质图。因此，至少应该照例记录下每个孔的风化壳垂直剖面和孔底基岩的岩性情况。

对其他类型的钻探，地质人员的编录应尽量跟上钻探进度，尽管可能有时在钻探过程中没有足够的时间来将编录结果投影到平面图或剖面图上，但在钻进过程中及时注意并查明地质情况依然是十分重要的。在某些情况下，在切割岩屑中发现特殊的地质信息，可能会导致钻探项目计划变更或催生一些新的想法。

RAB钻探观察记录与RC钻探编录类似。编录表格制作成"行"表示进尺米数，"列"代表各种需要记录的性质属性。当描绘垂直剖面穿过风化层时，应着重记录切割碎料的颜色、粒度和结构构造。使用Munsell土壤—岩石颜色对照表来科学地表述颜色用语，避免使用主观词汇，诸如"巧克力棕色""砖红色""卡其色"等（毕竟巧克力、砖块、卡其涵盖较大颜色区间）。

切割岩屑的许多属性可以利用简写系统，或者代码和字母来记录。岩屑的定名（若可以做出的话）应单列表示。

编录表格的行和列为空白表格，可以用标准电子空白表格软件自动生成。编录可以在钻探所在地直接输入具有适当防护的笔记本电脑或掌上电脑。数据可利用键盘输入或条形码阅读器输入。当将这些数据下载到较大PC存储器后，就可以利用勘察数据软件来对这些数据进行处理和投影了。

孔底的清洗样品应储存在塑料切割碎料盒中。在钻孔附近将孔中代表性切割料铺展在塑料席上，或将其粘在切割碎料展示板上，可以极大地方便建立不同孔之间的相应关系。若需要的话，可以随后从储存样品处对切割岩屑进行更详细的编录。

（三）采样

过去，通常的采样方法是在贯穿基岩的同时抓取碎屑样品。该方法的弊端是，从孔底收集的样品成矿元素含量可能很低（真正含矿的漏掉了）。但是，对每个进尺都采样往往成本高昂，无法承受。因此，对强风化地区的金矿预查钻探采样，推荐对整个孔进行组合采样。组合采样法充分利用了现代化验方法，可以检测出含金量很低的样品，故可以用该法检测可能存在于风化剖面不同部位上的金和相关指示元素的加强富集。

组合样可以通过捡块采样或管式采样来进行。

在捡块采样中，将每个回次（通常每个回次钻进深度为2m）的切割岩屑依次堆放在地表，然后用一把小泥铲对每个切割屑堆进行采样。将数个回次岩屑堆的样品合并成一个组合样。该方法的主要优点是采样迅速且相对便宜，切割碎料可以直接堆放在地上而不必使用样品袋。捡块采样的主要缺点是，这些岩屑堆要快速地合并和散开，如果碰到下雨，往往很难或无法对该孔进行后续更详细的采样工作。另外，用该方法采样很容易把地表物质混入样品，易造成对钻孔样品的污染。当然，钻孔的切割屑也容易造成对地表样品的污染。考虑到环境因素，一般要确保地表物质不被钻孔样品污染。

另外一种采样方法是把每个回次的切割碎料都装入袋中，然后用管式采样法进行采样。采集RAB钻探切割碎料的组合样品时，将样品管沿对角线方向插入每个切割岩屑袋中，以确保组合样具有最大体积，比如按这个方法从5个切割碎屑袋（每个袋子代表一个回次）中采集的组合样的重量为4～5kg。用这种方式采集组合样，只需要在每个组合样之后清理采样管。管式采样十分迅速，一个训练有素的野外技术人员可以很轻松地跟上RAB钻探进度。

由于组合样的目的是检测风化层岩石中元素的轻微富集情况，因此必须对组合样的化验元素指定较低的检测限【例如，金应在ppb（十亿分之一）量级】。组合样中检测到的任何异常，不管有多低，都应该立即进行分离核查采样，即从储存的切割岩屑塑料袋或地上的切割岩屑堆中对应的每个回次段（2m）进行重新采样。

当利用RAB钻探来验证已知的矿化或明确的异常时，通常钻探穿过矿化带的每个回次进尺（2m）都应该装袋，进行单独采样化验。

为了有效地对采样和化验过程中错误/误差进行定量评价，应该例行重复样和标准样控制。实际中，送往化验室的每批次20个样品中应至少包含1个重复样和1个标准样。

第四节　螺旋钻探

这种钻探系统利用旋转钻杆根部搭载的简单切刃钻头来切割和破碎岩石。随着钻探的进行，可在钻杆顶端不断添加额外的钻杆。破碎岩石的收集可以采用两种方式。一种被称为短管螺旋钻，其原理是将切割碎屑收集到钻头后边的一个小桶中，当装满时就把它提上来倒空。手持式螺旋钻就是一种小型的短管螺旋钻。另外一种被称为麻花螺旋钻，其原理是通过横贯钻索的螺旋起子将破碎岩石运至地表。

动力型螺旋钻探是一种简单的汽油引擎驱动的麻花螺旋钻探，其根部为切刃钻头，整体用小的拖车或卡车运载。由阿基米德（Archimedean）螺旋式起子沿着钻杆将样品提升至地面。一些小型动力螺旋钻也可以手持。矿产勘察所用到的机器很多，从简单的桩穴挖掘机到矿产勘察的专用钻机，它们能够在风化或松散岩层中钻进几米到几十米。

麻花螺旋钻探过程中收集的岩土碎屑物可直接溢出地表，或装入放置于孔口的环形样品收集盒（内有凹槽用来放置样品）。切割碎屑可能被孔壁的物质所污染，而且也很难弄清楚所观察到的特定地质现象或所获得的地球化学样品的精确程度。每个回次之后让机器空转几分钟以清理钻杆，然后再开始下一回次，这样获得的样品更纯一点，但依然可能存在一些污染。当提升钻杆时，钻头及最低螺旋叶片附近的孔底样品就可以收集起来。孔底的切割岩屑相对来说是没有污染的，因此可以作为地球化学样品进行化验。

螺旋钻探是一种快捷、价格便宜、可在浅覆盖区或地表可能被污染的情况下（如矿山尾矿库的下风区）收集地化样品的有效手段，但它不能穿透坚硬固结岩层。手持式螺旋钻探适用于在偏远地区查明水系沉积物地球化学异常的源头，特别对崎岖不平地带或偏远地区山脊和山坡的地球化学采样非常有效。

手持式螺旋钻携带方便，能够采集顶层数米的未固结地表物质。手持螺旋钻探将样品收集在较低叶片上的小桶，然后直接将其提升至地表，因此样品是无污染的，可作为潜在的有效地球化学样品。手持式螺旋钻探只适用于柔软、固结较差的物质，一旦遇到岩石碎块或较多黏土时就要立即停止。

手持式螺旋钻探广泛用于地球化学采样，对于采集浅覆盖层之下的土壤样品，特别是采集崎岖山地、交通不便或雨林地区的土壤样品非常有效。如果土壤太深，手持螺旋钻探无法够到，那么，在力所能及的范围内，至少可以采集地表腐殖质层之下的风化基岩。手持螺旋钻探也广泛用于重砂矿物勘察中的预查阶段。

第六章　金刚石钻探技术

第一节　钻探开始前的准备工作

一、金刚石钻探概述

（一）金刚石钻探的原理

金刚石钻探的原理是，将一个镀有金刚石的环形切割工具（称为钻头）接在空心钻杆旋转套索的根部，随着钻头的钻进将岩石切割成一固态圆柱体（岩心）进入钻杆。钻头用水润滑（有时候用特殊的水/泥浆混合体），沿着钻杆往下向切割面泵入水/泥浆，水/泥浆沿着钻杆和孔壁之间的缝隙返回地表，之后收集在一个池子里，使其中悬浮的细小颗粒能够沉降下来，可以循环用于钻头润滑。

标准的岩心直径为27～85mm。钻头根部连接钻杆外管，在钻进过程中，岩心进入钻杆外管里面的内管（岩心管）。在提取岩心过程中，为了避免切割的岩心脱落，可利用一楔形的套管（称为岩心卡取器）接在岩心管的底部。通常岩心管能装6m长的岩心，能装岩心的长度取决于钻机的型号。当岩心管装满时，暂停钻进，利用一种被称为套管打捞器的特殊装置，一端接上钢丝索，放入钻孔内管。打捞器将岩心管的顶部锁住，钢丝索的拉力可以使岩心卡取器变紧并将钻探根部的岩心抓入岩心管，同时将岩心折断。于是，岩心就随着岩心管，一起被钻杆内管的绳索拉上地表。到达地表后，将岩心从岩心管中取出并放入岩心盒/箱。最好使用对开式岩心管，这种岩心管可以纵向分裂成两半，方便取出岩心，这对较软或破碎严重的岩心特别适合。清空之后，岩心管可放回钻孔，并自动锁在钻头后方，之后可继续钻进。

一个勘察区的金刚石钻探通常包括两个阶段，两个阶段所获取的地质信息是不同的。第一阶段包括初步勘察钻探——确立靶区和靶区钻探勘察阶段。在该阶段，钻探的首要目的是弄清楚勘察区的基本地质情况并对矿化的潜力进行评价，这是普查钻探中最重要的环节。该阶段的地质编录通常也是比较困难的，会碰到许多不熟悉的岩石，也很难从观察到的大量岩心信息特征中确定哪些重要，并且也很难在不同钻孔中找出对应关系。但这些是弄清矿化情况的关键所在，如果没弄清楚成矿机制就有可能会漏掉矿体。因此，在任何普查项目中，钻探的最初几个钻孔，应尽可能多地获取地质信息，地质信息的观察、记录越详细越好。作为一个一般性规定，当编录矿化岩心时，地质人员每小时对岩心的平均编录不应超过5m，并随时做好反复对每段岩心核查、推敲的准备。

第二阶段的钻探在确定具有存在矿体的巨大潜力之后进行，称为资源量圈定和估算钻探，其主要目的是确立矿床的经济指标（如品位、矿石量）和工程参数。若一个项目到达这一阶段（通常大多数项目是达不到的），那么主要的地质问题应该已经解决了，地质人员也就跨过了"学习曲线"上最陡的部分。在资源量估算钻探中，通常岩心的测量费用会有所增加，此时要求快速、准确地收集和记录大量的标准化数据。

（二）金刚石钻头在矿山地质钻探中的发展趋势

1.金刚石钻头在矿山地质钻探的发展现状

地球科学勘探需要一种新型的钻头进行深部钻探。为了揭开大陆演化之谜，寻找资源非常重要，与此同时，也要保护地球环境，减少因为深部钻探造成的灾害，因此，有必要开展两种钻探工程，分别是地球深部勘探工程和大陆深部科学钻探工程。通过不同方向对地球内部进行观察，一是针对深部动力学，进行深孔工作对研究地壳板块汇聚边界起到一定帮助，二是针对油气资源以及火山地热资源等展开地质以及其他预研究。这些地质研究需要依赖于重要矿产资源集聚区，并将其中的各种成矿背景、条件互相结合，形成预研究的基础条件。因此，需要进行大规模的地质调查、测绘和科学选址，这些都离不开钻头技术的发展。

金刚石钻头是不同于牙轮钻头的另一类矿井破岩工具。最初，人们以天然金刚石为切削元件制作打炮眼和挖掘隧道的工具。早期的金刚石钻头是将天然金刚石冷镶在低碳钢上的。由于天然金刚石来源有限，价格昂贵，加之本身尺寸、性能方面的原因以及当时落后的制造工艺，大大限制了金刚石钻头在矿井钻探工业中的应用。随着粉末冶金技术的发展，出现了采用烧结碳化钨作为钻头体的胎体式金刚石钻头。这种技术的出现使金刚石钻头的制造水平大大提高。胎体式金刚石钻头具有耐冲蚀、耐磨损的特点，具有良好的使用性能，其制造工艺也不复杂，因此一经出现就迅速推广开来。

人造聚晶金刚石的研制成功，对金刚石钻头技术的发展起了巨大的推动作用。现场使用证明，软到中等硬度地层钻井用PDC（Polycrystalline Diamond Compact bit），钻头具有机械钻速高、进尺多、寿命长、工作平稳、井下事故少、井身质量好等优点。在矿山地质钻探工业中合理使用金刚石钻头可以大大缩短建井周期，降低矿井钻探成本，提高矿井经济效益。

2.矿井硬矿钻头的发展历程

目前，矿井钻探逐步由浅部地层向深部地层过渡，钻井深度越深，钻探难度越大，井深与钻探开发的难易程度密切相关。具体来说，深部地层钻探，会导致矿井压力增大，矿井钻探底层岩石可钻性逐渐降低，钻探难度越来越大。深部地层工况复杂，钻探效率低下，钻头技术亟须提升。

根据矿井硬矿层的特点，对矿井硬矿钻头进行详细研究，进一步提高胎体合金化程度。通过对胎体预合金粉进行研制使各种金属元素蕴含在合金化胎体粉末中。然后通过对粉末的进一步研制，在不断研究中将粉末已经提炼到微米级别，并注意观察粉末结构的展现方式，经研究观察，最终以开口状呈现出来，但烧结活性较高，烧结温度与烧结活性性能相反，温度偏低，以此达到保护金刚石强度的目的。PDC金刚石钻头结构进一步优化，金刚石地质钻头分为两种结构，分别是表镶金刚石钻头与孕镶金刚石钻头两种结构，需要将这两种结构有机结合起来。

3.坚硬致密矿层主要特征

坚硬致密矿层蕴含的石英含量较高，其中矿石的造矿物也有高硬度的特点，与其他物质相比，坚硬致密矿层的抗压性能比较强，其他物质的结构没有坚硬致密矿层严密，其颗粒比较粗糙，所以抗压性不如坚硬致密矿层。坚硬致密矿层的结构紧密，颗粒间的结合力较强，具有高抗压性，这也是坚硬致密矿层的主要特点，但其缺点是研磨性差，致使金刚石钻头在钻探时容易发生打滑现象，阻碍了钻探工作的进一步开展。

4.地质钻探金刚石钻头的对策

针对坚硬致密的矿层，需要对钻头性能进一步优化，比如优化钻头结构、水力设计以及胎体配方等。在金刚石钻头的中心位置布置复合片，可有效避免钻头在使用过程中心部环磨，影响钻头使用寿命。在金刚石钻头水力设计方面提出了流体漫流理论，在靠近和远离钻头心部各布置一个喷嘴，形成良好的漫流效果，为致密研磨矿层提供更好的冷却和返削能力。针对孕镶金刚石钻头进行分析研究，可以在胎体内部添加其他材料，从而达到提高胎体抗弯强度的目的，添加材料时可以选择稀土材料，使其抗冲击程度与钻头设备韧性两方面能力得到大幅提升，从而延长金刚石钻头的使用寿命。

（三）金刚石钻探技术的应用优势

1.金刚石钻探技术的应用优势

相较于普通的钻探技术，金刚石钻探技术在应用中具备了以下优势：第一，用途十分广泛，调整钻头参数后可以成功钻进各种不同的中硬、硬、极硬、弱至强研磨性岩层，也可以钻进破碎、层状、交互层后不产生损伤。第二，转速较快，甚至在转速低到500r/min时，在一些地质情况下，也能取得满意的钻进效果。第三，此类钻探属于自锐式钻头，在使用过程中保持"恒钻速"，对个别金刚石粒的内在损伤，其影响性不会像表镶钻头那样明显。第四，在应用中也可以承受无经验钻探工人操作不当带来的影响，在钻硬岩层时钻头寿命一般比表镶钻头长，具备更强的推广价值。

2.金刚石钻探技术应用流程分析

（1）钻头的合理选择。在技术应用过程中，金刚石钻头选择结果的合理性，将直接影响到取芯质量的合规性。在具体的选择中，也需要注意以下内容：第一，确保所选钻头的钻进速度，基于以往应用经验，钻头钻进速度越快，所得到的取芯质量也越高。因此进行钻头选择时，需要在确保质量的基础上，筛选转速兼容性强的钻头，以满足钻进要求。第二，做好钻头寿命的合理选择，通常情况下，应尽量选择使用寿命较强的钻头，以减少钻头成本支出。例如，目前在很多矿区使用的电镀金刚石钻头，该钻头的金刚石目数在60~80，金刚石浓度为100%，金刚石胎体硬度超过35，以满足后续的钻探要求。

（2）进行钻孔放样。为获取更加完整的钻探数据，也需要做好钻孔放样工作，以满足后续钻孔活动的开展要求。从实践情况来看，应注意以下内容：第一，做好作业区域基础资料的整理工作，包括自然环境、以往历史资料、踏勘资料等，根据资料整理结果来拟订恰当的设计方案，在方案中明确钻孔位置、钻孔深度等参数，校核其合理性之后，进入测量放样环节。第二，利用全站仪、GPS测量仪来完成钻孔放样，所有放样点都需要进行编号、标记，并且在工作结束后，也需要及时展开后续的校核工作，等待校核结果满足质量要求后，进入下一作业环节。

（3）钻具安装及调试。完成上述工作内容后，进入钻具安装及调试阶段。在该环节作业期间，也需注意以下几点：第一，根据所选的钻头参数，对于相匹配的钻具进行选择，拟订可靠的钻具采购计划，在计划中明确钻具规格、钻具功率、钻具尺寸等，严格按要求进行钻具采购，以确保钻具采购质量的合规性。第二，在钻具进场前也需要再次进行质量校核，等待其满足要求后，按要求对钻具进行安装，做好各个安装节点质量的检查，待上一节点质量满足要求后，再进入下一节点安装。等待所有钻具安装工作结束后，也需按要求对其进行调试，待其满足要求后进入钻进环节。

（4）钻进参数控制。在钻头钻进过程中，也需要做好钻进参数的控制工作。从实际应用情况来看，应注意以下几点：①在正式下钻之后，需要使用较大的泵量进行冲孔，随后缓慢降低泵量，确保钻进过程的顺畅性，提高所获取岩芯的质量。②回次进尺参数应调控在0.7~1.2m，如果出现了堵芯的问题，也需要及时进行起钻，待问题解决后再进入下一作业环节。③起钻、下钻速度应控制在较低速度，这样也可以防止孔内出现较大抽吸问题，提高孔壁自身的稳固性。④在正常钻进时，不能随意调整钻进参数，其间也不能随便提起钻具，避免岩芯出现堵塞的问题。

（5）做好后期工作。完成上述工作内容后，进入后期工作阶段，在具体实践中也需注意以下几点：第一，在采集到的初始资料需直接提交给委托方，随后将应用到的施工设备运离施工现场，按要求对施工现场进行整理，确保现场表层的整洁度，以确保下一作业活动的顺利进行。第二，完成这一类工作之后，进入封孔工序，选择恰当的封孔材料填充到钻孔当中，其间需要做好封孔过程中的督查和检查工作，也需要做好封孔过程的记录工作，以提升封孔质量的合规性，为后续作业活动的顺利进行奠定基础。

3.金刚石钻探技术应用时的注意事项

（1）组建高水平钻探队伍。通过组建高水平钻探队伍，有利于钻探活动的顺利展开，提高作业结果的准确性。在具体实践中，第一，适当提高钻探人员的筛选门槛，优选专业水平高、实操能力强、学习能力强的人员，来组建钻探队伍。从年龄结构来看，应优先选择30岁以下的钻探人员，提升队伍年龄结构的稳定性。第二，在钻探人员日常工作中，需要做好相应的培训活动，除常规理论和实践课程外，也需要加强应急事件处理方案培训，这样可以在出现突发问题后及时作出处理，降低突发问题带来的负面影响。

（2）做好钻探原始记录。通过做好钻探原始记录，可以为后续管理活动的顺利开展提供参考，以提高整理数据的使用价值。从实践情况来看，需要注意以下几点：第一，在钻探过程中需要做好相应的记录工作，并且对于记录格式、记录要求进行统一，以便后续整理活动的顺利展开。而且对于获取到的钻探数据，需要及时做好校核，及时替换错误、重复的数据，以提高记录数据的准确性。第二，在录入系统中时，需要对记录内容进行再次校核，确定没有问题后再进行录入整理。此过程中会利用到大数据技术、信息技术辅助整理，建立相应的数据库，从而提高整理结果的合理性，以满足相应的使用需求。

（3）加强设备养护工作。通过加强设备养护工作，能够延长设备的使用年限，满足后续作业活动的相关需求。在具体实践中，需要注意以下几点：第一，对于设备基础参数进行整理，包括设备类型、生命周期、服役时间，以此为基础来拟订恰当的设备养护计划，在养护计划中细化金刚石钻具的养护内容、养护要求、养护检验标准等，从而提高设备养护计划的针对性。第二，在设备养护计划的应用中，需要及时采集反馈数据，根据数据整理结果，动态调整设备养护计划，提高养护计划的适用性和时效性。

二、术语定义

非垂直孔（通常称为"斜孔"）的方位角是指钻探的水平投影方向，通常用罗盘的指向方位表示。

钻孔的倾角是指钻孔与水平面之间的夹角，需要在垂直剖面上测量。如果钻孔是从水平面往下打，倾角为负数；反之，如果钻孔是从水平面往上打，则倾角为正数。由于地表钻孔的孔口几乎总是角度向下，所以负号通常被省略了。但是，当进行坑道钻探时，就要加上正负号的前缀，这是很重要的，因为坑道钻孔的角度可上可下、灵活多变。

钻孔剖面图是反映施工钻孔的垂直剖面，尽管（勘探线上）所有的孔都设计在同一垂直剖面上，但实际钻探过程中有些钻孔可能会偏离该垂直剖面。

钻孔偏离是指在钻探过程中钻孔偏离最初的方位和倾角的程度。钻探人员利用许多技术来控制钻孔的偏离方向和偏离程度。有关该过程的详细讨论——称为钻孔偏差控制——可以参考标准钻探手册。

岩心轴（Core Axist，CA），有时候称为岩心长轴（Long Core Axis，LCA），是横穿圆柱状岩心中心的假想轴线。钻孔定位是指在孔内一定位置点处进行孔下测量来确定岩心轴的准确方位和倾角。这种测量可以查明钻孔偏离初始方位和倾角的程度，一般超过50m深的钻孔都应进行这种测量。

孔下测量只能够部分定位从钻孔中采取的岩心。在确定岩心轴的产状之后，从钻孔取出的岩心可能会发生一些不可测的旋转。因此，对一小段岩心进行完全定位，需要弄清楚所采取岩心上某点的原始产状。为此，在地下的岩心未折断拉升至地表以前，需要通过某种方式在岩心上记录一个相对岩心轴已知点的位置，这种测量称为岩心定位测量。如果测量成功，就可获得定位的岩心。

三、准备工作

在对一勘察区进行任何第一阶段钻探之前，需要进行以下步骤：

（1）在钻探开始之前对钻孔周边的地表露头进行地质填图，比例尺越大、越详细越好（1：1000或更大）。在理想情况下，钻孔岩心编录和地表填图的比例尺要能够对应起来，但由于在地表获得的地质信息的密度相对较低，这就意味着地表地质图的比例尺通常会小一点。

（2）沿设计钻孔画一张地质剖面图。若地表地形起伏较大，要想在剖面图上显示出来，其高程精度至少为1m。如果已有的地形数据精度不够，就要为该剖面线进行专门的地形测量。

（3）将设计钻孔的迹线（包括该剖面上的已有钻孔迹线），与该剖面有关的全部已知地表地质信息、地球物理和地球化学数据，全部标注到剖面图上。如果需要，可以将这些数据沿走向投影，这样全部数据就都落到该剖面图上了。

（4）从剖面图上预测出钻孔中出现重要地质信息的预期部位。

第二节　金刚石钻探钻孔的布设

在布设金刚石钻探钻孔时，最重要的是要将钻机布置在指定位置，并调整好精确的方位角和倾角。建议按照以下步骤来确保钻孔布设的成功完成：

（1）在孔口的大概位置布一个桩或插上彩旗。

（2）用推土机（需要的话）平整机台，并挖一个泥浆池（供泥浆循环使用）。机台场地应整出一个平坦的、边长15～20m的四方形平台。

（3）若早先布的孔口桩标已经毁坏，那就用一个新桩来重新标示孔口。此时1m范围内钻孔的具体位置并不十分重要，重要的是在钻孔打完之后，要按照指定的精度测量出钻孔的准确位置。

（4）在该桩上标注孔号及设计的方位角、倾角。

（5）在设计孔两侧沿其方位20～50m范围内布设前视桩和后视桩。钻探人员将按照这些桩标来摆放钻机，确保他们明白哪边是前视桩、哪边是后视桩。

（6）在钻机摆放好后，开钻之前须分别用罗盘和测斜器核查其方位角和倾角。

第三节　地质观察记录

在理想情况下，观察岩心应在明亮的自然光下进行。太阳光线太强时，编录可以在遮阴布下进行。如果在室外编录时天气太冷或太潮湿，可以考虑在室内编录，最好找一个大的、有向阳窗户的房间，若没有这种条件，可以在头顶安装强光灯来代替。编录时将岩心箱（盒）放在适当高度的架子上，从钻孔中提取岩心时要把上边的全部油污、泥土清洗干净。岩心上的特征有些打湿了观察更方便，而有些干的时候观察比较方便。在水管上接上可拆卸的喷头可以很方便地打湿岩心，若没有自来水管，可以用喷壶或水桶配刷子来打湿岩心。在编录过程中，手头要备有足够的吸水抹布用来擦手，因为手经常要反复拿起、放下又湿又脏的岩心，同时要将数据填入编录表格或通过键盘输入电脑。

做好岩心编录的准备工作之后，观察岩心通常所碰到的第一个问题就是，观察到的细节信息太多，很难将其中的主要特征和接触界限勾画出来。换句话说，就是很难区分树木和森林。为此，一个好办法是在钻探的过程中对整个孔的岩心做一个最初的整体性概要编录。这种对岩心的整体"扫描"可以即时弄清楚一些根本性问题，比如是否存在矿化，若有，应立即标注位置以便采样化验。同时，概要编录应分出其中的主要界限和主要构造，以为后续的详细编录做好准备。

大多数地质学家都喜欢将详细的岩性、构造、矿化、蚀变等信息分开来编录（这样更容易一些），而不是同时进行所有这些不同特征的观察记录。如果将编录过程流程化，例如，测量岩心采取率、每米岩心段的标注及复原岩心定位标记的工作由经验丰富的野外技工来完成，那么地质人员的工作就会更加容易一些。

在钻探过程中，不时要做出重要决策，例如，加深或终止钻孔、布置下一个钻孔位置等。因此，岩心编录应越详细越好，并随时将编录投到钻孔剖面上，作为评估钻探进度的重要日常依据。如果时间允许的话，编录应尽可能详细。在某些时候，比如有新的思路、要弄清两个孔之间的对应关系时，需要对岩心翻来覆去编录很多次。毫无疑问，在钻孔之外仍然有许多矿体等着我们去发现。

第四节　岩心中构造的识别和解译

一、问题的提出

对较大的构造，将岩心盒扫一遍就可以观察到，但对那些比较细小的构造，就必须把岩心从岩心盒中取出，对着光线倾斜旋转才能识别。在观察构造时，要把岩心放在手里进行大致的定向，之后才能把该构造的产状做一个定性判断。

地质学家对那些出露到（相对）较平的表面——诸如露头、地质图、剖面图或构造地质学教科书上的示意图——上的岩石构造很熟悉，但相同的构造出现在钻探岩心的圆柱体表面却往往很难识别。钻探岩心的另外一个根本性问题是尺度，当面对只有数厘米跨度的岩心时，是很难看出大构造来的，即便构造只有一两米，也是很难看出来的。

二、面状构造

面状构造的轨迹（如层理面、解理、节理或矿脉）在钻探岩心的圆柱状表面上会呈现出椭圆形轮廓，这被称为交会椭圆。任何椭圆都可以用相互垂直的长轴和短轴来表达。

在岩心表面将交会椭圆的长轴端点，即椭圆拐点（最大曲率点）标示出来。如果是一组紧密排列的平行面，比如规则层理或穿透性解理被切交，那可以沿着岩心长度方向将每个面的拐点连接成一条线，该直线被称为该组平面的回曲线。交会椭圆长轴和岩心轴的精确夹角被称为α角。与岩心的交会面越倾斜，交会椭圆就越扁，而且更容易确定岩心表面椭圆长轴端点（椭圆拐点）。这里有两种例外情况。第一种情况，当岩心与构造面呈直角（$\alpha=90°$）相交时，构造面与岩心的切面为圆形，无法确定方向轴。第二种情况，当岩心与构造面平行时（$\alpha=0°$），二者的交切面顺着岩心长度方向延伸，理论上无限延伸，但实际上只延伸到这种特定的几何学关系发生变化为止。在第二种情况下，交会椭圆的长轴为无限长，岩心表面不存在拐点。

三、断层

小型断层（微型断层）通常在岩心中出露较好。断层高角度切割早期构造，断层两侧的位移可以很清楚地观察到。在编录中通常要忽略这种次级断层，因为这种构造及位移量是微不足道的。当然，频繁出现的次级断层又会反映出其附近可能存在主要断层。由于从钻探岩心中很少能够直接确定主断层的位移矢量，因此，与构造有关的所有数据都可能有用，应做好充分记录。

大的脆性断层在岩心中一般以破碎（岩石、黏土）带出现，通常伴有较大岩心缺失。一般不把它们视为主断层，除非里面有较大矿化脉。大的破碎断裂带往往含有大量水体，可能显示深部异常体的表生和矿化蚀变效应。从岩心一般无法直接测量大型脆性断层的产状，但断层两侧的位移通常可以根据观察相关次级构造的位移来推断出来（如前述）。另外一种推测断层位移量的方法是对照两个相邻钻孔的迹线，找出断层线两侧同一岩性序列的错断位移量。

小型韧性断层在岩心中通常表现为非常明显扁平状的强蚀变和高形变带。脆性断裂带通常具有一定的内部结构，可用来确定断裂的位移运动量。然而，脆性断裂带可以非常宽，有时延伸几千米，断裂带的边界呈渐变过渡。只根据一个钻孔（且不管该钻孔的岩心有多大）来识别这种形变带的准确特征是很困难的。利用小型韧性断层中的内部结构是确定断层运动方向最常用的方法。

四、线状构造

根据岩石的结构和构造，岩心中线状构造具有不同的表现形式。一般有以下四种情况。

（1）线状构造可以是两个面的交线，例如，层理面和解理面的交线。如果岩心中岩石沿其中一个面裂开，那么另外一个面就会在该破裂面上表现出线性迹线。然而，一般情况下，交会线无法在岩心中直接观察到，只能通过观察两个面的迹线推断出来。可以通过分别测量两个面的产状来确定其交会线的产状，即把两个面作为两个大圆弧投影到立体投影网（吴氏网）中，连接两个大圆弧的交点成一条直线，该直线的产状即为两面交线的产状。

（2）岩石受拉张变形后椭球体的拉长轴。这种构造可以包括变形的碎屑、孤立的石香肠或变质矿物集合体。它们为不连续的线性构造。尽管这些线性体具有恒定的产状，但它们在岩心上会有不同的交切面，这是由于它们的长轴方向与柱状岩心表面的交线方向不一致。高角度相交时是圆形或扁椭圆形，而低角度相交时则表现为拉长形。

（3）贯穿岩心中拉长矿物的定向排列即为贯穿性矿物线理。这种线理与柱状岩心的交线方向一直在变，这是由于矿物线理和岩心表面的角度一直在变化。存在这种构造时，沿岩心长度方向其表面会呈现出明显不同的颜色、结构或矿物光泽的条带——代表了岩心表面与线理交角的变化范围。那些与岩心面具有最短交线的线理表示线理穿过岩心轴并与岩心面的交角最大。这种交线在岩心面上往往较粗糙，光泽较暗，表现为暗色条带。相反，与岩心面交角较小的线理通常在岩心面上表现为较光滑的亮色条带。当贯穿性线理不发育，或者矿物颗粒细小或不太明显时，通常可以在亮光下将视线与岩心表面缓缓倾斜，如此往复观察。当移动岩心时，长轴与岩心面平行的矿物颗粒的晶面通常会出现反射光的闪光，这样就可以确定其大体的方向。

（4）圆柱状褶皱是一种特殊类型的非贯穿性线性构造。考虑到褶皱的重要性，其在岩心中的表现形式将在另一节讨论。

五、褶皱

褶皱面上曲率最大点的连线（回曲线）即褶皱轴。当钻孔与褶皱相交时，岩心面上会出现褶皱的两个拐点：褶皱轴进出岩心的交点。如上所述，褶皱的每个侧翼也由两个拐点——与岩心面交会椭圆的长轴端点——来限定。通过所有这些拐点，褶皱在岩心面上的形迹显得非常复杂，因此在识别褶皱轴的位置和方向时应小心谨慎。

最简单的情况，褶皱轴方向与岩心轴垂直时，褶皱两翼的回曲线（或存在的任何轴面节理）将全部重合，并与岩心轴垂直。从岩心面的正面观察，可以看到褶皱的真实剖面形态。

更一般的情况，当褶皱轴与岩心轴不正交时，褶皱两翼的回曲线和轴面节理不再重合，在岩心面上出现复杂的非对称褶皱形状。为了将褶皱两翼的拐点和褶皱轴区分开来，需要慢慢旋转岩心细致找寻褶曲的层面。虽然在岩心上看不到褶皱的真实剖面，但沿着褶皱轴观察，采用前缩透视法，仍然可以获得真实剖面形态的一些信息。

六、尺度问题

在一小段岩心里，通常很容易发现小的或紧密排列的构造，但对那些比岩心直径大得多的构造就很难去识别。例如，岩心中可能有一组极发育的轴面劈理，但这可能掩盖与劈理成高角度相交的褶皱面。在露头上，解决这个问题的方法是往回走，跳出先前视觉中心，将视野扩大至更大的露头范围。在岩心中，这样做并不容易，但只要地质人员意识到这个问题，就可以尝试找到解决问题的方法。一种方法是观察岩心中变形较弱的部分中的构造，检查其向变形较强的部分过渡过程中特征变化情况；另一种方法是，如同在露头上那样，距离岩心远一点，看是否存在较大的构造。有时候只有对整个钻孔进行详细的编录，将其投影到钻孔剖面上，并与相邻钻孔进行比较，才能发现构造。当怀疑存在褶皱构造时，对岩心进行详细的核查通常可以发现细小的间接证据，而在之前的编录中这些可能被漏掉。

小型构造常常可以揭示与之相关的大型构造的类型和产状。这种相互关系（在"次级构造"中有过介绍）即是地质学家熟知的"庞式定律"（Pumpelly's Rule），该定律由美国地质调查局的地质学家Raphael Pumpelly首先阐明。这种关系目前被公认为许多非线性系统中的基本特征，比如"尺度效应的自组织相似性"，或更简单的分形关系。不管叫什么名字，这种相互关系确实能够提供非常有用的线索来解决从钻孔岩心或露头上的小构造识别大构造的问题。

作为一个一般性准则，该准则运用于一切类型的观察之中，识别岩石中细微特征的最好方法就是要意识到这种特征存在于该岩石的可能性，然后主动去找寻它。

七、构造趋异性

构造趋异性是指大型褶皱轴中对称性的小型构造的系统性变化。在露头或钻孔岩心中识别并记录构造的非对称性能够帮助推测更大一级构造的大致位置和几何形态。可以从如下构造中获得构造趋异性信息：褶皱组（S形或左行；Z形或右行）或层理与节理间的角度关系（同样也有右行或左行）。请注意，习惯上，术语右行和左行是指从上往下看构造的角度关系。若从下往上看，其不对称性的感觉就完全相反。例如，一个左行（S形）的褶皱，若从下方观察，就会变成为右行（Z形）。这就是说，构造趋异性关系只有在定向的岩心上观察才有效。

岩心定向之后，很容易观察岩心上构造的趋异性关系，可以为确定较大一级褶皱的类型、位置和几何形态提供有用信息。即便岩心没有定向，某些趋异性关系的变化仍然可以说明主褶皱轴被切穿过。例如，节理面（轴面劈理）与层理高角度相交，表明是在褶皱枢纽部位；节理与层理角度较小，说明是在褶皱翼的部位。然而，如果岩心被定向，则这些趋异性观察还可以用来判定这个被切过的褶皱是背形还是向形，并为褶皱本身的几何形态提供数据。

一旦确定构造趋异性，就可以将其记录在编录表格或钻孔剖面上，用一个向量（箭头）向上或向下指向邻近的较大背形构造。在钻孔轨迹上，若箭头指向相向而行，表明此处为背形轴部。若箭头指向相背而行，表明此处为向形轴部。

第五节　岩心中构造的测量和记录

钻孔的定向性测量记录了钻探过程中钻孔与初始方位和倾角的偏离情况。然而，通过钻孔定向测量从钻孔中采取的固体岩心棒（有时候并不十分坚固）并非完全定向。尽管岩心轴的方位和倾角是已知的，但还有另外一个变动的参数，就是岩心可以随着岩心长轴发生旋转。当然，这并不影响对岩心的岩相学编录（岩心上任意点的钻孔深度是可以测量的），也不影响测量岩层的真实厚度，却无法直接确定构造的原始产状。但我们可以做到对岩心完全定向。

很多时候，岩石具有的穿透性面状构造，如层理面或节理面，可以通过地表填图获知其产状方向。此时，如果该面状构造可以在岩心中鉴别出来，并假设它们的产状保持不变，就可以用地表信息来定向岩心。节理面比层理面更好，因为节理面的产状一般比层理面更加稳定。将岩心按照这种方式定向之后，就可以直接测量所存在的其他构造了。

一个常见的情况是，当钻孔垂直面状构造的走向时，其倾向要么未知，要么随着钻孔深度而变化，也许是由于褶皱的原因。该情形通常发现于钻探验证地表地球化学或地球物理异常时。此时能够测量的是α角——该构造面与岩心长轴的夹角。由于在这种情况下，其走向是已知的或可以估计的，于是该平面在钻探剖面上投影就只有一种可能性，即两条与钻孔迹线成α角的对称线。很多时候，通过简单的考察反映测量面产状的两条可能的几何线，就可以判断其中的一条是不太可能的，可以把它删掉。

一般情况下，岩心中构造面的走向是无法假设的，此时构造面与岩心轴的夹角（α）是指该平面绕岩心轴旋转所得圆锥顶角的一半。构造面沿岩心轴旋转所产生的不同的可能产状，此时，绝对测量该构造面的产状是不可能的，但仍然可以将圆锥边界线投在钻探剖面上，来限定该平面真实产状的范围。

一个特殊情况，岩心中平面与岩心轴精确垂直。此时，旋转岩心轴，对层理来说并无明显变化。因此，可以将平面直接投影到钻探剖面上，用一条与钻孔迹线垂直的短线表示。但是要注意，此时岩心仍然是非定向的，因为其他面状或线状构造（可能与岩心轴不正交）的产状仍然是不能测量的。

一般情况下，岩心中构造的产状并不确定，因此只有在利用岩心定向装置将岩心定向之后才能准确测量其中的构造产状。

即便对非定向岩心，也是可以获得大量有用的构造描述和测量的，包括对单一钻孔的非定向岩心，唯一可以获得的定量构造数据就是测量α角。对面状构造测量和记录α角是十分快捷和容易的，应在所有的岩心编录中作为例行条目。通过α角可以用简单的三角函数计算任何被岩心截获的面状层或脉体。

如果一个特定层位被至少三个钻孔截获，那么每个截距的坐标位置（东经、北纬及高程数据）就可以用来计算该平面的走向和倾向、倾角。钻探项目中经常会遇到这种情况，即所谓的3点问题。

当临近钻孔中没有单一特征层位时，有时候可以将岩心中截获的一组平行面（如层理面、节理面或脉体）作为特征面，然后通过至少3个不平行钻孔来确定其方向。这种方法甚至可用于单一钻孔，前提是该钻孔在不同方向上具有足够的进尺（同一钻孔往不同方向的钻探，其实是一种复合孔），如此就可以当作3个独立的钻孔来考虑了。

第六节　岩心编录系统

记录数据的方式对所观察数据的种类和数量都具有重要的影响。因此，利用最优秀的系统来记录钻探岩心的地质描述是十分重要的。尽管在行业内有大量不同的编录表格（几乎每个勘察项目组都有他们自己设计的表格），但对钻探岩心或切割岩屑的描述记录只有3种基本方法。所有的单个编录系统都是这些基本方法单体或组合体。这3种编录方式分别是文字描述型编录、图示比例型编录、分析表格型编录。

一、文字描述型编录

在文字描述型编录中，截距部分（层位）用钻孔深度来限定，然后用文字详细描述。

文字是阐述结论的强有力工具，短文更是可以很好地罗列论据、提供解释或进行讨论。然而，对于观察到的岩石特征的复杂空间关系的描述，长篇大论则显得既费工夫又效率低下。另外，任何两个地质学家对同一块岩石的描述都不太可能使用相同的文字。这就意味着从文字描述型编录中提炼出准确的、客观的信息，并由此构建钻探剖面或解释所看到的地质关系，是非常困难和耗时的。作为一般性原则，文字描述应为编写报告做准备，并不作为日常岩心描述的方法。因此，建议这种类型的编录（如果需要的话）只作为一个特殊的"备注"列入，以提供简短的文字注解，添加到其他两种编录中去。

二、图示比例型编录

钻探的初始阶段需要编录体系允许并支持详细的观察描述，用以方便地表达并作译这些信息。最好、最优的编录方式就是图示比例型编录。在这种编录中，从上往下的带状图形代表一定比例尺下的钻孔岩心，如1：100。可以按照岩心中构造的产状将其直接画在编录图上。例如，一条宽50cm的脉，与岩心成45°相交，就可以在岩心图上（比例尺1：100）画成宽5mm、与岩心迹线成45°相交。图示编录中不同的纵栏（不同的专业性图件）代表岩心中不同类型的特征，例如，可以分成不同纵栏分别表示岩性、蚀变、脉体及构造。

显然，并不是所有对岩心的描述和测量都适合用图形来显示，因此图示编录簿上也应该加上额外的纵栏来填入电子数据、文字标注、描述或评论。一些构造特征频率的相关数据（如每米的节理数量或每米的石英脉含量）可以用从上往下的柱状图来表达。如果岩心是定向的，单个构造测量数据，如走向/倾向/倾角，就可以直接记录到表中的纵栏中。如果岩心未定向，α角（构造面与岩心轴夹角）可以在作图栏用图示（模拟记录）表示出来，但也在另一栏中用数字格式记录。一些构造或构造关系上的重要细节，因为太小可能无法在岩心图示上表现出来，可以在其备注栏里画上素描。

图示编录表格，包含数个作图栏和额外的电子数据登记栏、素描栏、文字备注栏等，可以根据实际钻探勘察区的数量而发生变化。然而，所有这些编录的重要特点就是它们将许多不同类型的地质描述都组合到一张表上。因此，所有的重要地质关系，特别是空间位置关系就可以一览无余。以上所描述的图示刻度编录作为一个强大的工具，可以帮助地质学家弄清楚实际的地质情况和不同孔之间的相关构造情况。当然，这种编录准备起来不仅速度慢，而且单调乏味，它们不适合用于已有相当进展的勘察项目中较紧张的钻探工程。大概弄清楚一个勘察区的地质情况之后（可以是1~2个钻孔或10~20个钻孔之后，取决于地质复杂程度和最初的地质数据），就更适合采用更简单、更客观、更具有针对性的编录方法，即分析表格型编录体系。

三、分析表格型编录

分析表格型编录用于钻探项目中的第二阶段（资源量的圈定和估算），在矿体相关的主要地质问题解决之后，地质编录的目的是例行记录海量可再生数据。该方法也是记录从冲击回转（RAB和RC）钻机切割岩屑所获得的地质信息的理想手段，在这些钻孔中，观察描述之前岩屑已经被分隔成每段1～3m，因此能够观察到的地质现象的范围是有限的。

在分析表格型编录中，其对岩石特征的描述用许多精确的、限定好的类别来表达，如颜色、粒度、矿物含量、脉体数量及种类、蚀变类型、蚀变强度等。以描述为目的，岩石因此被归纳为（分析成）一些单个的要素来表示。这些描述性参数作为表格中每一列的标题，而每个分层的深度进尺（分层）的岩石描述就构成了表格中的行。为保持编录表格的紧凑和精确，应尽可能地利用符号、标准简写和数字来记录地质信息，这就是所谓的地质编码。建立地质编码图标符号系统，将地质观察描述输入可供检索的地质数据库，是一门重要学科。

分析表格型编录在实际的编录中大部分都包含更多的列，以方便输入更多更详细的观察描述。

这种编录方式的巨大优点就是精确地限定了所记录数据的类型，并将它们用一种标准化且方便使用的格式表达出来。因此，所有地质学家对同一段岩心的编录都应该是基本相同的。此外，表格编录便于将观察描述的数据直接输入电脑，并与电子化数据存储和地质作图软件相兼容。编录表格的每一列中全部可能的观察描述都可以按照一定的条形码，事先打印出来装订成册。在编录过程中，将这些编码簿拿在手里，遇到特定的现象即可找到对应的条码，用条形码阅读器扫描，就可以立即将数据输入笔记本或掌上电脑。

尽管有这些优点，但是表格式编录的问题可能也是极其严重的。其一，它将可能的观察描述限定了范围，这就导致在编录之前就存在明显的、潜在的风险，因为限定了观察种类和每个种类的范围。其二，这种格式无法真正记录不同观察描述种类之间的相互关系。其三，编录表格上的水平行只允许记录特定深度界限之内所观察到的特征描述，而实际上，岩石中的许多性质是渐变过渡的，而且所要描述的不同特征可能变化的方式不同，或者具有不同的深度范围。

在编录表格上，对构造的描述通常使用标准代号来表示构造的特征或年代。

第七节　孔内测量

一、流程

钻孔的方向是通过方位角和倾角来确定的。方位角、倾角，以及孔口坐标和高程（相对高差）是一个钻孔的初始参数。但是，由于钻杆的绳索是非刚性的，在钻进的过程中钻孔的方向会发生变化，这种现象被称为钻探偏离。在绝大多数情况下，钻孔的倾角变缓（由于向下的钻探压力）并向右偏转（由于钻杆的旋转方向为顺时针），但也不都是如此。一般钻孔会倾向于和岩石中的主要线理（通常为层理或解理）呈高角度偏移，除非钻孔与线理的夹角已经很小，在这种情况下钻孔就倾向于顺着线理方向偏移。只有对一个特定地区有了钻探经验之后，地质学家才能作出准确预测。

尽管这种偏移每一百米至多有几米而已，但它是会累积的，进而一个深孔的底部可能会与理想的直线路径偏离几十米，这当然是不允许的。当设计钻孔在一定深度打到特定靶区时，需要考虑允许的预期偏移量。

一般来说，深度超过50m的钻孔就需要测斜来确定其偏移量。测斜使用的仪器是一种特殊设计的孔内测量照相机。将一个单点照相测斜仪装进一个特殊的铜质或铝质盒子中，将盒子挂在钢丝绳的一端沿着钻孔下放至设定深度。一段时间之后，用一个定时装置启动相机，对内置小型罗盘和测斜仪进行照相。处理之后，就可以获得钻孔在一定深度下方向的影像记录。通过连拍钻孔相机，可以将装置设置成在多次预定时间之后进行多次读数，将测斜仪取出该孔后就可以获得不同深度上的方向测量数据。一个定位的钻孔需要进行整个钻孔的测斜，就是要确定钻孔中一系列深度处岩心轴的准确方位角和倾角。

孔内照相机的结果一般是很准确的，但还是得注意以下几点：

（1）测斜仪器应与铁质钻杆隔离开来，避免后者影响罗盘磁针。测斜时应提升钻杆和钻头，使之脱离钻孔底部，确保外扣铜质或铝质盒子的孔内照相机拍照时与钻具至少有3m以上的距离。

（2）具有磁性的岩石可能会影响测斜仪上的磁针。如果方位角的读数与测斜仪两侧不协调（影像不对称），那就说明存在这种干扰，这样的读数就不能使用，应舍弃。

（3）如果钻孔中有很长一段为磁性体，那么受该磁场的影响，孔内测斜照相机无法准确测定钻孔方位角。此时可以通过岩心与岩石中已知的面状构造（如层理或节理）的夹角来估算钻孔的产状。若这行不通，可以采用陀螺定位仪来定位钻孔，但这种设备并不常见，而且通常比较昂贵。

（4）测斜仪上不要使用有铁皮包裹的电池，因为这种电池具有磁性，会影响测斜仪的磁针。

当在一个新地方打钻时，起初，钻孔进尺每30～50m就应测斜一次，但如果实际的经验表明并不存在较大的偏离，那后面的测斜间距就可以适当变大一点。钻探人员应按照地质人员的指令实施测斜工作。

获得测斜数据之后，就可以利用这些数据制作钻孔剖面图或平面图。由此，就可以监测钻孔的进尺和效果是否达到设计的目标。如果遇到很大的偏离，钻探人员要能够及时察觉并采取必要的修正措施。

二、利用测斜数据来制作剖面图和平面图

如今，测斜数据输入电脑之后，就可以利用矿山勘察软件来进行将钻孔投影到剖面或平面上的工作。但是，在勘察钻探的最初阶段，每天都要进行地质观察记录的投影工作，这通常就意味着地质人员实时制作的剖面图必须用手工投影。

倾角和方位角的变化反映了钻孔向下的弯曲，这会在钻孔平面图和剖面图上显示成曲线。平面图上钻孔的弯曲迹线表明这些数据必须先进行水平投影再反映到钻孔剖面上。然而，在勘察钻探的初始阶段，钻孔在空间上的精确位置（如附近几米范围内）并不特别重要，通常方位上的变化可以忽略，只需要在剖面图上反映出倾角的变化。这样画出的剖面图既快速又方便，只要方位上的变化不是太大，对大多数初步投影和地质解译来说已经足够了。

偏离效应是会不断增加的，因此，对于深孔（如孔深超过300m），特别是当遇到较大的方位偏离（每100m偏离超过5°）时，这种简单的钻孔剖面图的准确度就会随深度不断下降，此时的投影就需要同时考虑倾角和方位角的变化情况。如果需要将钻孔迹线垂直投影到一个与标准钻探剖面成一定角度的剖面上，那就需要使用比较复杂的方法。

第八节　岩心定向

早前定向岩心的工作步骤并不普及，因此定向构造的大量有用信息被忽略了。如今，花费大量时间和金钱的岩心定向已成为常规的工作，甚至有时候根本就不需要这个程序。因此，有必要弄清楚在什么情况下才需要进行岩心定向。

当钻探地区露头出露情况很好，且岩石具有简单的、产状稳定的、方向已知的贯穿性构造时，通常是不需要对钻探岩心进行定向的。岩心中已知构造的产状（如规则的层理或节理面）能够用来定向岩心，由此就能够确定其他产状未知的地质体的方向了（如矿脉）。

当钻探地区露头出露较差或根本没有露头时，最初的几个钻孔都需要进行定向以确立主要构造的方向，在这之后，就不再需要进行钻孔定向了。然而，若构造情况比较复杂且方向变化时，就需要对该地区所有的钻孔岩心进行定向。

岩心定向可以在每个钻进回次或岩心管中进行。若采取的岩心相对完整，损失率较小，而且每块岩心的端部都可以匹配得很好，几个岩心管可以组合在一起，这时就只需要对每两三个岩心回次定向一次。如果岩心破碎严重，损失率较大且很难得到好的定向标志，那就需要对每个岩心管进行定向。然而，由于在岩心被拉出地面之前就要决定是否对其进行定向，而岩心的真实情况一般只有在它被取上来之后才能弄清楚，因此，保险的做法是尽可能多地对其进行定向。在最初几个钻孔之后，依据对岩心情况的了解就可以决定对后续钻孔岩心需要进行定向的频率。

定向岩心时需要对岩心进行特殊的操作和标记，之后地质人员才能够对构造进行测量。

第九节　采样及化验

一、概述

在勘察的早期阶段，对金刚石钻探岩心的采样化验有两个目的：第一，确定是否存在可供开采的品位；第二，弄清可盈利的成矿元素在系统中的分布情况，进一步确立对矿体展布的控制。这种认识对布置新的钻孔是十分必要的。

在勘察钻探的第一阶段，应根据实际的地质情况来确定采样位置。采样位置由地质人员进行决策，并在编录时把采样信息标记在岩心上。采样边界应尽量符合矿化界限，采样边界由地质人员通过实际观察或推测作出判断。采样的关键原则是：所采集的每个样品都要能回答地质人员对岩心的一个具体问题。只有当采样工作相对比较统一时，规则采样长度才能事先被确定。

当岩心有缺失时，要注意，所采样品截距无法包括缺失的岩心部分。当采样样品为混合样品时，例如，将一个60%采取率样品变成100%采取率样品，就会对好的样品数据造成污染。另外，通过比较采取率较好的岩性样品和采取率较差的类似样品的化验结果，就可以获得潜在的数据信息。因此，只有把它们分开进行才能完成。

选择1/2、1/4或100%的岩心进行采样化验，这取决于多大的样品才能够充分克服任何颗粒金效应。通常，对金矿勘察区进行采样，样品越大越好。然而，全岩心采样应放在最后阶段，因为这种采样拿走了该段的全部岩心，今后无法再进行重新编录或进行核查。一般情况下，将岩心沿长轴方向劈开，对其中1/2的岩心采样化验。

二、岩心采取的基本要求

（一）岩心的采取率

岩心采取率是指在回次钻进过程中实际取出的岩心长度与实际钻进进尺的比值。按照需要与可能原则，工程合同中或设计部门应先规定出取心孔段的岩心采取率的具体指标。可按以下公式计算、考核：岩心采取率=[岩心长度/（取岩心进尺长度）]×100%。式中的进尺和岩心长度，系指在固体岩层中的实际进尺和取出的岩心长度。除设计要求外，一般不包括废矿坑、空洞、表面覆盖物、浮土层、流砂层的进尺及取出物。

（二）岩心采取要求

钻探施工单位应根据合同要求或设计部门设计，可全孔取心，部分孔段取心或全孔不取心。

钻探施工单位负责做好以下工作：取出的岩心、矿心要保持其天然的结构和构造，不受外污的浸蚀。以便划分矿石类型，观察其原生结构和共生关系，避免影响矿石的品位、物理性能。清洗岩心，尽量避免人为的破碎、颠倒和扰动，以保持岩矿心的完整性。同时，应自上而下按顺序装进岩心箱（松软、破碎、粉状或易溶的岩心应装入塑料袋中）；按规定给岩心编号，放好岩心隔板并妥善保管；为了得到岩矿层准确的埋藏深度、厚度和产状，以准确地计算矿产储量和确定其地质构造，要求取出岩矿心的位置准确。如果岩心采取不足，应进行补取。

三、影响岩心采取率与品质的因素

（一）自然因素

地质因素主要有岩石的强度、硬度、完整度、胶结性、研磨性和易溶度等。钻进坚硬、致密、完整的岩矿时，岩心不怕冲刷、振动，取出的岩心完整，采心率高，能保持其原生结构；钻进松散破碎、节理发育的岩矿时，取出的岩心多呈粒状、块状和粉状，不仅原生结构遭到破坏，而且岩心的采取率也低，甚至取不上岩心；钻进强研磨性地层，切削具易磨钝，钻进效率低，回次时间长，岩矿心受外力作用时间也长，影响岩矿心采取的品级和采取率。

（二）人为因素

钻进方法选择不合理：钢粒钻进→岩心细→对岩心的磨损作用；硬合金钻进→磨损轻微；金刚石钻进→磨损最小。钻具结构选用不合理：不合理的钻具组合→离心力和水平振动→使岩心受损破坏。钻进规程不合理：压力过大→钻具弯曲振动→破坏岩心；转速过大→钻具振动大→岩心破坏加剧；泵量过大→冲刷力大→易冲毁和磨耗岩心。操作方法不正确：盲目追求进尺提钻不及时，增加岩心在孔底被破坏的可能性；提动钻具过猛或采心方法不当，则易造成岩心脱落；退心时过分敲打易造成岩心的人为破碎和上下顺序颠倒，影响岩心的完整性和真实性。

四、取心工具的种类

取芯工具主要用于石油、煤田、冶金等地质勘探钻井中获取岩样。为了提高岩矿心采取率与品质，根据钻进岩矿层完整程度不同，分别采用不同类型和结构的取心器具，取心工具的类型较多，按工具结构可分为单筒式和双筒式取心工具；按割心方式可分为自锁式、加压式、差动式和砂卡式取心工具；按取心长度可分为短筒取心工具和中长筒取心工具；按取心方式与取心目的又可分为常规取心工具和特殊取心的工具。

五、采样方法

根据岩心的实际情况选择合适的采样方法，具体如下：

（1）刀—叉采样法。当遇到湿润黏土时，可以采取这种方法。此时岩心通常很软，只能用小刀沿着岩心长度方向切开，将其中的一半进行采样。

（2）勺子采样法。如果岩心破碎十分严重，唯一可行的方法就是用一个勺子或小铲子在每个样品段中采集具有代表性的岩心碎屑。用一把宽口的泥铲将破碎的岩心沿长度方向分成两半，将其中的一半装入样品袋。

（3）磨屑采样法。如果不太需要将岩心切割成两半，但又想核实一下化验结果，或是想进行一个地球化学扫描，那就可以选择用岩心研磨机进行采样。利用研磨机沿岩心长度方向在岩心上切磨出一条浅槽，将研磨的碎屑收集采样。与用金刚石锯将岩心切割成两半进行采样相比，这种采样方法要快捷和便宜很多。

（4）凿劈采样法。对比较均质的结晶质岩石，如火山岩或块状变质沉积岩（如角岩），通常可以用凿子沿岩心长度方向将其劈开。也可以购买这种特殊的岩性劈样机用来劈开样品。这种方法采样快速，可以在偏远地区（没有电源使用岩心切割机时）使用。但是，对那些存在强烈构造变形的岩石来说，这种方法无法将岩心劈成符合要求的样品。

（5）金刚石锯采样法。该方法是坚固岩心进行采样的标准和首选方法。利用镀金刚石电锯将岩心沿长度方向切割成两半。该方法采样较慢，而且相对昂贵，但除可以使用劈样机的情况之外，该方法是唯一可以准确切开坚固岩心的方法。

（6）淤泥采样法。钻探过程中产生的细小的岩石粉末会随着冲洗泥水到达地表孔口。当钻探采取率很差时——可能是由于碎屑物质无法被岩心提取器捕获，或者因为高压钻探泥水带走了渗透性岩石中的黏土或粉砂质成分，那淤泥就代表了缺失岩心中的一部分物质。由于较差采取率通常发生在矿化蚀变带（特别是对浅成低温矿床），因此在这种情况下，为了获得有关缺失部分的信息，一个好的法子就是采集一些淤泥进行化验。在钻探机的孔口会有一个渠道，将回返的钻探泥水导入泥浆池。采集淤泥样品时，在渠道的中间挖一个小坑，深度要能放下一个101号的塑料桶。桶里收集的粉砂物质就提供了该回次钻探的样品。这种淤泥样品可以储存在一个敞开的编织袋中，变干之后，将其送到实验室进行化验。注意，这种化验结果只具有品位的指示意义，因为淤泥在钻孔内部的准确位置是无法精确知道的。此外，水体的运动可以使得淤泥中的不同组分按照其轻重进行分选，这可能导致样品本身具有偏斜性。

六、提高岩心采取率的措施

应根据施工矿区地质条件、岩层的物理机械性质，正确选择取心操作工艺、取心器具、钻进参数和冲洗液类型；下钻前应对取心器性能进行全面检查，取心器应单动灵活、水路畅通、半合管封闭严密可靠、钻头切削具出刃锋利、各种间隙匹配合理。使用后应检查、清洗注油；任何情况下，回次进尺长度不应超过岩心管有效容纳长度。禁止使用已弯曲的粗径钻具；钻进取心困难的岩层时，应适当控制转速、压力、小泵量，并限制回次进尺时间和进尺长度；应优先选用金刚石绳索取心钻进工艺；采用卡料卡取岩心时，应根据岩性及岩心长度确定卡料规格及投入数量，并充分冲孔，确保卡取牢固。卡取岩心时，禁止干钻或猛蹾钻具；接到见煤预告书后，钻机应根据煤层情况，研究、制定"见煤"及"打煤"措施。应严格执行守煤制度及班长负责操作制，各小班应统一操作，禁止各行其是；严格执行"见软就提钻"和"进尺缓慢就提钻"打捞岩心的原则，防止因出现岩心堵塞而把煤层打丢、打薄的情况。同时，切实做好判层记录工作，准确记录见软、见硬的孔深。煤层第一回次进尺，应控制在0.5m以内；在矿层、矿层顶底板和重要标志层中，岩、矿心没有取上来时应专程捞取。需要钻进时，回次进尺长度严格控制在0.5m以内；煤层顶板岩石坚硬时应采用金刚石钻头钻进；严禁采用钢粒钻进煤层顶板；严禁使用金属卡取煤层顶板岩心；应捞尽岩心后方可钻进煤层；采用绳索取心钻进煤层顶板时，应确保内管总成到位后才能开始扫孔钻进。以防造成打"单管"把煤打薄、打丢；退出岩心时应细心，防止造成岩心人为二次破碎。必要时应使用专用工具，如丝杠、水压器等。取出的岩心应及时清洗干净，自上而下按顺序放入岩心箱内，不得颠倒。

七、化验分析方法

（一）定量分析法

定量分析法是矿物化验分析方法中最基础的方法，也是不可缺少的一种方法，定量分析法又称为光谱半定量分析法，它的化验分析原理是利用光谱作用对矿物质中的成分及含量进行检测，运用光谱技术可以迅速对矿物制样中的成分及含有的元素作出了解，并将其主要的成分和形成的条件作出快速分析，同时确定出来。一般来讲，分析结果主要是根据光谱的强度和光谱出现时的具体情况而确定的，根据这些情况对矿物采样作出判断，并在此基础上提供出准确的数据，从而提高矿物化验分析的准确性。定量分析的主要优势在于，应用光谱半定量技术可以快速对矿物的成分及构成元素进行分析，可以提高化验分析的效率，可以保证矿物化验分析工作能够在最短的时间内完成，这也是在现阶段的采样化验分析工作中最实用、应用范围最广的一种方法。光谱技术的应用能够使化验分析的时间在单位时间内有效缩短，有效提高了化验分析的效率。但此项技术也不是没有缺陷，在化验分析结果的准确率上暂时还提供不了百分之百的保证。因此目前来讲，也只能将其作为实验的一项参考条件。

（二）定性分析法

定性分析法是以化学元素分析为主，在完成了原矿光谱半定量分析后，已经大致了解了矿样化学成分，随后需在此基础上开展化学多元素分析。该技术主要是定性定量分析光谱分析结果中拥有较高含量的元素，该技术所得到的元素含量结构不同于光谱分析机构，具有一定的准确性、精确度，可作为最终分析结果。上述两种试验分析方法的不同在于定性分析方法更为精准，其结果可将一定的客观依据用于开采使用。

（三）X射线衍射分析

除了上述的定性分析与定量分析两种对矿物取样的分析方法，还有一种分析方法在矿物取样的化验分析中也十分常见，就是X射线衍射分析法。X射线衍射分析法是根据矿物取样中的内部分子构成结构利用X射线衍射的方法检测出其在其他矿物质成分中的含量及构成结构，这也是一种准确度较高的分析方法。在矿物取样经过了光谱法分析之后，我们会对矿物取样中矿物质含量及构成元素有一个大致的了解，然后再通过定性分析将矿物质的性质及构成元素进一步确定下来，这时的化验分析结果已经具有较高的准确性了，而在定性分析与定量分析的基础上，再进行X射线衍射分析的意义在于，只有对矿物取样中的矿物质元素和具体的含量分布做进一步的明确，才能够科学具体地将矿物取样的物理结构反映出来，从而使矿物取样更具有代表性，使其不仅应用于对矿石质量的分析，还将应用于其他工业可利用价值的发展领域。

第十节　岩心照相

一、对岩心的相关操作

日常的岩心操作应由一位合适的、经过训练并有一定经验的野外技能人员承担，岩心操作要在地质学家的监督和指导下进行。如果该技能人员的工作做得很好，那地质学家就可以更好地集中精力进行岩心的观察描述记录。野外技工的工作任务如下：

（1）孔内方向测量。

（2）岩心采取率测量。

（3）RQD^{5}测量（如果有要求的话）。

（4）监督钻工对岩心的操作流程，确保岩心正确地放入岩心箱（例如，不要挤得太紧或太松，不要将岩心段方向放反了或者与其他岩心段放错位等）。

（5）确保钻工在每个钻进回次末端正确放置岩心牌，上面标注孔深及回次信息，字迹要清晰，不易擦掉。当岩心牌错位时（这是运输岩心的过程中很容易发生的），可以通过岩心提取器在每次岩心管的根部留下的平行凹槽来找出岩心牌的正确位置。

（6）测量每个岩心箱首尾部的深度，做好记录。

（7）在每个岩心箱上标注孔深、孔号及岩心箱号。

（8）在岩心上均匀地标注每一米的位置，这样有助于随后的编录和采样。可以用钢卷尺从就近的岩心牌处起量。当然，唯一精确的做法是将每个回次的岩心重新组合，一截一截地、小心细致地将破碎的岩心首尾拼在一起，放入一个V形管槽中。通过这种方式摆放岩心，并确保在没有岩心缺失的情况下，测量回次深度，或顺着岩心画一条线表示计划的采样切割线，这样既方便又准确。当需要对岩心定向时，或需要弄清楚复杂的构造关系时，按照这种方式来重组岩心就显得十分重要。尽管这项工作有些费时，但我们仍然强烈推荐这种方法，即便是对无须定向的岩心也应如此。

（9）沿岩心画一条直线，作为随后切割岩心的参照线。这条线的位置应由地质学家亲自来决定。对非定向的岩心，这条切割线的位置应与岩石中任何主要面状构造呈高角度相交。对定向的岩心来说，切割线就是钻孔底部线——铅垂面或钻探剖面与岩心的交线。当沿岩心画线时，应尽可能使其统一定向，顺着整个钻孔长度的方向。

（10）岩心被切割之后，一半被采样，另一半保留，这应由地质人员来决定。在每块岩心上用一个小箭头或一个方向指示线标在切割线的一侧。箭头方向指向孔底，并作为每块岩心的方向矢量。

（11）每个采样截距岩心的切割或劈开工作，以及样品的采集工作，都应由地质人员亲自任命。

（12）在岩心切割之后，重要的是将相同的一半岩心（从上到下同一侧的岩心）作为样品采集起来。这样做的原因有两方面：第一，如果采样技工非连续地将其中的一半岩心进行采样化验，而用于保存的另一半岩心块可能就无法互相匹配，并且还有可能无法将岩心还原到岩心箱中去；第二，更重要的是，在留存的相匹配的岩心切割面上，要保留一个统一的构造视野，这对地质解译将有极大的帮助。如果岩心被定向，那么切割岩心应沿着与钻探剖面相对应的孔底线进行。这样，在切开的一半岩心上就可以显示出该剖面上构造情况的标准视图了，这一半岩心应保存起来（而另一半可供采样用）。例如，东西向剖面一般是从南向北视图，那么采样之后，北侧的一半岩心应用作保存。

（13）在岩心盒的采样部位应标记采样号码。因此，可以使用与采样记录簿上具有相同号码的黏性标签来完成。

（14）对孔口进行密封，并设置永久性标记。这是很有必要的，不光是因为开着的孔口比较危险，而且因为通常可能在若干年之后，需要对孔口进行再次定位测量，也可能需要再次进入一个老孔，进行加深钻探或进行孔内地球物理测量。出于以上这些原因，必须确保避免杂物进入钻孔。

（15）需要的话，测定岩心的比重。测量比重可以计算一定体积岩石的重量（吨位），同时它也是解译重力测量结果的一个重要参数。可以利用如下公式很方便地进行计算：比重=空气中的重量/（空气中的重量-水中的重量）。

二、照相

许多公司喜欢对整个岩心箱进行照相，以作为他们所钻探岩心外观的永久性记录。对岩心箱整体照相，一般很难显示岩心的细节信息，但可以记录下岩石的大概外观，包括颜色、主要构造、破裂程度等特征。如果发生不可预见性的事故灾难，出于某种原因岩心发生缺失或被毁，那么这些岩心的彩色照片就可以辅助地质编录，以确保不是所有的信息都损失。要查找过去岩心里有什么信息，相比从岩心库中搬出实体岩心来说，查找岩心的照片记录会更加方便。至少，通过查阅照片记录，可以缩小所要查找实体岩心箱号码的范围。

对岩心箱照相是很容易的，利用一个质量好的手持式数码相机就能很好完成。当然，将相机垂直固定在岩心上方的一个特制架子上，能够拍出最佳效果的照片。拍照应在明亮的自然光下进行，若没有条件，可以将人工光源安置在照相架子周围。通常，每两个岩心箱挨着放一起照相，上边加一个小粉笔画板或小黑板，上面写上矿区名称、钻孔号码、拍照的钻孔深度，作为岩心照相的标准格式。

对切割后的岩心表面照相要比对没有切割的岩心的弧形表面照出来的效果更好。如果岩心需要切割，那照相就应该在切割之后进行。某些时候，把岩心打湿之后再照相，其岩石特征会更加明显，但也不总是如此，因此对不同类型的岩心应区别对待，找到最佳的拍照方式。当打湿岩心照相时，应格外注意确保没有强的反射光。为获得岩心的全部特性，有时候可能需要拍摄两组照片，一组为打湿的岩心，一组为干的岩心。

除了上述对整个钻孔岩心的拍照记录，对单个岩心块上重要部分拍摄特写照片，是展示其详细特征的绝佳方法。这种照片可以输入图表编录中去，对快速比较不同钻孔十分有用。通常，一个手持相机加上一个特写镜头拍出的效果就能够满足要求，最好是能够找到切割后的平面进行照相。

　　许多情况下，利用普通的复印机可以将切割岩心面生成优质的单色或彩色图片。当岩心具有好的颜色对比度时，这种方法的效果较好。在编录的地方若能很方便获得复印机（需要承认，复印机不是所有的地方都有），这将是快速记录岩石中结构构造特征的绝佳手段。数码扫描仪也可以获得小块切割岩心的数字影像，这些图片可以很好地用在以后的报告里。

第七章　测绘遥感技术的应用

第一节　遥感的电磁波谱与信息获取

一、遥感的概念

（一）遥感的定义

20世纪地球科学进步的一个突出标志是人类开始脱离地球从太空观测地球，并将得到的数据和信息在计算机网络上以地理信息系统形式存储、管理、分发、流通和应用。通过航空航天遥感（包括可见光、红外、微波和合成孔径雷达）、声呐、地磁、重力、地震、深海机器人、卫星定位、激光测距和干涉测量等探测手段，获得了有关地球的大量地形图、专题图、影像图和其他相关数据，加深了对地球形状及其物理化学性质的了解及对固体地球、大气、海洋环流的动力学机制的认识。利用对地观测新技术，不仅开展了气象预报、资源勘探、环境监测、农作物估产、土地利用分类等工作，还对沙尘暴、旱涝、火山、地震、泥石流等自然灾害的预测、预报和防治展开了科学研究，有力地促进了世界各国的经济发展，提高了人们的生活质量，为地球科学的研究和人类社会的可持续发展作出了贡献。

什么是遥感呢?20世纪60年代，随着航天技术的迅速发展，美国地理学家首先提出了"遥感"这个名词，它是泛指通过非接触传感器遥测物体的几何与物理特性的技术。

按照这个定义，摄影测量就是遥感的前身。

遥感（Remote Sensing）顾名思义就是遥远感知事物的意思，也就是不直接接触目标物体，在距离地物几千米到几百千米甚至上千千米的飞机、飞船、卫星上，使用光学或电子光学仪器（称为传感器）接收地面物体反射或发射的电磁波信号，并以图像胶片或数据磁带记录下来，传送到地面，经过信息处理、判读分析和野外实地验证，最终服务于资源勘探、动态监测和有关部门的规划决策，通常把这一接收、传输、处理、分析判读和应用遥感数据的全过程称为遥感技术。之所以能够根据收集到的电磁波数据来判读地面目标物和有关现象，是因为一切物体的种类、特征和环境条件的不同，具有的电磁波的反射或发射辐射特征也万千不同。因此，遥感技术主要建立在物体反射或发射电磁波的原理基础之上。

遥感技术的分类方法很多：按电磁波波段的工作区域，可分为可见光遥感、红外遥感、微波遥感和多波段遥感等；按被探测的目标对象领域不同，可分为农业遥感、林业遥感、地质遥感、测绘遥感、气象遥感、海洋遥感和水文遥感等；按传感器的运载工具的不同，可分为航空遥感和航天遥感两大系统。航空遥感以飞机、气球作为传感器的运载工具，航天遥感以卫星、飞船或火箭作为传感器的运载工具。目前，一般采用的遥感技术分类是：按传感器记录方式的不同，把遥感技术分为图像方式和非图像方式两大类；根据传感器工作方式的不同，把图像方式和非图像方式分为被动方式和主动方式两种。被动方式是指传感器本身不发射信号，而是直接接收目标物辐射和反射的太阳散射；主动方式是指传感器本身发射信号，然后再接收从目标物反射回来的电磁波信号。

（二）遥感的基本原理

遥感是利用诸如常规的照相机或利用对可见光及可见光区域之外的电磁辐射敏感的电子扫描仪获取影像用于分析的技术。换句话说，遥感是通过测量反射或发射电磁辐射以获得地球表面特征的技术。它能使我们识别主要的区域或局部地形特征以及地质关系，有助于发现有矿产潜力的地区。安装在卫星上的遥感仪器扫描地球表面并测量反射太阳的辐射或地表发射的辐射，通常波长范围为$0.3 \sim 3 \mu m$，这些波长范围跨越了从超紫外线、可见红外线到微波雷达光谱。由传感器从远距离接收和记录目标物所反射的太阳辐射电磁波及物体自身发射的电磁波（主要是热辐射）的遥感系统称为被动遥感。测量由飞行器本身发射出的辐射在地球表面的反射，这类方法称为主动遥感方法（有时又称为遥测）；其主要优点是不依赖太阳辐射，可以昼夜工作，而且可以根据探测目的的不同，主动选择电磁波的波长和发射方式。

一般利用各种合成方式构建多光谱影像或颜色合成影像。我们把遥感影像中的每一种颜色称为一个光谱波段，遥感技术可以探测到少至一个、多至200个左右的波段。

由于不同的岩石类型在不同的光谱范围内具有不同的反射辐射特征，所以，根据遥感信息，我们能对一个地区作出初步的地质解释，一些与矿床关系密切的地质特征提供了能够用遥感探测到的强信号。例如，与热液蚀变有关的褪色岩石和与斑岩铜矿氧化带有关的红色铁帽，或者是可能赋存贵金属矿脉的火山岩区的断裂等，这些特征即使被土壤或植被覆盖有时也能清楚地识别；部分植被本身也具有反射地下异常金属含量的效应。

　　遥感技术系统主要由遥感仪器（传感器，用来探测目标物电磁波特性的仪器设备，常用的有照相机、扫描仪和成像雷达等）、遥感平台（用于搭载传感器的运载工具，常用的有气球、飞机和人造卫星等）、地面管理和数据处理系统以及资料判译和应用等部分组成。

　　根据所采用的遥感平台的不同，通常又可分为航天遥感（主要是卫星遥感）及航空遥感两类。航天遥感，如地球资源卫星遥感，其优点是在很短的周期内得到基本上覆盖全球的、特征、规格相同的图像，并且处理分析的速度快，单位面积的费用较低，便于发挥多波段、多时相、多种图像的信息优势，以及与地面地质、地球物理勘探及地球化学勘查等多种数据复合分析的优势。航空遥感图像，包括黑白及彩色航空相片，航空多波段遥感图像及航空测视雷达图像等，适用于较大比例尺的地质矿产调查。

二、遥感的电磁波谱

　　自然界中凡是温度高于 - 273℃的物体都发射电磁波。产生电磁波的方式有能级跃迁（发光）、热辐射以及电磁振荡等，所以电磁波的波长变化范围很大，组成一个电磁波谱。

　　在遥感技术中，电磁波一般用波长表示。目前遥感技术所应用的电磁波段仅占整个电磁波谱中的一小部分，主要在紫外、可见光、红外、微波波段。

　　为什么卫星遥感不能使用所有的电磁波波段呢？这主要是因为电磁波必须透过大气层才能到达卫星遥感器并被接收和形成数据记录。我们知道，在地球表面有一层浓厚的大气，由于地球大气中各种粒子与天体辐射的相互作用（主要是吸收和反射），使得大部分波段范围内的天体辐射无法到达地面。人们把能到达地面的波段形象地称为"大气窗口"，这种"窗口"有3个。其中光学窗口是最重要的一个窗口，其波长在300～700nm，包括可见光波段（400～700nm），光学望远镜一直是地面天文观测的主要工具。第二个窗口是红外窗口，红外波段的范围在0.7～1000μm，由于地球大气中不同分子吸收红外线波长不一致，造成红外波段的情况比较复杂。对于天文研究常用的有7个红外窗口。第三个窗口是射电窗口，射电波段是指波长大于1mm的电磁波。大气对射电波段也有少量的吸收，但在40mm～30m的波段范围内，大气几乎是完全透明的，我们一般把1mm～30m的波段范围称为射电窗口。

三、遥感信息获取

　　任何一个地物都有三大属性，即空间属性、辐射属性和光谱属性。使用光谱细分的成像光谱仪可以获得图谱合一的记录，这种方法称为成像光谱仪或高光谱（超光谱）遥感。地物的上述特征决定了人们可以利用相应的遥感传感器，将它们放在相应的遥感平台上去获取遥感数据。利用这些数据实现对地观测，对地物的影像和光谱记录进行计算机处理，测定其几何和物理属性，回答何时（When）、何地（Where）、何种目标（What object）、发生了何种变化（What change）。这里的4个W就是遥感的任务和功能。

（一）遥感传感器

地物发射或反射的电磁波信息通过传感器收集、量化并记录在胶片或磁带上，然后进行光学或计算机处理，最终才能得到可供几何定位和图像解译的遥感图像。

遥感信息获取的关键是传感器。电磁波随着波长变化，其性质有很大的差异，地物对不同波段电磁波的发射和反射特性也不大相同，因而接收电磁辐射的传感器的种类极为丰富。传感器有多种分类方法。按工作的波段可分为可见光传感器、红外传感器和微波传感器。按工作方式可分为主动传感器和被动传感器。被动式传感器接收目标自身的热辐射或反射太阳辐射，如各种相机、扫描仪、辐射计等；主动式传感器能向目标发射强大的电磁波，然后接收目标反射回波，主要指各种形式的雷达，其工作波段集中在微波区。按记录方式可分为成像方式和非成像方式两大类。非成像的传感器记录的是一些地物的物理参数。在成像系统中，按成像原理可分为摄影成像、扫描成像两大类。

尽管传感器种类多种多样，但它们具有共同的结构。一般来说，传感器由收集系统、探测系统、信号处理系统和记录系统4部分组成。只有摄影方式的传感器探测与记录同时在胶片上完成，无须在传感器内部进行信号处理。

1.收集系统

地物辐射的电磁波在空间是到处传播的，即使是方向性较好的微波，在远距离传输后，光束也会扩散，因此接收地物电磁波必须有一个收集系统。该系统的功能在于把收集的电磁波聚焦并送往探测系统。扫描仪用各种形式的反射镜以扫描方式收集电磁波，雷达的收集元件是天线，二者都采用抛物面聚光，物理学上称抛物面聚光系统为卡塞格伦系统。如果进行多波段遥感，那么收集系统中还包括按波段分波束的元件，一般采用各种色散元件和分光元件，如滤色片、分光镜和棱镜等。

2.探测系统

探测系统用于探测地物电磁辐射的特征，是传感器中最重要的部分。常用的探测元件有胶片、光电敏感元件和热电灵敏元件。探测元件之所以能探测到电磁波的强弱，是因为探测器在光子（电磁波）作用下发生了某些物理化学变化，这些变化被记录下来并经过一系列处理便成为人眼能看到的影片。感光胶片便是通过光学作用探测近紫外至近红外的电磁辐射。这一波段的电磁辐射能使感光胶片上的卤化银颗粒分解，析出银粒的多少反映了光照的强弱，并构成地面物像的潜影，胶片经过显影、定影处理，就能得到稳定的、可见的影像。

　　光电敏感元件是利用某些特殊材料的光电效应把电磁波信息转换为电信号来探测电磁辐射的。其工作波段涵盖紫外至红外波段，在各种类型的扫描仪上都有广泛的应用。光电敏感元件按其探测电磁辐射机制的不同，又分为光电子发射器件、光电导器件和光伏器件等。光电子发射器件在入射光子的作用下，表面电子能逸出成为自由电子，相应地，光电导器件在光子的作用下引起自由载流子增加，导电率变大；光电器件在光子作用下产生的光生载流子聚焦在二极管的两侧形成电位差，这样，自由电子的多少、导电率的大小、电位差的高低就反映了入射光能量的强弱。电信号经过放大、电光转换等过程，便成为人眼可见的影像。

　　还有一类热探器是利用辐射的热效应工作的。探测器吸收辐射能量后，温度升高，温度的改变引起其电阻值或体积发生变化。测定这些物理量的变化便可知辐射的强度。但热探测器的灵敏度和响应速度较低，仅在热红外波段应用较多。

　　值得一提的是雷达成像。雷达在技术上属于无线电技术，而可见光和红外传感器属光学技术范畴。雷达天线在接收微波的同时，就把电磁辐射转变为电信号，电信号的强弱反映了微波的强弱，但习惯上并不把雷达天线称为探测元件。

　　3.信号处理系统

　　扫描仪、雷达探测到的都是电信号，这些电信号很微弱，需要进行放大处理；另外，有时为了监测传感器的工作情况，须适时将电信号在显像管的屏幕上转换为图像，这就是信号处理的基本内容。目前，很少将电信号直接转换记录在胶片上，而是记录在模拟磁带上。磁带回放制成胶片的过程可以在实验室进行，这与从相机上取得摄像底片然后进行暗室处理得到影像的过程极为类似，可使传感器的结构变得更加简单。

　　4.记录系统

　　遥感影像的记录一般分直接与间接两种方式。直接记录方式有摄影胶片、扫描航带胶片、合成孔径雷达的波带片；还有一种是在显像管的荧光屏上显示图像，再用相机翻拍成的胶片。间接记录方式有模拟磁带和数字磁带。模拟磁带回放出来的电信号，通过电光转换可显示为图像；数字磁带记录时要经过模数转换，回放时也要经过数模转换，最后仍通过电转换才能显示图像。

（二）遥感平台

　　遥感中搭载传感器的工具统称为遥感平台。遥感平台包括人造卫星、航天航空飞机乃至气球、地面测量车等。遥感平台中，高度最高的是气象卫星GMS风云2号等所代表的地球同步静止轨道卫星，它位于赤道上空36 000km的高度上。其次是高度为400～1000km的地球观测卫星，它们大多使用能在同一个地方同时观测的极地或近极地太阳同步轨道。其他按高度排列主要有航天飞机、探空仪、超高度喷气飞机、中低高度飞机、无线电遥探飞机乃至地面测量车等。

静止轨道卫星又称地球同步卫星，它们位于30 000km外的赤道平面上，与地球自转同步，所以相对于地球是静止的。不同国家的静止轨道卫星在不同的经度上，以实现对该国有效的对地重复观测。

圆轨道卫星一般又称极轨卫星，这是太阳同步卫星。它使得地球上同一位置能重复获得同一时刻的图像。该类卫星按其过赤道面的时间分为AM卫星和PM卫星。一般上午10：30通过赤道面的极轨卫星称为AM卫星，下午1：30通过赤道的卫星称为PM卫星。

第二节　遥感信息的传输与数据处理

一、遥感信息传输与预处理

随着遥感技术，特别是航天遥感的迅速发展，如何将传感器收集到的大量遥感信息正确、及时地送到地面并迅速进行预处理，以提供给用户使用，成为一个非常关键的问题。在整个遥感技术系统中，信息的传输与预处理设备的耗资是很大的。

（一）遥感信息的传输

传感器收集到的被测目标的电磁波，经不同形式直接被记录在感光胶片或磁带（高密度数据磁带HDDT或计算机兼容磁带CCT）上，或者通过无线电发送到地面被记录下来。遥感信息的传输有模拟信号传输和数字信号传输两种方式。模拟信号传输是指将一种连续变化的电源与电压表示的模拟信号经过放大和调制后用无线电传输。数字信号传输是指将模拟信号转换为数字形式进行传输。

由于遥感信息的数据量相当大，要在卫星过境的短时间内将获得的信息数据全部传输到地面是有困难的，因此，在信息传输时要进行数据压缩。

（二）遥感信息的预处理

从航空或航天飞行器的传感器上收到的遥感信息因受传感器性能、飞行条件、环境因素等影响，在使用前要进行多方面的预处理才能获得反映目标实际的真实信息。遥感信息预处理主要包括数据转换、数据压缩和数据校正。这部分工作是在提供给用户使用前进行的。

1.数据转换

由于所接收到的遥感数据记录形式与数据处理系统的输入形式不一定相同，而处理系统的输出形式与用户要求的形式也可能不同，所以必须进行数据转换。同时，在数据处理过程中也都存在数据转换的问题。数据转换的形式与方法有模数转换、数模转换、格式转换等。

2.数据压缩

传送到遥感图像数据处理机构的数据量是十分庞大的。目前，虽然用电子计算机进行数据预处理，但数据处理量和处理速度仍然跟不上数据收集量。所以在图像预处理过程中，还要进行数据压缩，其目的是去除无用的或多余的数据，并以特征值和参数的形式保存有用的数据。

3.数据校正

由于环境条件的变化、仪器自身的精度和飞行姿态等因素的影响，因而会导致一系列的数据误差。为了保证获得信息的可靠性，必须对这些有误差的数据进行校正。校正的内容主要有辐射校正和几何校正。

（1）辐射校正

传感器从空间对地面目标进行遥感观测，所接收到的是一个综合的辐射量，除对遥感研究最有用的目标本身发射的能量和目标反射的太阳能外，还有周围环境如大气发射与散射的能量、背景照射的能量等。因此，有必要对辐射量进行校正。校正的方式有两种，即对整个图像进行补偿或根据像点的位置进行逐点校正。

（2）几何校正

为了从遥感图像上求出地面目标正确的地理位置，使不同波段图像或不同时期、不同传感器获得的图像相互配准，有必要对图像进行几何校正，以改正各种因素引起的几何误差。几何误差包括飞行器姿态不稳定及轨道变化所造成的误差、地形高差引起的投影差和地形产生的阴影、地球曲率产生的影像歪斜、传感器内部成像性能引起的影像线性和非线性畸变所造成的误差等。

将经过上述预处理的遥感数据回放成模拟像片或记录在计算机兼容磁带上，才可以提供给用户使用。

二、遥感影像数据处理

（一）遥感影像数据处理概述

遥感影像数据的处理分为几何处理、灰度处理、特征提取、目标识别和影像解译。几何处理依照不同传感器的成像原理有所不同，对于无立体重叠的影像主要是几何纠正和形成地学编码，对于有立体重叠的卫星影像，还要求解地面目标的三维坐标和建立数字高程模型，几何处理分为星地直接解和地星反求解。星地直接解是依据卫星轨道参数和传感器姿态参数空对地直接求解。地星反求解是依据地面若干控制点的三维坐标反求变换参数，有各种近似和严格解法。利用求出的变换参数和相应的成像方程，便可求出影像上目标点的地面坐标。

影像的灰度处理包括图像复原和图像增强、影像重采样、灰度均衡、图像滤波。图像增强包括反差增强、边缘增强、滤波增强和彩色增强。不同传感器、不同分辨率、不同时期的数据可以通过数据融合的方法获得更高质量、更多信息量的影像。

特征提取是从原始影像上通过各种数学工具和算子提取用户有用的特征，如结构特征、边缘特征、纹理特征、阴影特征等。目标识别则是从影像数据中人工或自动/半自动地提取所要识别的目标，包括人工地物和自然地物目标。影像解译是对所获得的遥感图像用人工或计算机方法对图像进行判读，对目标进行分类。图像解译可以用各种基于影像灰度的统计方法，也可以用基于影像特征的分类方法，还可以从影像理解出发，借助各种知识进行推理。这些方法也可以相互组合形成各种智能化的方法。

（二）雷达干涉测量和差分雷达干涉测量

除利用两张重叠的亮度图像进行类似立体摄影测量方法的立体雷达图像处理外，雷达干涉测量和差分雷达干涉测量被认为是当代遥感中的重要新成果。最近美国"奋进号"航天飞机上双天线雷达测量结果使人们更加关注这一技术的发展。

雷达测量与光学遥感有明显的区别，它不是中心投影成像，而是距离投影，获得的是相位和振幅记录，组成为复雷达图像。

雷达干涉测量是利用复雷达图像的相位差信息来提取地面目标地形三维信息的技术，而差分雷达干涉测量则是利用复雷达图像的相位差信息来提取地面目标微小地形变化信息的技术。此外，雷达相干测量是利用复雷达图像的相干性信息来提取地物目标的属性信息。

获取立体雷达图像的干涉模式主要有沿轨道法、垂直轨道法、重复轨道法。

第三节　遥感技术的应用

遥感技术的应用涉及各行各业、方方面面。这里简要列举其在国民经济建设中的主要应用。

一、在国家基础测绘和建立空间数据基础设施中的应用

各种分辨率的遥感图像是建立数字地球空间数据框架的主要来源，可以形成反映地表景观的各种比例尺影像数据库；可以用立体重叠影像生成数字高程模型数据库；还可以从影像上提取地物目标的矢量图形信息。另外，由于遥感卫星能长年地、周期地和快速地获取影像数据，这为空间数据库和地图更新提供了最好的手段。

二、在铁路、公路设计中的应用

航空航天遥感技术可以为线路选线和设计提供各种几何和物理信息，包括断面图、地形图、地质解译、水文要素等信息，已在我国主要新建的铁路线和高速公路线的设计和施工中得到广泛应用，特别在西部开发中，由于该地区人烟稀少，地质条件复杂，遥感手段更有其优势。

三、在农业中的应用

遥感技术在农业中的应用主要包括：利用遥感技术进行土地资源调查与监测、农作物生产与监测、作物长势状况分析和生长环境的监测。基于GPS、GIS和农业专家系统相结合，可以实现精准农业。

四、在林业中的应用

森林是重要的生物资源，具有分布广、生长期长的特点。由于人为因素和自然原因，森林资源会经常发生变化，因此，利用遥感手段及时准确地对森林资源进行动态变化监测，掌握森林资源的变化规律，具有重要社会、经济和生态意义。

利用遥感手段可以快速地进行森林资源调查和动态监测，及时地进行森林虫害的监测，定量地评估由于空气污染、酸雨及病虫害等因素引起的林业危害。遥感的高分辨率图像还可以参与和指导森林经营和运作。

气象卫星遥感是发现和监测森林火灾的最快速和最廉价的手段。可以掌握起火点、火灾通过区域、灭火过程、灾情评估和过火区林木的恢复情况。

五、在煤炭工业中的应用

煤炭是中国的主要能源之一，占全国能源消耗总量的70%以上。煤炭工业的发展部署对国民经济的发展具有直接的影响。由于行业的特殊性，煤炭工业长期处于劳动密集型的低技术装备状况，从煤田地质勘探、矿井建设到采煤生产各阶段都一直靠"人海战术"。因此，在煤炭工业领域引入高新技术，是中国政府和煤炭系统科研人员的共同愿望。

研究煤层在光场、热场内的物性特征，是煤炭遥感的基础工作。

大量研究表明，煤层在光场中具有如下反射特征：煤层在$0.4 \sim 0.8\,\mu m$波段，反射率小于10%；在$0.9 \sim 0.95\,\mu m$出现峰值，峰值反射率小于12%；在$0.95 \sim 1.1\,\mu m$，反射率平缓下降。煤层与其他岩石相比，反射率最低，在$0.4 \sim 1.1\,\mu m$波段中，煤层反射率低于其他岩石5%~30%。

煤层在热场中具有周期性的辐射变化规律，即煤层在地球的周日旋转中，因受太阳电磁波的作用不同，冷热异常交替出现，白天在日上中天后出现热异常；夜间在日落到日出之间出现冷异常。因此，热红外遥感是煤炭工业的最佳应用手段。利用各种摄影或扫描手段获取的热红外遥感图像，可用于识别煤层，探测煤系地层。

遥感技术在煤炭工业中的主要应用包括：煤田区域地质调查，煤田储存预测，煤田地质填图，煤炭自燃，发火区圈定、界线划分、灭火作业及效果评估，煤矿治水、调查井下采空后的地面沉陷，煤炭地面地质灾害调查，煤矿环境污染及矿区土复耕等。

六、在油气资源勘探中的应用

油气资源勘探与其他领域一样，由于遥感技术的迅速渗透而充满生机。油气资源遥感勘探以其快速、经济、有效等特点而引起业界关注，受到国内外油气勘探部门的高度重视。

国内外的油气遥感勘探主要是基于TM图像提取烃类微渗漏信息。地物波谱研究表明，2.2am附近的电磁波谱适宜鉴别岩石蚀变带，用TM影像检测有一定的效果。但TM图像相对较粗的光谱分辨率和并不覆盖全部需要的波段工作范围，影响其提取油气信息。20世纪90年代蓬勃发展的成像光谱遥感技术，因具有很高的光谱分辨率和灵敏度，在油气资源遥感勘探中发挥了更大的作用。

利用遥感方法进行油气藏靶区预测的理论基础是：地下油气藏上方存在着烃类微渗漏，烃类微渗漏导致地表物质产生理化异常。主要的理化异常类型有土壤烃组分异常、红层褪色异常、黏土丰度异常、碳酸盐化异常、放射性异常、热惯量异常、地表植被异常等。油气藏烃类渗漏引起地表层物质的蚀变现象必然反映在该物质的波段特征异常上。大量室内、野外原油及土壤波谱测量表明：烃类物质在 $1.725\mu m$、$1.760\mu m$、$2.310\mu m$ 和 $2.360\mu m$ 等处存在一系列明显的特征吸收谷，而在 $2.30\sim2.36\mu m$ 波段间以较强的双谷形态出现。遥感方法通过测量特定波段的波谱异常，可预测对应的地下油气藏靶区。

由于土壤中的一些矿物质（如碳酸盐矿物质）的吸收谷也在烃类吸收谷的范围，这给遥感探测烃类物质带来了困难，因此，要区分烃类物质的吸收谷必须实现窄波段遥感探测，即要求传感器具有高光谱分辨率的同时具有高灵敏度。

近年来发展的机载和卫星成像光谱仪是符合上述要求的新型成像传感器。例如，中国科学院上海技术物理所研制的机载成像光谱仪，通过细分光谱来提高遥感技术对地物目标分类和目标特性识别的能力。如可见光/近红外（$0.64\sim1.1\mu m$）设置32个波段，光谱取样间隔为20mm；短波红外（$1.4\sim2.4\mu m$）设置32个波段，光谱间隔为25mm；热红外（$8.20\sim12.5\mu m$）设置7个波段。成像光谱仪的工作波段覆盖了烃类微渗漏引起地表物质"蚀变"异常的各个特征波谱带，是检测烃类微渗漏特征吸收谷的较为有效的传感器。通过利用成像光谱图像结合地面光谱分析及化探数据分析进行油气预测靶区圈定的试验，证明成像光谱仪是一种经济、快速、可靠性好的非地震油气勘探技术，将在油气资源勘探中发挥重要的作用。

七、在地质矿产勘查中的应用

遥感技术为地质研究和勘查提供了先进的手段，可为矿产资源调查提供重要依据和线索，为高寒、荒漠和热带雨林地区的地质工作提供有价值的资料。特别是卫星遥感，为大区域甚至全球范围的地质研究创造了有利条件。

遥感技术在地质调查中的应用主要是利用遥感图像的色调、形状、阴影等标志解译出地质体类型、地层、岩性、地质构造等信息，为区域地质填图提供必要的数据。遥感技术在矿产资源调查中的应用主要是根据矿床成因类型，结合地球物理特征，寻找成矿线索或缩小找矿范围，通过成矿条件的分析，提出矿产普查勘探的方向，指出矿区的发展前景。

在工程地质勘查中，遥感技术主要用于大型堤坝、厂矿及其他建筑工程选址、道路选线以及由地震或暴雨等造成的灾害性地质过程的预测等方面。例如，山西大同某电厂选址、京山铁路改线设计等，由于从遥感资料的分析中发现过去资料中没有反映的隐伏地质构造，通过改变厂址与选择合理的铁路线路，在确保工程质量与安全方面起到了重要的作用。

在水文地质勘查中，则利用各种遥感资料（尤其是红外摄影、热红外扫描成像）查明区域水文地质条件、富水地貌部位，识别含水层及判断充水断层。如美国在夏威夷群岛用红外遥感方法发现200多处地下水露点，解决了该岛所需淡水的水源问题。

近年来，我国高等级公路建设如雨后春笋般进入了新的增长时期，如何快速有效地进行高等级公路工程地质勘查，是地质勘查面临的一个新问题。通过多条线路的工程地质和地质灾害遥感调查的研究表明，遥感技术完全可应用于公路工程地质勘查。

遥感工程地质勘查要解决的主要问题有：

（1）岩性体特征分析。主要应查明岩性成分、结构构造、岩相、厚度及变化规律、岩体工程地质特征和风化特征，并应特别重视对软弱黏性土、胀缩黏土、湿陷性黄土、冻土、易液化饱和土等特殊性质土的调查。

（2）灾害地质现象调查，即对崩塌、滑坡、泥石流、岩溶塌陷、煤田采空区的分布状况及沿路地带稳定性评价进行研究。

（3）断层破碎带的分布及活动断层的活动性分析研究也是遥感工程地质勘查的研究内容。

八、在水文学和水资源研究中的应用

遥感技术既可观测水体本身的特征和变化，又能够对其周围的自然地理条件及人文活动的影响提供全面的信息，为深入研究自然环境和水文现象之间的相互关系，进而揭示水在自然界的运动变化规律，创造了有利条件。同时，由于卫星遥感对自然界环境动态监测比常规方法更全面、仔细、精确，且能获得全球环境动态变化的大量数据与图像，这在研究区域性的水文过程，乃至全球的水文循环、水量平衡等重大水文课题中具有无比的优越性。因此，在陆地卫星图像广泛的实际应用中，水资源遥感已成为最引人注目的一个方面，遥感技术在水文学和水资源研究中发挥了巨大的作用。在美国陆地卫星图像应用中，水文学和水资源方面所得的收益首屈一指，其中减少洪水损失和改进灌溉这两项就占陆地卫星应用总收益的41.3%。

遥感技术在水文学和水资源研究方面的应用主要有水资源调查、水文情报预报和区域水文研究。

利用遥感技术不仅能确定地表江河、湖沼和冰雪的分布、面积、水量和水质，而且对勘测地下水资源也是十分有效的。在青藏高原地区，经对遥感图像解译分析，不仅对已有湖泊的面积、形状修正得更加准确，而且还新发现了500多个湖泊。

地表水资源的解译标志主要是色调和形态，一般来说，对可见光图像，水体混浊、浅水沙底、水面结冰和光线恰好反射入镜头时，其影像为浅灰色或白色；反之，水体较深或水体虽不深但水底为淤泥，则其影像色调较深。对彩色红外图像来说，由于水体对近红外有很强的吸收作用，所以水体影像呈黑色，它和周围地物有着明显的分界线。对多光谱图像来说，各波段图像上的水体色调是有差异的，这种色调差异也是解译水体的间接标志。利用遥感图像的色调和形态标志，可以很容易地解译出河流、沟渠、湖泊、水库、池塘等地表水资源。

　　埋藏在地表以下的土壤和岩石里的水称为地下水，它是一种重要资源。按照地下水的埋藏分布规律，利用遥感图像的直接和间接解译标志，可以有效地寻找地下水资源。一般来说，遥感图像所显示的古河床位置、基岩构造的裂隙及其复合部分、洪积扇的顶端及其边缘、自然植被生长状况好的地方均可找到地下水。

　　地下水露头、泉水的分布在8~14μm的热红外图像上显示最为清晰。由于地下水和地表水之间存在温差，因此，利用热红外图像能够发现泉眼。

　　用多光谱卫星图像寻找地下浅层淡水及其分布规律也有一定的效果，例如，我国通过对卫星相片色调及形状特征的解译分析，发现惠东北部植被特征与地下浅层淡水密切相关，而浅层淡水空间分布又与古河道密切相关，由此可较容易地圈出惠东北部浅层淡水的分布。

　　水文情报的关键在于及时准确地获得各有关水文要素的动态信息。以往主要靠野外调查及有限的水文气象站点的定位观测，很难控制各要素的时空变化规律，在人烟稀少、自然环境恶劣的地区更难获取资料。而卫星遥感技术则能提供长期的动态监测情报。国内外已利用遥感技术进行旱情预报、融雪径流预报和暴雨洪水预报等。遥感技术还可以准确确定产流区及其变化，监测洪水动向，调查洪水泛滥范围及受涝面积和受灾程度等。

　　在区域水文研究方面，已广泛利用遥感图像绘制流域下垫面分类图，以确定流域的各种形状参数、自然地理参数和洪水预报模型参数等。此外，通过对多种遥感图像的解译分析，还可进行区域水文分区、水资源开发利用规划、河流分类、水文气象站网的合理布设、地表流域的选择以及水文实验流域的外延等一系列区域水文方面的研究工作。

九、在海洋研究中的应用

　　海洋覆盖着地球表面积的71%，容纳了全球97%的水量，为人类提供了丰富的资源和广阔的活动空间。随着人口的增加和陆地非再生资源的大量消耗，开发利用海洋对人类生存与发展的意义日显重要。

　　因为海洋对人类非常重要，所以，国内外多年来投入了大量的人力和物力，利用先进的科学技术以求全面而深入地了解和认识海洋，指导人们科学合理地开发海洋，改善环境质量，减少损失。常规的海洋观测手段时空尺度有局限性，因此不可能全面、深刻地认识海洋现象产生的原因，也不可能掌握洋盆尺度或全球大洋尺度的过程和变化规律。在过去的20年中，随着航天、海洋电子、计算机、遥感等科学技术的进步，产生了崭新的学科——卫星海洋学。它形成了从海洋状态波谱分析到海洋现象判读等一套完整的理论与方法。海洋卫星遥感与常规的海洋调查手段相比具有许多独特优点：第一，它不受地理位置、天气和人为条件的限制，可以覆盖地理位置偏远、环境条件恶劣等原因不能直接进行常规调查的海区。卫星遥感是全天时的，其中微波遥感是全天候的。第二，卫星遥感能提供大面积的海面图像，每个像幅的覆盖面积达上千平方千米。对海洋资源普查、大面积测绘制图及污染监测都极为有利。第三，卫星遥感能周期性地监视大洋环流、海面温度场的变化、鱼群的迁移、污染物的运移等。第四，卫星遥感获取海洋信息量非常大。第五，能同步观测风、流、污染、海气相互作用和能量收支平衡等。海洋现象必须在全球大洋同步观测，这只有通过海洋卫星遥感才能做到。

目前常用的海洋卫星遥感仪器主要有雷达散射计、雷达高度计、合成孔径雷达、微波辐射计及可见光/红外辐射计、海洋水色扫描仪等。此外，可见光/近红外波段中的多光谱扫描仪和海岸带水色扫描仪均为被动式传感器。它能测量海洋水色、悬浮泥沙、水质等，在海洋渔业、海洋环境污染调查与监测、海岸带开发及全球尺度海洋科学研究中均有较好的应用。

十、在环境监测中的应用

目前，环境污染已成为许多国家的突出问题，利用遥感技术可以快速、大面积监测水污染、大气污染和土地污染以及各种污染导致的破坏和影响。近年来，我国利用航空遥感进行了多次环境监测的应用试验，对沈阳等多个城市的环境质量和污染程度进行了分析和评价，包括城市热岛、烟雾扩散、水源污染、绿色植物覆盖指数以及交通量等的监测，都取得了重要成果。

随着遥感技术在环境保护领域中的广泛应用，一门新的科学——环境遥感诞生了。环境遥感是利用遥感技术揭示环境条件变化、环境污染性质及污染物扩散规律的一门科学。环境条件如气温、湿度的改变和环境污染大多会引起地物波谱特征发生不同程度的变化，而地物波谱特征的差异正是遥感识别地物的最根本的依据。这就是环境遥感的基础。

从各种受污染植物、水体、土壤的光谱特性来看，受污染地物与正常地物的光谱反射特征差异都集中在可见光、红外波段，环境遥感主要通过摄影与扫描两种方式获得环境污染的遥感图像。摄影方式有黑白全色摄影、黑白红外摄影、天然彩色摄影和彩色红外摄影。其中，以彩色红外摄影应用最为广泛，影像上污染区边界清晰，还能鉴别农作物或其他植物受污染后的长势优劣。这是因为，受污染地物与正常地物在红外部分光谱反射率有较大的差异。扫描方式主要有多光谱扫描和红外扫描。多光谱扫描常用于观测水体污染；红外扫描能获得地物的热影像，用于大气和水体的热污染监测。

影响大气环境质量的主要因素是气溶胶含量和各种有害气体。对城市环境而言，$PM_{2.5}$含量过高和城市热岛也是一种大气污染现象。

遥感技术有效地用于大气气溶胶监测、有害气体测定和城市热岛效应的监测与分析。在江河湖海各种水体中，污染种类繁多。为了便于用遥感方法研究各种水污染，习惯上将其分为泥沙污染、石油污染、废水污染、热污染和富营养化等几种类型。对此，可以根据各种污染水体在遥感图像上的特征，对它们进行调查、分析和监测。

土地环境遥感包括两个方面的内容：一是指对生态环境受到破坏的监测，如沙漠化、盐碱化等；二是指对地面污染如垃圾堆放区、土壤受害等的监测。

遥感技术目前已在生态环境、土壤污染和垃圾堆与有害物质堆积区的监测中得到广泛应用。

十一、在洪水灾害监测与评估中的应用

洪水灾害是一种骤发性的自然灾害，其发生大多具有一定的突然性，持续时间短，发生的地域易于辨识。但是，人们对洪水灾害的预防和控制则是一个长期的过程。从洪灾发生的过程看，人类对洪灾的反应可划分为以下4个阶段：

（一）洪水控制与洪水综合管理

通过"拦、蓄、排"等工程与非工程措施，改变或控制洪水的性质和流路，使"水让人"；通过合理规划洪泛区土地利用，保证洪水流路的畅通，使"人让水"。这是一个长期的过程，也是区域防洪体系的基础。

（二）洪水监测、预报与预警

在洪水发生初期，通过地面的雨情及水情观测站网，了解洪水实时状况；借助于区域洪水预报模型，预测区域洪水发展趋势，并即时、准确地发出预警消息。这个过程视区域洪水特征而定，持续时间有长有短，一般为2～3d，有时更短，如黄河三花间洪水汇流时间仅有8～10h。

（三）洪水灾情监测与防洪抢险

随着洪水水位的不断上涨，区域受灾面积不断扩大，灾情越来越严重。这时除依靠常规观测站网外，还须利用航天、航空遥感技术实现洪水灾情的宏观监测。在得到预警信息后，要及时组织抗洪队伍，疏散灾区居民，转移重要物资，保护重点地区。

（四）洪灾综合评估与减灾决策分析

洪灾过后，必须及时对区域的受灾状况作出准确的估算，为救灾物资投放提供信息和方案，辅助地方政府部门制定重建家园、恢复生产规划。

这4个阶段是相互联系、相互制约又相互衔接的。若从时效和工作性质上看，这4个阶段的研究内容可归结为两个层次，即长期的区域综合治理与工程建设以及洪水灾害监测预

报与评估。

　　遥感和地理信息系统相结合，可以直接应用于洪灾研究的各个阶段，实现洪水灾害的监测和灾情评估分析。

十二、在地震灾害监测中的应用

　　地震的孕育和发生与活动构造密切相关。许多资料表明：多组主干断裂或群裂的复合部位，横跨断陷盆地或断陷盆地间有横向构造穿越的部位以及垂直差异运动和水平错动强烈的部位（如在山区表现为构造地貌对照性强烈，在山麓带表现为凹陷向隆起转变得急剧，在平原表现为水系演变得活跃）等，是多数破坏性强震发生的关键位置。

　　我国大陆受欧亚板块与印度板块的挤压，主应力为南北向压应力。同时，在地球自转（北半球）顺时针转动和大陆漂移、海底扩张、太平洋板块的俯冲作用的共同影响下，形成扭动剪切面，主要表现为我国大陆被分割成三个大的基本地块，即西域地块、西藏地块、华夏地块。各地块之间的接合部位多为深大断裂带、缝合线或强烈褶皱带。这里是地壳薄弱地带，新构造运动及地震活动最为强烈。大量事实说明，任何破坏性强震都发生在特定的构造背景。对于我国这样一个多震的国家，利用卫星图像进行地震地质研究，尽早揭示出可能发生破坏性强震的地区及其构造背景，合理布置观测台站，有针对性地确定重点监视地区，是一项刻不容缓的任务。

　　地震前出现热异常早已被人们发现，它是用于地震预报监测的指标之一。但是，如何区分震前热异常一直是当代地震预报中的一个难题，因为在地面布设台站进行各项地震活动的地球化学和物理现象的观测，一是很难布设这么大的范围，二是瞬时变化很难捕捉到。卫星遥感技术的测量速度快，覆盖面积大，卫星红外波段所测各界面（地面、水面及云层面）的温度值高以及其多时相观测特性，使得用卫星遥感技术观测震前温度异常可以克服地面台站观测的缺点。

　　可以肯定地讲，遥感发展迅速，已经形成自身的科学和技术体系。

第四节　测绘工程测量中无人机遥感技术应用研究

一、无人机遥感测绘技术价值与优势

（一）稳定性

工程测绘期间，使用无人机遥感测绘技术时，通过无人机即可获得较为精准的数据信息，促进工程测量质量快速提升。与传统测量方法相比，其测量精准性极高，数据信息较为合理，为建筑工程施工质量的提升提供了有力支持。

（二）灵活性

无人机升空时间短、体积小，不需要任何升降场地就可进行升空，具有较强的灵活性与机动性。随着遥感操作系统的兴起和发展，无人机遥感测绘技术使用成本明显下降，同时，在现代技术发展的作用下，其操作便捷性和利用率都显著提升。工程测绘时，需要提前针对测绘线路进行规划与设计，确保实际测绘时无人机自动根据规划线路进行工程测绘。由于无人机遥感测绘技术具有较强稳定性，因此可进行高强度测绘工作，并确保测绘数据具有较强精准度。无人机飞行期间无须载人，工作效率远高于航拍飞机。无人机飞行高度可控制在1m左右，可针对多个航点地形同时测绘处理，确保地势测绘与航拍等工作具有较强持续性。另外，计算机技术与无人机有机整合，测绘数据信息可及时传输至操作人员，提高数据处理效率。

（三）使用成本小

与航拍飞机对比可知，无人机控制系统较为简单，应用成本约为航拍飞机的1/5。操作人员仅通过遥感系统就可操控无人机，且碳纤维复合材料为无人机生产加工材料，其养护与维修工作较为简单。另外，遥感技术所搭载的影像设备较为先进，对数据处理硬件配置要求相对较低，在一定程度上降低了数据处理成本。

（四）分辨率较高

工程测绘使用无人机遥感测绘技术时，无人机搭载的数码设备通常具有较强的先进性与精准度，可从多方面进行测绘工作，比如根据实际需求从倾斜、垂直、水平等方向进行摄像处理。在使用无人机进行测绘过程中，可从多种角度进行测绘与拍摄，解决建筑物遮挡问题，快速提升测量精准性。

二、无人机遥感测绘技术的应用

（一）收集影像信息

当建筑工程需要绘制施工平面图时，可有效运用无人机遥感测绘技术。实际使用前，操作人员需要规划与设计飞行线路，当天气状况符合相关标准时进行试飞工作。无人机进入试飞区域时，操作人员需要及时控制，确保无人机运行较为流畅。工程测绘时，无人机通过遥感技术可针对测绘范围内的所有物体自动生成坐标，确保定位信息具有较强精准性，并根据实际需求科学调整测绘摄像的比例。另外，无人机遥感测绘技术具有三维模型功能，可直接识别输入的数据信息并建模，确保测绘数据信息不仅具有较高的清晰度，而且具有极强的分辨率与辨识度，保证测绘人员以此为基础绘制完善的图像，为提升工作效率奠定基础。无人机遥感测绘技术的DOM精准度与像控点相对较高，工程测绘期间可针对各种死角进行测绘处理，快速提升工程测绘的科学性、全面性，这也是快速提高建筑工程施工质量的主要途径。

（二）数据收集与整理

与传统工程测绘技术对比可以发现，无人机遥感测绘技术可从基础上加快数据收集与整理，快速提升质量，同时，可利用自动与手动相结合的方法，为强化数据信息收集与整理能力提供有力支持。当收集与整理工程测绘数据信息时，可删除缺乏科学性、不符合施工需求的数据信息，确保工程测绘数据精准性快速提升。工程测绘时，可利用无人机遥感测绘技术的GPS系统，备份工程测绘数据，不断提高测绘数据的安全性，防止数据信息丢失导致返工。工程测绘期间，受客观因素的影响，若无人机飞行时出现角度偏差，就会出现图像叠加现象，导致数据信息收集缺乏精准性。此时，工作人员应根据实际情况，科学调整数码设备的各种参数，也可使用自动变焦数码设备，保证数据信息收集质量快速提高，为提高影像数据质感提供支持。

（三）低空作业

工程测绘期间，在测量地区相关因素的影响下，影像拍摄质感与数据信息收集质量相对较弱。如果测绘区域地理位置相对较高，会导致无人机在工程测绘期间受云层低、起降缺乏稳定性等因素的威胁，降低测绘数据信息质量，不符合工程测绘标准。此时，需要根据实际需求，使用无人机低空作业方法，促进无人机运行效率快速提高，第一时间收集与整合所有信息，展示无人机遥感测绘技术的作用与价值。我国利用现代技术成功研发了一种全新的低空航测系统，广泛运用于工程测绘。该系统利用稳定与检校自动化功能，快速降低工程测绘数据收集存在的误差。与以往测绘技术相比，低空航测系统对自动化技术有较高要求，同时，其数据处理软件具有较强的专业性，可提高自动化能力和影像处理分辨率、清晰度。

三、无人机遥感测绘技术应用要点

（一）定期检测

工程测绘工作中，想要提高无人机遥感测绘技术应用效率，确保测绘质量符合施工要求，需要工作人员根据实际情况，定期检测与调整设备。第一，设备入场前应参考工程质量标准检测设备的性能与质量，当设备质量符合标准需求时，根据工程测绘需求，科学调整与养护设备。第二，定期检测处理电源系统、地面电台和所有通信设备，确保设备稳定运行，具有良好保障。第三，工程测绘期间，操作人员需要检测影像的质感与效果，防止航线弯曲、影像重叠。影像质量检测过程中，可通过色彩与清晰度等进行分析与评估。

（二）飞行与摄像质量控制

操作人员专业技术能力与无人机拍摄质量密切关联。操作人员操控无人机进行测绘时，需要具备严格的态度，根据相关流程科学合理工作。一方面，无人机进场时应符合相关标准，严格管理与控制无人机重量、升降方式、飞行速度等，为提高无人机运行效率提供良好保障；另一方面，操作人员需要设计无人机的飞行高度，在飞行期间科学管理与控制。无人机实际飞行高度与设计飞行高度之间经常存在误差，此误差需要保持在合理范围内。另外，无人机飞行期间需要严格控制飞行状态，防止GPS信号等造成干扰与威胁，避免飞行期间出现混乱。操作人员需要控制无人机飞行期间的升降速度，应制定完善的防护措施，保证无人机飞行期间具有良好的安全保障。

（三）创新像控点测量流程

想要保证无人机遥感测绘技术全面应用于工程测绘，提高拍摄像控点规划工作的科学性与时效性，需要操作人员根据实际需求不断创新与完善像控点测量流程。第一，以无人机拍摄范围为基础，检测拍摄范围内自由网的效果，及时形成自由网拼图。第二，制定像控点测量措施期间，操作人员需要以测绘范围中的地势与地形为核心，提高像控点数据信息效率与质量。当收集与整理数据信息时，操作人员不可删除与修改收集的原始数据信息，防止数据处理系统中增加各种威胁数据的指令，以此确保原始数据具有较强真实性，为之后的调整与完善提供有力支持。第三，由于无人机在工程测绘期间常在采集器中存储大量数据信息，因此需要结合实际情况定期处理采集器。

四、无人机遥感技术在测绘工程测量中的具体应用

（一）测绘影像资料获取

在利用无人机遥感技术进行实际测绘工作中，需要全面了解测区的实际情况，并以此为依据来设计具体的飞行路线，通过试飞来选择适宜的设备平台。由于无人机在实际飞行时幅度较小，存在较大的偏角，因此在其获取数据信息的同时，还要充分地利用飞行时所拍摄的图像来对后期三维影像处理效果进行丰富。这就需要保证搭载无人机的拍摄系统中数码相机拍摄的画面要与相关影像处理标准相符合，这样才能有效地保证影像的处理效果。

（二）进行数据采集

利用无人机进行数据采集的过程中，针对采集主体的不同可以采用自动加密和手动采集两种方法。相对于无人机来讲，在其内部控制系统中对自动加密的应用实现自我保护，将数据信息收集之后，应用传感器和相应的拍摄系统来对其内部信息储存，并且对于所储存的信息实施加密处理，有效地保证数据信息的安全。当工作人员要对内部存储的信息进行获取时，则需要相应的访问权限。这种自动加密技术的应用，有效地保证了采集数据的安全性。手动采集方法，主要是利用计算机远程控制技术，以基站内的实际采集需求为准，有目的性地操纵无人机进行选择性拍摄，以此来获取所需要的信息和数据。

（三）恶劣环境的测量分析

在一些工程建设施工测量工作中，由于其施工环境较为特殊，普遍的测量方法无法实现具体的测量任务。在这种情况下，无人机遥感技术的应用不仅可以实现低空航空摄影，而且可以实现对数据的分析，并得到具体的结果，即智能地实现数据分析和数据统计。因此，在当前森林开发和农村建设过程中无人机遥感技术的用途十分广泛，不仅能够实现在各种恶劣环境中的测量工作，而且有效地保证了测量的精确性。

（四）进行数据处理

相较于传统的数据处理工作，利用无人机遥感技术来对数据进行处理时，无论是数据处理的效率还是数据处理的质量都显示出较强的优势。特别是针对一些大面积的矿山测绘

工作，传统的测绘数据缺乏完整性，数据处理结果并不理想，因此无法为矿山整治管理提供有效的指导，矿山污染的整治效果很难达到预期的要求。然而，应用无人机遥感技术实施矿山测绘中，能够及时获取生态信息，同时将这些详细信息数据进行反馈，这为矿山整治管理措施的制定提供了及时、科学、完整的数据支持。

（五）突发事件应急处理

无人机遥感技术在测量中往往会遇到突发事件，如地震、滑坡、泥石流以及其他地质灾害等。在突发事件的测量中，无法采取传统的测量方法进行测量工作，并且传统的测量方法周期长，无法实现实时监测。举例来说，当山区发生地震或其他地质灾害时，周围环境通常较为恶劣，因而无法有效进行地面监测工作，一旦遇到不良天气，也无法有效利用卫星遥感或航空遥控技术来获取灾区的实时影像，更不要说进行实时监控。

但是无人机遥感技术的应用就能够合理避免这些问题，无人机能够及时进入灾区，对灾区实施动态监测，这样就能够将灾情进行合理的评估，为后续救灾工作提供可靠的数据和影像支持。

（六）特殊目标获取

针对一些工程项目、文物建筑及部分军事方面的测绘目标，在获取信息数据方面存在一定的难度，这些测绘项目都可以归结为特殊目标。在实际测绘工作中，往往需要对这些特定目标的详细数据和资料进行获取，但采用传统的测绘技术时无法准确地获取到这些数据信息。在这种情况下，通过应用无人机遥感技术，能够有效地保证所获取影像资料的高精准性，同时保证位置的准确性，对测绘成图的制作效率的提高起到了非常重要的作用，而且整个测绘过程中实现了资源的有效节约。

第八章　地理信息系统

第一节　地理信息系统基础探究

一、地理信息系统的概念、特征与构成

（一）地理信息系统的概念

地理信息系统GIS（Geographical Information System）是一种决策支持系统，它具有信息系统的各种特点。地理信息系统与其他信息系统的主要区别在于，其存储和处理的信息是经过地理编码的，地理位置及与该位置有关的地物属性信息成为信息检索的重要部分。在地理信息系统中，现实世界被表达成一系列的地理要素和地理现象，这些地理特征至少有空间位置参考信息和非位置信息两个组成部分。

地理信息系统的定义由两个部分组成。一方面，地理信息系统是一门描述、存储、分析和输出空间信息的理论和方法的新兴交叉学科；另一方面，地理信息系统是一个技术系统，是以地理空间数据库（Geospatial Database）为基础，采用地理模型分析方法，实时提供多种空间的和动态的地理信息，为地理研究和地理决策服务的计算机技术系统。

（二）地理信息系统的特征

地理信息系统具有3个方面的特征：

（1）具有采集、管理、分析和输出多种地理信息的能力，具有空间性和动态性。

（2）由计算机系统支持进行空间地理数据管理，并由计算机程序模拟常规的或专门的地理分析方法，作用于空间数据，产生有用信息，完成人类难以完成的任务。

（3）计算机系统的支持是地理信息系统的重要特征，因而使得地理信息系统能快速、精确、综合地对复杂的地理系统进行空间定位和过程动态分析。

地理信息系统的外观表现为计算机软硬件系统，其内涵却是由计算机程序和地理数据组织而成的地理空间信息模型。当具有一定地学知识的用户使用地理信息系统时，他所面对的数据不再是毫无意义的，而是把客观世界抽象为模型化的空间数据，用户可以按应用的目的观测这个现实世界模型的各个方面的内容，取得自然过程的分析和预测的信息，用于管理和决策，这就是地理信息系统的意义。一个逻辑缩小的、高度信息化的地理系统，从视觉、计量和逻辑上对地理系统在功能方面进行模拟，信息的流动以及信息流动的结果完全由计算机程序的运行和数据的变换来仿真。地理学家可以在地理信息系统支持下提取地理系统的不同侧面、不同层次的空间和时间特征，也可以快速地模拟自然过程的演变或思维过程的结果，取得地理预测或"实验"的结果，选择优化方案，用于管理与决策。

（三）地理信息系统的构成

完整的地理信息系统主要由4个部分构成：硬件系统、软件系统、系统管理操作人员和地理空间数据。其核心是软硬件系统，空间数据库反映了GIS的地理内容，而管理人员和用户则决定系统的工作方式和信息表示方式。

1.硬件系统

计算机硬件系统是计算机系统中的实际物理装置的总称，可以是电子的、电的、磁的、机械的、光的元件或装置，是GIS的物理外壳。系统的规模、精度、速度、功能、形式、使用方法甚至软件都与硬件有极大的关系，受硬件指标的支持或制约。GIS由于其任务的复杂性和特殊性，必须由计算机设备支持。构成计算机硬件系统的基本组件包括输入和输出设备、中央处理单元、存储器等，这些硬件组件协同工作，向计算机系统提供必要的信息，使其完成任务；保存数据以备现在或将来使用；将处理得到的结果或信息提供给用户。

2.软件系统

GIS运行所需的软件系统如下：

（1）计算机系统软件。由计算机厂家提供的、为用户使用计算机提供方便的程序系统，通常包括操作系统、汇编程序、编译程序、诊断程序、库程序以及各种使用维护手册、程序说明等，是GIS日常工作所必需的软件。

（2）地理信息系统软件和其他支持软件。包括通用的GIS软件包，也可以包括数据库管理系统、计算机图形软件包、计算机图像处理系统、CAD等。用于支持对空间数据输入、存储、转换、输出和与用户接口。

（3）应用分析程序。系统开发人员或用户根据地理专题或区域分析模型编制的用于某种特定应用任务的程序，是系统功能的扩充与延伸。在GIS工具的支持下，应用程序的开发应是透明的和动态的，与系统的物理存储结构无关，而随着系统应用水平的提高不断优化和扩充。应用程序作用于地理专题或区域数据，构成GIS的具体内容，这是用户最为关心的真正用于地理分析的部分，也是从空间数据中提取地理信息的关键。用户进行系统开发的大部分工作是开发应用程序，而应用程序的水平在很大程度上决定系统应用性的优劣和成败。

3.系统开发、管理与使用人员

人是GIS中的重要构成因素，地理信息系统从其设计、建立、运行到维护的整个生命周期，处处都离不开人的作用。仅有系统软硬件和数据还不能构成完整的地理信息系统，还需要人进行系统组织、管理、维护和数据更新、系统扩充完善、应用程序开发，并灵活采用地理分析模型提取多种信息，为研究和决策服务。对于合格的系统设计、运行和使用来说，地理信息系统专业人员是地理信息系统应用的关键，而强有力的组织是系统运行的保障。

4.地理空间数据

地理空间数据是以地球表面空间位置为参照的自然、社会和人文经济景观数据，可以是图形、图像、文字、表格和数字等。它是由系统的建立者通过数字化仪、扫描仪、键盘、磁带机或其他系统通信输入GIS，是系统程序作用的对象，是GIS所表达的现实世界经过模型抽象的实质性内容。不同用途的GIS，其地理空间数据的种类、精度均不相同，一般情况下包括如下3种数据：

（1）几何数据。

（2）实体间的空间关系。

（3）与几何位置无关的属性。

二、地理信息系统基础

（一）数据获取

空间数据获取是地理信息系统建设首先要进行的工作，它可以有多种实现方式，包括数据转换、遥感数据处理以及数字测量，等等。其中已有地图的数字化录入，是目前被广泛采用的手段，也是最耗费人力资源的工作。在GIS中，录入的内容包括空间信息和非空间信息，前者是录入的主体。目前，空间信息的录入主要有两种方式，即手扶跟踪数字化和扫描矢量化。

空间数据采集与输入子系统是将现有地图、外业观测成果、航空相片、遥感数据、文本等资料进行加工、整理、信息提取、编码、转换成GIS能够接收和表达的数据。许多计算机操纵的工具都可用于输入。如人机交互终端、数字化仪、扫描仪、数字摄影测量仪器、磁带机、CD-ROM和磁盘等。针对不同的仪器设备，系统配备相应的软件，保证得到的数据转换后能进入地理数据库中。

1.手扶跟踪数字化

尽管手扶跟踪数字化MD（Manual Digitising）工作量非常繁重，但它仍然是目前最为广泛采用的将已有地图数字化的手段。利用手扶跟踪数字化仪可以输入点地物、线地物以及多边形边界的坐标，其具体的输入方式与地理信息系统软件的实现有关。另外，一些GIS系统也支持用数字化仪输入非空间信息，如等高线的高度，地物的编码数值，等等。通常，数字化仪采用两种数字化方式，即点方式（Point Mode）和流方式（Stream Mode）。目前大多数系统采取两种采样原则，即距离流方式（Distance Stream）和时间流方式（Time Stream）。

2.扫描矢量化以及处理流程

随着计算机软件和硬件更加便宜，并且提供了更多的功能。空间数据获取成本成为GIS项目中最主要的部分，扫描技术的出现无疑为空间数据录入提供了有力的工具。

由于扫描仪扫描幅面一般小于地图幅面，因此大的纸地图需先分块扫描，然后进行相邻图对接，最后把这些矢量化的矩形图块合成为一个完整的矢量电子地图，并进行修改、标注、计算等编辑处理。

在扫描后处理中，矢量化可以自动进行，但扫描地图中包含多种信息，系统难以自动识别分辨（例如，在一幅地形图中，有等高线、道路、河流等多种线地物，尽管不同地物有不同的线型、颜色，但对于计算机系统而言，仍然难以对它们进行自动区分），这使得完全自动矢量化的结果不那么"可靠"，所以在实际应用中，常常采用交互跟踪矢量化，或者称为半自动矢量化。

3.从遥感影像获取数据

遥感卫星影像过去20多年间在空间分辨率、光谱分辨率和时间分辨率上已经有了很大的提高。空间分辨率指影像上所能看到的地面最小目标尺寸，从遥感形成之初的80m，已提高到10m、5m，乃至1m，军用甚至可达到10cm。光谱分辨率指成像的波段范围，分得愈细，波段愈多，光谱分辨率就愈高；现在的技术可以达到5~6nm（纳米）量级，400多个波段。细分光谱可以提高和识别目标性质和组成成分的能力。时间分辨率指重访周期的长短，目前一般对地观测卫星为15~25d的重访周期。通过发射合理分布的卫星星座。卫星遥感图像的地面分辨率由10m、5m、2m、1m甚至0.6m逐步提高，每隔3~5d为人类提供反映城市动态变化的翔实数据。同时，为了获取同轨立体像对，还能在沿轨方向上前视和后视成像，形成无明显时间差的立体覆盖。

4.航空数字摄影测量

数字摄影测量是基于数字影像与摄影测量的基本原理，应用计算机技术、数字影像技术、影像匹配、模式识别等多学科的理论和方法，提取所摄对象用数字方式表达的几何与纹理信息。利用航空摄影测量影像能够得到地面高程信息、纹理数据以及拓扑信息，对有明显轮廓的人工地物能提供很高的三维重建精度，它是目前城市三维信息获取最主要的手段之一。

5.激光扫描系统（LIDAR）

激光扫描技术分为机载激光扫描系统和地面扫描系统两个方向。机载LIDAR集激光测距仪、GPS全球定位系统、惯性导航系统（INS）于一体，广泛地应用于地球科学领域。机载LIDAR系统进行航拍时，由全球定位系统确定传感器的空间位置（经纬度），由惯性导航系统（INS）测量飞机的仰俯角、侧滚角和航向角，由激光测距仪直接测量地形。由于LIDAR集合了惯性导航系统和GPS全球定位系统，可同时确定传感器的位置和方向，获得地表的数据，从而自动、快速获取地学编码影像和大比例尺的三维高程图。地面激光扫描仪可用于工程测量、地形测量、虚拟现实和模拟可视化、施工监测等诸多领域。由于能够直接获取被测目标的三维空间数据并同时获取影像信息，激光扫描仪在作业速度、灵活性以及精度方面，相对于其他三维重建方法有着无可比拟的优势。

6.低空无人机遥感技术

20世纪90年代后期，无人航空飞行器作为一种新型的飞机平台，性能不断提高。该系统是一种新型的低空高分辨率遥感影像数据快速获取系统。获取城市精细三维数据需要遥感传感器具有倾斜摄影能力，才能用于提取人工地物的纹理和高度信息。这种技术目前还有很多限制，主要是超低空飞行虽然可以获得极高分辨率的影像，但覆盖范围小，同时可能会因为人工地物遮挡发生危险。

7.车载移动测绘系统

车载移动测绘系统是一个基于多传感器与多技术集成的综合系统。典型的车载移动系统包括绝对定位传感器、自包含内部定位传感器和数据采集传感器。集成的车载测绘系统，可用于车辆导航、公路及铁路等道路网测绘、人工地物测绘、机动交通监测等多个领域。目前，移动测绘系统还处于研究阶段，距广泛应用还有差距，很多相关技术还有待完善，设备也很昂贵。但该技术是一种高度自动化、集成化的数据获取方式，非常具有发展前景。

8.近景摄影测量

近景摄影测量具有较高的精度，一般采用交向摄影，由不同的角度和方向摄取地物的多幅影像实现整个物体表面的立体覆盖。因此，近景摄影测量一般应用于单个地物的三维数据获取，尤其是复杂地物特征。古迹维护、数字遗产构建是其应用的重要领域。

9.雷达干涉测量技术（INSAR）

"干涉"的概念来源于物理和光学领域，利用来自两个不同的相干光源的相位差，可以进行高精度的测距。雷达（INSAR）就是利用SAR在平行轨道上对同一地区获取两幅

（或两幅以上）单视复数影像来形成干涉，利用从雷达复数影像数据衍生出来的相位信息提取地表高程、地表变化及土地利用等信息，从而服务于高精度的地形测绘和形变监测等。

（二）空间数据库

地理信息系统的空间数据结构是对地理空间客体所具有的特性的最基本的描述。地理空间是一个三维的空间，其空间特性表现为四个最基本的客体类型，即点、线、面和体。这些客体类型的关系是十分复杂的。一方面，线可以视为由点组成，面可由作为边界的线所包围而形成，体又可以由面所包围而形成。可见四类空间客体之间存在着内在的联系，只是在构成上属于不同的层次。另一方面，随着观察这些客体的坐标系统的维数、视角及比例尺的变化，客体之间的关系和内容可能按照一定的规律相互转化。例如，由三维坐标系统变为二维坐标系统后，通过地图投影，空间体可变成面，面可以部分地变成线，线可以部分地变成点，视角变化之后，也将使某些客体发生变化。坐标系统的比例尺缩小时，部分的体、面、线客体均可能变为点客体。由此可见，空间点、线、面和体等客体及它们之间结构上的关系是地理信息系统空间数据结构的基础。

1.数据库的概念

数据库就是为一定目的服务，以特定的数据存储的相关联的数据集合，它是数据管理的高级阶段，是从文件管理系统发展而来的。地理信息系统的数据库（简称空间数据库或地理数据库）是某一区域内关于一定地理要素特征的数据集合。

2.空间数据库特点

空间数据库与一般数据库相比，具有以下特点：

（1）数据量特别大，地理系统是一个复杂的综合体，要用数据来描述各种地理要素，尤其是要素的空间位置，其数据量往往很大。

（2）不仅有地理要素的属性数据（与一般数据库中的数据性质相似），还有大量的空间数据，即描述地理要素空间分布位置的数据，并且这两种数据之间具有不可分割的联系。

（3）数据应用广泛，如地理研究、环境保护、土地利用与规划、资源开发、生态环境、市政管理、道路建设等。

3.空间数据库的实现和维护

（1）空间数据库的实现

根据空间数据库逻辑设计和物理设计的结果，可以在计算机上创建起实际的空间数据库结构，装入空间数据，并测试和运行，这个过程就是空间数据库的实现过程，它包括如下程序：

第一，建立实际的空间数据库结构。

第二，装入试验性的空间数据对应用程序进行测试，以确认其功能和性能是否满足设计要求，并检查对数据库存储空间的占有情况。

第三，装入实际的空间数据，即数据库的加载，建立起实际运行的空间数据库。

（2）相关的其他设计

其他设计的工作包括加强空间数据库的安全性、完整性控制，以及保证一致性、可恢复性等，总之是以牺牲数据库运行效率为代价的。设计人员的任务就是要在实现代价和尽可能多的功能之间进行合理的平衡。这一设计过程包括：

第一，空间数据库的再组织设计。对空间数据库的概念、逻辑和物理结构的改变称为再组织，其中改变概念或逻辑结构又称再构造，改变物理结构称为再格式化。再组织通常是由于环境需求的变化或性能原因而引起的。一般数据库管理系统，特别是关系型数据库管理系统都提供数据库再组织的实用程序。

第二，故障恢复方案设计。在空间数据库设计中考虑的故障恢复方案，一般是基于数据库管理系统提供的故障恢复手段，如果数据库管理系统已经提供了完善的软硬件故障恢复和存储介质故障恢复手段，那么设计阶段的任务就简化为确定系统登录的物理参数，如缓冲区个数、大小，逻辑块的长度，物理设备等。否则，就要制定人工备份方案。

第三，安全性考虑。许多数据库管理系统都有描述各种对象（记录、数据项）的存取权限的成分。在设计时根据用户需求分析，规定相应的存取权限。子模式是实现安全性要求的一个重要手段。也可在应用程序中设置密码，对不同的使用者给予一定的密码，以密码控制使用级别。

第四，事务控制。大多数数据库管理系统都支持事务概念，以保证多用户环境下的数据的完整性和一致性。事务控制有人工和系统两种控制办法，系统控制以数据操作语句为单位，人工控制则以事务的开始和结束语句显示实现。大多数数据库管理系统也提供封锁粒度的选择，封锁粒度一般有库级、记录级和数据项级。粒度越大，控制越简单，但并发性能差。这些在相关的设计中都要统筹考虑。

（3）空间数据库的运行与维护

空间数据库正式投入运行，标志着数据库设计和应用开发工作的结束和运行维护阶段的开始。本阶段的主要工作是：

第一，维护空间数据库的安全性和完整性。需要及时调整授权和密码，转储及恢复数据库。

第二，监测并改善数据库性能。分析评估存储空间和响应时间，必要时进行数据库的再组织。

第三，增加新的功能。对现有功能按用户需要进行扩充。

第四，修改错误。包括程序和数据。

4.数据库管理系统

数据库是关于事物及其关系的信息组合。早期的数据库物体本身与其属性是分开存储的，只能满足简单的数据恢复和使用。数据定义使用特定的数据结构定义，利用文件形式存储，称之为文件处理系统。

文件处理系统是数据库管理最普遍的方法。但有很多缺点：第一，每个应用程序都必须直接访问所使用的数据文件，应用程序完全依赖于数据文件的存储结构，数据文件修改时应用程序也随之修改。第二，由于若干用户或应用程序共享一个数据文件，要修改数据文件必须征得所有用户的同意，缺乏集中控制，也会带来一系列数据库的安全问题。DBMS的最大优点是提供了两者之间的数据独立性，即应用程序访问数据文件时，不必知道数据文件的物理存储结构。当数据文件的存储结构改变时，不必改变应用程序。

5.GIS数据管理方法的类型

GIS数据管理方法主要有以下4种类型：

（1）对不同的应用模型开发独立的数据管理服务。这是一种基于文件管理的处理方法。

（2）在商业化的DBMS基础上开发附加系统。开发一个附加软件用于存储和管理空间数据以及空间分析，使用DBMS管理属性数据。

（3）使用现有的DBMS，通常是以DBMS为核心，对系统的功能进行必要的扩充，空间数据和属性数据在同一个DBMS管理之下。需要增加足够数量的软件和功能来提供空间功能和图形显示功能。

（4）重新设计一个具有空间数据和属性数据管理和分析功能的数据库系统。

（三）空间分析

空间分析是对分析空间数据有关技术的统称。根据作用的数据性质不同，可以分为如下几类：

（1）基于空间图形数据的分析运算。

（2）基于非空间属性的数据运算。

（3）空间和非空间数据的联合运算。

空间分析赖以进行的基础是地理空间数据库，其运用的手段包括各种几何的逻辑运算、数理统计分析、代数运算等数学手段，最终目的是解决人们所涉及的地理空间的实际问题，提取和传输地理空间信息，特别是隐含信息，以辅助决策。

1.缓冲区分析

邻近度（proximity）描述了地理空间中两个地物距离相近的程度，它的确定是空间分析的一个重要手段。交通沿线或河流沿线的地物有其独特的重要性，公共设施（商场、邮局、银行、医院、车站、学校等）的服务半径，大型水库建设引起的搬迁，铁路、公路以及航运河道对其所穿过区域经济发展的重要性等，均是一个邻近度问题。缓冲区分析是解决邻近度问题的空间分析工具之一。

所谓缓冲区，就是地理空间目标的一种影响范围或服务范围。

2.叠加分析

地理信息系统叠加分析可以分为以下几类：视觉信息叠加、点与多边形叠加、线与多边形叠加、多边形叠加、栅格图层叠加。

（1）视觉信息叠加

视觉信息叠加是将不同侧面的信息内容叠加显示在结果图件或屏幕上，以便研究者判断其相互空间关系，获得更为丰富的空间信息。地理信息系统中视觉信息叠加的内容是十分丰富的。

（2）点与多边形叠加

点与多边形叠加，实际上是计算多边形对点的包含关系。矢量结构的GIS能够通过计算每个点相对于多边形线段的位置，进行点是否在一个多边形中的空间关系判断。

通过点与多边形叠加，可以计算出每个多边形类型里有多少个点，不但要区分点是否在多边形内。还要描述在多边形内部的点的属性信息。通常不直接产生新数据层面，只是把属性信息叠加到原图层中，然后通过属性查询间接获得点与多边形叠加的需要信息。

（3）线与多边形叠加

线与多边形叠加，是比较线上坐标与多边形坐标的关系，判断线是否落在多边形内。计算过程通常是计算线与多边形的交点，只要相交，就产生一个结点，将原线打断成一条条弧段，并将原线和多边形的属性信息一起赋给新弧段。叠加的结果产生了一个新的数据层面。每条线被它穿过的多边形打断成新弧段图层，同时产生一个相应的属性数据表记录原线和多边形的属性信息。根据叠加的结果，可以确定每条弧段落在哪个多边形内，可以查询指定多边形内指定线穿过的长度。如果线状图层为河流，叠加的结果是多边形将穿过它的所有河流打断成弧段，可以查询任意多边形内的河流长度，进而计算它的河流密度等；如果线状图层为道路网，叠加的结果可以得到每个多边形内的道路网密度，内部的交通流量，进入、离开各个多边形的交通量，相邻多边形之间的相互交通量。

（4）多边形叠加

多边形叠加是GIS最常用的功能之一。多边形叠加将两个或多个多边形图层进行叠加产生一个新多边形图层，其结果将原来多边形要素分割成新要素，新要素综合了原来两层或多层的属性。

多边形叠加结果通常把一个多边形分割成多个多边形，属性分配过程最典型的方法是将输入图层对象的属性拷贝到新对象的属性表中，或把输入图层对象的标志作为外键，直接关联到输入图层的属性表。这种属性分配方法的理论假设是多边形对象内属性是均质的，将它们分割后，属性不变。也可以结合多种统计方法为新多边形赋属性值。

（5）栅格图层叠加

栅格数据结构具有空间信息、隐含属性信息明显的特点，可以看作最典型的数据层面，通过数学关系建立不同数据层面之间的联系是GIS提供的典型功能。空间模拟尤其需要通过各种各样的方程将不同数据层面进行叠加运算，以揭示某种空间现象或空间过程。

3.网络分析

对地理网络（如交通网络）、城市基础设施网络（如各种网线、电力线、电话线、供排水管线等）进行地理分析和模型化，是地理信息系统中网络分析功能的主要目的。网络分析是运筹学模型中的一个基本模型，它的根本目的是研究、筹划一项网络工程如何安排，并使其运行效果最好，如一定资源的最佳分配，从一地到另一地的运输费用最低等。其基本思想则在于人类活动总是趋于按一定目标选择达到最佳效果的空间位置。这类问题在社会经济活动中不胜枚举，因此在地理信息系统中，此类问题的研究具有重要意义。

（1）网络数据结构

网络数据结构的基本组成部分和属性如下：

第一，链（link）。网络中流动的管线，如街道、河流、水管等，其状态属性包括阻力和需求。

第二，节点（node）。网络中链的节点。如港口、车站、电站等。其状态属性包括阻力和需求等。

除基本的组成部分外，有时还要增加一些特殊结构，如邻接点链表用来辅助进行路径分析。

（2）主要网络分析功能

第一，路径分析。①静态求最佳路径：在给定每条链上的属性后，求最佳路径。②N条最佳路径分析：确定起点或终点，求代价最小的N条路径，因为在实践中最佳路径的选择只是理想情况，由于种种因素而要选择近似最优路径。③最短路径或最低耗费路径：确定起点、终点和要经过的中间点、中间连线，求最短路径或最小耗费路径。④动态最佳路径分析：实际网络分析中权值是随权值关系式变化的，可能还会临时出现一些障碍点，需要动态地计算最佳路径。

第二，资源分配。网络模型由中心（分配中心或收集中心）、点及其属性和网络组成。分配有两种形式：一种是由分配中心向四周分配；另一种是由四周向收集中心分配。资源分配的应用包括消防站点分布和救援区划分、学校选址、垃圾收集站点分布，停水停电对区域的社会、经济影响估计等。①负荷设计。负荷设计可用于估计排水系统在暴雨期间是否溢流、输电系统是否超载等。②时间和距离估算。时间和距离估算除用于交通时间和交通距离分析外，还可模拟水、电等资源或能量在网络上的距离损耗。

网络分析的具体门类、对象、要求变化非常多，一般的GIS软件往往只能提供一些常用的分析方法，或提供描述网络的数据模型和存储信息的数据库。其中最常用的方法是线性阻抗法，即资源在网络上的运输与所受的阻力和距离（或时间）成线性正比关系。在这基础上选择路径、估计负荷、分配资源、计算时间和距离等。对于特殊的、精度要求极高的非线性阻抗的网络，则需要特殊的算法分析。

（四）空间信息可视化

空间信息可视化是信息可视化中重要的技术，涉及大多数国民经济的行业，已经有广泛的应用。地理空间可视化通过强大、有效的地图系统将复杂的空间和属性数据以地理的形式展现出来，从而挖掘数据之间的关联性和发展趋势、了解市场动态、发现商业机会，进而及时作出正确的判断和决策。空间信息可视化是现有计算机可视化技术的具体应用，是以地理环境作为依托，强调的是地理认知与分析，透过视觉效果，探讨空间信息所反映的规律知识是空间信息可视化的真正目的。

随着高速计算机的出现，利用仿真和虚拟技术可以模拟一些不能观测到的自然现象或社会现象，同时，利用这种技术，科学家更容易理解观测到的数据，尤其是过去难以理解的数据。

20世纪60年代发展起来的基于计算机的地理信息系统，就利用计算机图形软硬件技术，把地理空间数据的图形显示与分析作为基本的不可缺少的功能，GIS可视化要早于科学计算可视化的提出。GIS可视化早期受限于计算机二维图形软硬件显示技术的发展，大量的研究放在图形显示的算法上，如画线、颜色设计、选择符号填充、图形打印等。继二维可视化研究后，进一步发展为对地学等值面（如数字高程模型）的三维图形显示技术的研究，它是通过三维到二维的坐标转换、隐藏线、面消除、阴影处理、光照模型等技术，把三维空间数据投影显示在二维屏幕上。由于对地学数据场的表达是二维的，而不是真三维实体空间关系的描述，因此属于2.5维可视化。但现实世界是真三维空间的，二维GIS无法表达诸如地质体、矿山、海洋、大气等地学真三维数据场，所以，从20世纪80年代末以来，真三维GIS及其可视化成为GIS的研究热点。随着全球变化，区域可持续发展，环境科学等的发展，时间维越来越被重视。而计算机科学的发展、如处理速度加快、处理与存储数据的容量加大、数据库理论的发展等使得动态地处理具有复杂空间关系的大数据量成为可能，从而使得时态GIS、时空数据模型、图形实时动态显示与反馈等的研究方兴未艾。从GIS及其可视化的发展来看，GIS可视化着重于技术层次上，如数据模型（空间数据模型、时空数据模型）的设计，二维、三维图形的显示，实时动态处理等。目标是用图形呈现地学处理和分析的结果。

（五）WebGIS

Web技术和GIS技术相结合，最为激动人心的产物就是 WebGIS（万维网地理信息系统）。WebGIS，简言之，就是利用Web技术来扩展和完善地理信息系统的一项新技术。由于HTTP协议采用基于CIS的请求–应答机制，具有较强的用户交互能力，可以传输并在浏览器上显示多媒体数据，而GIS中的信息主要是以图形、图像方式表现的空间数据，用户通过交互操作，对空间数据进行查询分析。这些特点就使得人们完全可以利用Web来寻找他们所需要的空间数据，并且进行各种操作。

（六）分布式地理信息系统

随着计算机网络的发展，基于客户机–服务器体系结构，并在网络支持下的分布式系统结构已经成为地理信息系统的发展趋势。由于GIS的固有的特点，使得运行于网络上的分布式系统特别适合于构造较大规模的GIS应用，其应用表现在以下几个方面：

1.数据的分布

在地理信息系统中，主要数据是空间数据，由于数据生产和更新的要求，常常需要存放在空间上分离的计算机上。

2.应用功能的分布

CIS的功能组成了由空间数据录入到输出的一个工作流程，不同的人员由于其关注的信息不同，需要不同的GIS功能服务对数据进行处理，将应用分布在网络上就可以解决该问题。

3.外设共享

外设的分布是服务分布的一种，由于许多GIS外设较为昂贵，如高精度平板扫描仪、喷墨绘图仪、大幅面数字化仪等，而通过分布式系统，可以实现这些设备的共享。

4.并行计算

在地理信息系统中，许多模型具有较高的时间复杂性，利用分布系统可以实现并行计算，缩短计算时间。

（七）软件系统组成

通用GIS软件系统既独立于各种具体的应用系统，又为这些应用系统进一步扩展提供有力的技术支持，因此它是加速GIS产业发展和应用的关键。通用GIS软件工具的功能越齐全、性能越可靠，它的应用范围就越广泛，产生的效益就越显著。

不同规模和水平的GIS通用软件工具，其内容和技术水平有很大的差别。就GIS的计算机硬件规模而言，目前大体上可分为微机型和工作站或中小型机型两类。在发展GIS软件系统时，要注意不同机型和水平。为此，要尽可能采用一致的数据结构或格式，使不同规模的软件工具能联网运行，以便充分有效地实现系统资源的共享和利用，减少不必要的重复浪费。

1.设计和建造GIS软件系统应遵循的原则

在设计和建造GIS软件系统时，应遵循如下原则：

（1）系统地应用计算机科学中已发展起来的技术和方法，如软件工程、数据库理论、算法、计算机图形学、人工智能以及自然语言处理等。

（2）综合使用相关学科中较成熟的科技方法，包括遥感、数字制图、影像理解、计算机视觉等。GIS和遥感的有效结合是GIS发展的一个必然趋势和重要内容。特别是随着遥感技术的不断发展，人们可以动态地从遥感图像中提取大量有用和现势性好的信息，这是快速更新GIS数据的主要途径。在GIS软件中，一般应提供这方面的功能。

（3）在大型数据库中，对复杂空间目标的查询是一件很困难的事情。查询的效率在很大程度上取决于存储的数据量、数据编码方法和文件结构设计，对这个问题需要认真研究解决，尽可能避免使用低效率的搜索技术。

（4）方便用户使用，易于掌握，并且尽可能满足多用户的需要。

2.GIS软件工具的构成

GIS软件工具一般包括如下主要部分或模块：

（1）空间数据库管理系统

它是GIS软件工具的核心部分，统一管理属性和空间数据，具有初始化、输入、更新、删除、检索、变换、量测、维护等功能，并为其他模块提供基本图形图像支持工具和接口。

（2）图形图像处理系统

该系统不仅要包括通用图形处理功能，如图形数据输入、编辑、构建拓扑关系、地图整饰、图幅接边等，而且应具有图像处理功能，如几何纠正、滤波、边缘提取、图像分类等。图形图像处理系统应作为一个整体，处于同一界面之下，以实现 GIS 和遥感的完全结合。

（3）数字高程（地面）模型模块

数字高程（地面）模型是一种特殊的数据模型，在地球科学和区域规划设计中有广泛的用途。一般将它设计成一个单独的模块。

（4）空间数据分析系统

空间数据的处理、分析是GIS软件的又一重要内容和特色所在。关于空间数据分析，可分为三个不同的层次：一是简单的空间搜索、空间叠加，如缓冲区分析、网络通路、资源分配、多边形叠加等，可称为传统手工操作的计算机化；二是空间格局的关系及其描述，包括对空间格局在数量上的描述和定性的趋势分析，如空间目标的聚散度分析；三是空间模拟，如空间过程机制、空间动态模型、预测空间格局的发展变化等。

自20世纪60年代以来，空间统计分析的技术方法取得了很大发展，如破碎度、离散度、优势度、分数维等特征值表述，自相关、遥相关等相关方法，profile、趋势面等空间过程，以及点模式、空间统计插值、空间推理等方法。然而，由于GIS技术应用目标（任务）的复杂性，计算机技术发展水平的限制，以及人们对空间统计分析理论和技术方法的掌握还不够，因而这些方法还基本上没有被地理信息系统所接纳，在空间分析系统的研究和建设方面任务艰巨，内容丰富。

（5）智能专家系统工具

该系统工具以人工智能为基础，是通用的GIS软件工具，它具有组织和使用知识及不充分、不准确数据，模仿专家的思维、推理，进行分析和解决问题的能力。这是一个有待发展和令人鼓舞的领域。

（6）输入输出支持系统

该系统应能实现常用GIS数据格式间的转换。能够支持多种形式的数据输入，如文本、数字、矢量和网格图形数据的输入。在输出功能方面，应具有文本、表格、图形和图像等多种形式数据的功能，包括点阵打印、矢量绘图仪，甚至栅格绘图仪，以及自动分色排版等。

第二节　国家地理空间框架探究

一、地理空间框架数据的内容

国家基础地理信息系统（NFLIS）是目前我国最大的全国性GIS。它是国家测绘局的专业信息系统，也是国家经济信息系统网络体系中的一个基础子系统。中国测绘科学研究院从1984年开始研究、开发它。

NFLIS是以形成数字信息服务的产业化模式为目标，以国家基本比例尺地形图、测绘控制点、航空和航天遥感影像等为主要信息源的一种GIS。

NFLIS的地形数据库是空间型GIS数据库。它是将国家基本比例尺地形图上各类要素，包括水系、交通、境界、居民地、地形、植被等，按照《国土基础信息数据分类与代码》(GB/T 13923—1992进行分类编码，并按照一定的规则分层，对各要素空间位置、附属属性信息及互相间的空间关系等数据进行采集、编辑处理建成的数据库。考虑到数字形式数据处理的特点及数据综合的局限性，全国范围地形数据库的比例尺大体分为三级，即1∶100万、1∶25万和1∶5万（或1∶10万）。

地名数据库是与地形数据库配套的空间定位型关系数据库。它是将国家基本比例尺地形图上各类地名注记进行分类编码，连同其标准地名、所说明实体的空间位置（经纬度、投影坐标）及其他有关数据项录入数据库中。它与地形数据库之间具有技术接口，以便互相链接、互相访问。

地理空间框架数据的基本作用是，可作为研究和观察地理目标状况的最基本信息，成为地理信息系统及应用系统所需的公共信息，作为定位参考的基准供各类用户添加其他与空间位置有关的专题信息。

由于各行各业对地理信息的需求各有侧重，如果定义一种涵盖所有地理要素的全集的地理信息数据库，将是一项非常复杂而庞大的系统工程，无论是数据获取，还是管理都很难实现，这一直是地理信息推广使用的一个"瓶颈"。早在几年前，国际地学界就开始探讨框架性地理信息数据的定义，其中最有成效的是美国联邦地理数据委员会（FGDC, The Federal Geographic Data Committee）。参照FGDC所建议的框架地理要素的内容，结合我国在空间信息方面的有关政策，以及实际的数据资源情况，对我国地理空间框架数据的内容可以定义为以下6项：

（1）正射影像。经过正射纠正的航空或航天遥感卫星影像，本身可作为采集或更新矢量地理要素的数据源，同时可作为背景，真实、直观地表现地表覆盖物特征。近几年，随着高分辨率资源遥感卫星的商业化，数字影像形成了从低分辨率到高分辨率、从全色到高光谱，满足不同用户需求的系列产品。

（2）数字高程模型。以规则格网存储的地表面高程信息，反映一个地区的地形起伏特征。

（3）交通。国、省、县、乡道路，城市主次街道、桥梁、隧道、机场、码头以及相关设施的名称等。

（4）水系。大小河流、湖泊、水库、沟渠及其名称。

（5）行政境界。各级政府所辖的行政境界及政府机关所在位置。

（6）地名与地名定位。政府机关、企事业单位、公共服务、文化教育、娱乐休闲等实体所在的位置及名称。

地理空间框架信息抽象和定义了在同一区域内，与空间信息有关的各行各业最公共、最基础的信息资源，但并不代表全部信息。每个行业在此基础上，叠加自己的专业信息，构成了完整的、适合本行业特点的空间信息资源。通常情况下，规划、土地、房产

（地籍）部门对空间信息有更详细的要求，三者之间也有相当一部分公共信息，而其他部门如交通、环保等则更多地以框架空间信息为主，各自需要少量的专业信息就能满足需求。

二、基础地理信息标准

过去20年来，我国在各类科研项目和工程项目中，对地理数据基础建设、GIS技术和软件开发的投入逐渐加大，推动了地理信息数据、服务和服务平台的建设，也促进了地理信息标准的研制和实施。根据《国家地理信息标准化"十一五"规划》，我国地理信息标准化已经取得了一定基础，在标准前期研究、标准制修订、标准体系研究、标准宣传与贯彻以及采用国际标准等各标准化环节都取得了一定的成绩。

全国地理信息标准化技术委员会（SAC/TC 230）是我国从事地理信息领域标准化工作的国家级技术组织，主要负责地理信息领域国家标准的规划、协调和技术归口工作，以及ISO/TC 211对口业务工作。

SAC/TC 230归口管理的77项国家标准按照制定的时间和内容可以分为4类：

（1）图件记录类，制定于1994年之前，包括测绘技术、图件绘制和印刷、测绘术语、测绘仪器等在内的共计29项标准。

（2）数据获取类，制定于1995年至1998年间，包括数字测图、电子或数字地图、图件数字化等在内的18项标准。

（3）数据管理类，制定于1999年至2003年间，包括数据交换格式、数据库接口、产品质量、GIS系统设计、GPS测量、信息一致性与测试等方面的标准共15项。

（4）服务类，2004年以来制定的标准，包括元数据、数据字典等信息共享标准，以及导航服务的数据、产品和安全等方面的标准共计15项。

除上述标准研制工作以外，在标准体系研制方面，我国借鉴ISO/TC 211的经验开展了地理信息标准体系的研究工作，提出了国家地理信息标准体系框架。在标准实施贯彻方面，已经颁布的地理信息国家标准、行业标准在数据生产、产品制作、应用服务等环节得到初步贯彻，并逐步渗透到更广泛的应用领域。在积极参与国际标准化活动方面，加强了对ISO/TC 211及其他国际组织在地理信息标准制修订方面的跟踪和研究。对已成熟且符合我国国情的若干国际标准，予以转化或直接采纳为国家标准，并组织了相关国际标准的宣讲、介绍和交流活动。

三、基础地理信息更新

空间信息基础设施是政府管理的重要的基础设施，实施空间信息基础设施更新机制，必须将基础测绘纳入国民经济和社会发展年度计划中，设立专项，列入财政预算，确定基础测绘定期更新的周期，建立和完善控制网数据库、地形图数据库、数字高程模型数据库、数字正射影像数据库、地名数据库，构成完整的空间信息基础设施的数据集，确保空间数据基础设施的建设。

空间信息的生产和更新，应依托现有基础地理信息数字产品规模化生产基地的产业队伍，各专业部门按照统一的地理框架和数据标准填充本部门专业性信息。各部门分别负责维护和更新自己生产的数据。这些信息可以是分布式管理，也可以是集中式管理，通过数据交换网络实现信息资源共享。

空间信息是一个多数据源、多分辨率、多时相、多尺度、多维、无缝、动态的数据库。影像数据直观、信息丰富，可实现无损加工，并且生产周期短，数据来源多，有多种分辨率的卫星遥感影像和航空摄影影像；采用框架矢量要素，而不是全要素，主要基于框架要素可以实现快速更新，既能满足空间操作的要求，又能对影像不能表达的地理信息进行补充；数字地面模型主要用于虚拟现实的构造。城市空间信息采集与更新技术主要包括航空摄影测量技术、高分辨率卫星遥感技术、地面测绘技术、GPS测量技术以及激光扫描、近景摄影测量技术等。这里值得关注的是，基于轻型飞机和高分辨率数码相机的低空摄影测量技术在城市空间信息更新方面具有巨大的应用潜力。

利用历史资料也是建设空间信息基础设施的重要方法，历史资料主要是以传统方法测绘的各种比例尺地形图、各种公用设施的分布图等。这些资料对了解地区的发展过程，特别是各项基础设施在地区的空间分布等，对于更好地进行基础建设管理，都是最宝贵的。这类资料在建设空间信息基础设施时要进行整理、加工、分类。采用扫描矢量化、数字化方式制作矢量图、现状专题图进行整理入库。

局部地物补测，可以采用GPS或内、外业一体化的方式获取有关信息。在当今数字时代，一个更有效的更新手段就是经常更新最大比例尺的地图，利用自动综合的手段从该大比例尺地图中导出小比例尺地图。空间信息更新技术手段和工艺的选择主要取决于数据源、产品种类和设备配置。

在各类空间信息数据库的建设过程中，如何实现数据的更新及以什么形式进行数据更新，是数据库管理者要重点考虑的问题之一。目前普遍采用的是对数据存储单元内的数据进行整体替换的方法来实现对数据的更新，即用新的数据来替换旧的数据。影像数据库的更新一般不会直接对数据库中某一数据单元内的局部数据进行增加、删除、修改等操作，而是在外部事先把要更新的数据制作完毕后再导入数据库中，即对数据库的数据更新操作，只是一个数据替换的过程。

四、基础地理信息共享

随着地理信息技术的发展，地理信息系统的应用范围已经逐渐从工程应用转向行业和社会化应用，而地理信息技术与网络技术的结合推动GIS应用扩展到了各个应用领域和广泛的地理区域。随之在网络上出现了大量不同类型、分布式异构地理信息源，如数据库、数据文件、地图图片等，它们是由不同的商业组织、政府组织、企业和个人根据应用需求在不同的软件平台或数据库管理系统中创建并维护的。许多应用所需的数据可能来自不同数据源，这涉及不同数据源之间地理信息的共享和集成。

地理信息共享是指国家依据一定的政策、法规和标准规则，实现地理信息的流通与共用。其共享载体有口头、纸质、网络等。

基础地理信息是国家重要的信息资源，是整合各类自然资源信息和经济社会人文信息的基础平台，对于加强和改善宏观调控、制定发展战略与规划、加强资源管理、调整经济结构、提高应急管理能力等都具有十分重要的作用。很多国家的地理信息是由国家采集、保存和管理的。

由于地理数据的海量性、应用的广泛性，为了减少信息基础设施重复建设和重复采集而浪费大量的人力、财力和物力，一个国家或地区，甚至是国与国之间，要为地理信息共享而建设空间数据基础设施、进行相关标准的规定、制定相应的法律和政策。基础设施建设昂贵，但作用巨大，再加上很多地理信息包含个人信息，即关系到"个人隐私"，甚至是"国家隐私"，考虑到上述因素，地理信息共享不是完全意义上的共享。

地理信息共享在我国是指在政府宏观调控下，依据一定的规则和法规，实现信息的流通与共用。对充分发挥与挖掘信息资源，使其得到最大限度的利用，为国民经济建设和社会进步服务，意义非常巨大和深远。据不完全统计，目前社会与地理信息有关，即具有空间与时间概念的信息，占80%左右，反映出这部分信息共享的重要性、基础性与公益性的巨大潜力与作用。信息共享标准、信息共享政策和信息共享立法是一个有机的整体。信息共享是我们的最终目的，而信息标准是实现共享的前提，信息立法是共享实现的保障，信息共享政策则起着指导和调控的作用。

一般而言，要实现地理信息共享，需要有3个基本条件，即数据资源、共享规则和技术手段。目前，我国要实现信息共享必须注意到3个重要的背景状况即海量数据、网络技术和市场经济。所谓海量数据，是指不仅数据源丰富多样（主要来自航天航空遥感、基础与专业地图和各种经济社会统计数据），积累丰厚，而且更新很快，更增加了它的量从而提高了它的质，这是一个没有得到充分利用而又极其宝贵的"数据海洋"。技术的进步使我们面对的主要是以网络体系为核心的信息共享环境，它具有实时、远程和全球性的特点。社会主义条件下的市场经济是我们考虑共享政策和政府宏观调控时一个最根本的经济背景。这3个支撑条件，使我国实现地理信息共享既与国际接轨又具有本国的特色。

五、地理信息公共服务平台

全国地理信息公共服务平台是以分布式地理空间框架数据库为基础、以网络化的地图与地理信息服务为表现形式、以电子政务内外网为依托，国家、省、市三级互联互通的地理信息服务体系。平台可以为相关部门加载专业信息、标图制图、导航定位、构建专业应用系统等提供简单、高效、快捷的地理信息应用开发环境，为政府管理决策、国家应急管理等提供在线地图与地理信息服务。平台建成后，纵向上将形成由国家级、省级和市级平台服务中心构成的协同服务体系，横向上每个服务中心将会与同级应用部门进行连接。

（一）地理信息公共服务平台的目标

地理信息公共服务平台是以基础地理信息资源为基础、以地理空间框架数据为核心，利用现代信息服务技术建立的一个面向政府、公众和行业用户的、开放式的信息服务平台，在提供最基本的空间定位服务的同时，对各种分布式的、异构的地理信息资源进行一体化组织与管理，在多重网络环境下实现以下3个目标：

（1）以基础测绘（地理信息）产品为主要内容的产品分发服务。

（2）以地理空间框架数据为核心的基本定位服务。

（3）在统一的地理空间框架数据基础上，通过集成和加载政府信息化综合信息以及各行业专题空间或非空间信息，在保障政府各部门对各自信息权益的前提下，既实现对地理信息资源的整合和共享服务，也为各类信息（空间或非空间）实现网络化服务建立一个基础平台。

（二）地理信息公共服务平台主要设计思想

（1）基础地理信息资源分为国家级、省级和市级3部分，每一级管理的区域、精度和详细程度不同。对应着每级政府测绘部门所管理的数据资源，各级地理空间框架数据来源于对应的基础地理信息，与相应的综合属性信息结合构成地理信息公共服务平台最基本的信息资源。

（2）地理信息公共服务平台建设必须与各级政府的信息化建设结合起来，具体地说就是与信息化部门合作完成，其原因在于：①基础地理信息社会化应用本身就是政府信息化建设的重要组成部分。②各级政府信息化部门已经掌握大量的信息资源，并且负责信息化基础设施的建设。地理信息公共服务平台的建设可以利用地理信息的载体作用，有效地促进政府信息资源的整合。③每一级的地理信息公共服务通过互联网和政务外网的政府门户网站发布。

（3）分建共享，各自维护。各行业可以独立建设自己的应用系统。或在原有的业务系统上进行改造，利用网络调用地理信息公共服务平台的基础信息资源。同时，行业专题信息在对应的地理信息服务平台上发布共享，从而实现"专业信息的拥有者各自负责信息的管理、维护、更新和发布共享"的目标。

（4）地理信息公共服务平台的服务对象分为公众用户、政府用户和行业用户。其中，公众用户在互联网上获得服务，政府用户通过政务外网获得服务，而行业用户则通过两个网络环境获得服务。

第九章　地理信息技术

第一节　卫星遥感

一、概述

遥感技术是20世纪60年代以来迅速发展的一门有广阔前景的学科。顾名思义，"遥感"（Remote Sensing）一词就是"遥远的感知"。遥感技术是空间科学技术中的重要组成部分，被称为宇宙中的"眼睛"。它是建立在现代光学技术、红外技术、雷达技术、激光技术、全息技术、电子计算机技术，电子学和信息论等新的技术科学及地球科学理论基础上的一门新兴的综合性很强的科学技术、遥感技术的特点是不直接接触研究的对象，在高空或远距离处，接收物体辐射或反射的电磁波信息，应用电子计算机或其他信息处理技术，加工处理成能识别的图像或电子计算机用的记录磁带，经分析判读，揭示出被测物体的性质，形状和动态变化。

自从1m分辨率的IKONOS卫星成功发射以来，经过十多年的发展，各国先后发射了几十颗分辨率在0.5～5m的高分辨率遥感卫星。目前最新的高分辨率遥感卫星如WorlView-I、GeoEye-1的空间分辨率已达到0.41m，计划中的GeoEye-2分辨率达到0.25m。高分辨率遥感卫星影像的空间分辨率已经接近传统航空影像，加之遥感卫星具有覆盖范围大、机动能力好以及不受空间政策影响等优点，高分辨率遥感卫星影像逐渐取代航空影像，被广泛应用于测绘、城市规划、环境保护、农业、自然灾害监测与应急、各类资源的调查普查等。随着高分辨率、海量数据的遥感卫星影像的广泛应用，通用成像模型（RPC模型）、面向对象分类技术、智能遥感图像处理技术以及利用计算机格网快速处理海量影像数据等技术逐步发展成熟。

随着CCD传感器技术的发展，航空摄影测量中，数字航空摄影已呈现明显的优势。目前已出现多种成熟的航空数码相机系统，如奥地利Vexcel公司的UCD系统、德国

171

Z/IIMACINC公司的DMC系统、徕卡的ADS40以及我国具有自主知识产权的SWDC航空相机。与传统的像片航空摄影相机相比，航空数码相机在影像质量、影像数据格式转换、影像处理流程、影像辐射定量分析等方面具有明显优势，其缺点主要是影像覆盖范围相对较小，需要更多的控制信息。目前，我国已多次成功地利用航空数码相机进行大比例尺地形图测绘的生产试验。

在航空摄影测量中，一种低成本的遥感平台——UAV（无人控制飞行器，包括小型无人飞机和飞艇等）低空遥感系统发展起来。UAV低空遥感系统的无人飞行器具有良好的机动性、灵活性，不需要专用起降场地，可采用普通数码相机作为传感器，应用成本非常低廉。由于UAV的飞行高度很低，其传感器空间分辨率高，并不受云的影响，可以获取多视影像以消除遮蔽现象，非常适合小范围内复杂地区的监测、探查、三维景观获取等。

合成孔径雷达干涉测量（InSAR）是使用雷达信号的相位信息提取地球表面三维信息。InSAR技术采用的是主动式遥感成像，可以全天候工作，采用的微波穿透能力强，几乎不受天气影响，因此能全天候、全天时地获取大面积地面精确三维信息。InSAR技术发展至今，出现了很多高空间分辨率、多极化、多频率、多卫星组合的全方位观测的新型传感器系统，合理高效地处理SAR数据和提取信息是当前的热点研究问题。在利用SAR数据提取DEM方面，最成功的应用就是美国的SRTM，获取了全球超过80%的陆地区域的30m分辨率的 DEM。在利用SAR数据提取DEM方面，干涉测量中的大气影响消除、基线估算、影像配准和相位解缠仍然是制约DEM精度的关键，是当前的研究热点。永久散射体技术和差分InSAR技术的出现使得InSAR真正能够实现厘米甚至毫米级的监测，可以应用于地表沉降监测、地震形变监测、火山监测、大坝变形监测等。

激光雷达测量是利用激光测距原理，根据距离和扫描角度直接获取点位的三维坐标，它能够实现大面积、密集点位信息的获取，从传统的点测量模式转变到面测量模式，是测绘仪器技术的又一次革命。激光雷达分为机载激光雷达和地面激光雷达。机载激光雷达主要用于DEM获取、城市三维建模、电力线和管线监测等；地面激光雷达可以用于文物保护、建筑物建模、工厂管线建模等。

根据传感器工作波长的不同，可分为微波遥感、红外遥感和可见光遥感等；依照运载工具的不同又分为航天遥感和航空遥感。从摄影测量与遥感的定义来看，可以认为摄影测量是遥感技术在测量工作中的应用。不过，现今的遥感技术有着更广泛的应用领域。目前已经有对大气、陆地和海洋进行遥感的环境资源卫星系列，用地球资源卫星进行遥感可以勘测地质构造、地层分布，为资源调查和地震分析预报服务；同时，还可发现与监测灾情（如水灾、火灾等）以及环境污染，为保护与改造环境提供论据。在军事侦察方面，遥感技术早已成为一种非常重要的侦察手段。

二、卫星遥感图像

（一）基础理论

地物的光谱特性一般以图像的形式记录下来。地面反射或发射的电磁波信息经过地球大气到达遥感传感器，传感器根据地物对电磁波的反射强度以不同的亮度表示在遥感图像上。遥感传感器记录地物电磁波的形式有两种：一种以胶片或其他的光学成像载体的形式记录，另一种以数字形式记录，也就是所谓的光学图像和数字图像的方式记录地物的遥感信息。与光学图像处理相比，数字图像的处理简捷、快速，并且可以完成一些光学处理方法所无法完成的各种特殊处理，随着数字图像处理设备的成本越来越低，数字图像处理变得越来越普遍。

从空间域来说，图像的表示形式主要有光学图像和数字图像两种形式。图像还可以从频率域上进行表示。

（二）图像增强

遥感图像增强是为特定目的，突出遥感图像中的某些信息，削弱或除去某些不需要的信息，使图像更易判读。图像增强的实质是增强感兴趣目标和周围背景图像间的反差。它不能增加原始图像的信息，有时反而会损失一些信息。

根据处理空间的不同，目前常用的图像增强处理技术可以分为两大类：空间域的处理和频率域的处理。空间域处理是指直接对图像进行各种运算以得到需要的增强结果；频率域处理是指先将空间域图像变换成频率域图像，然后在频率域中对图像的频谱进行处理，以达到增强图像的目的。根据增强处理的数学形式的不同，图像增强技术又可以分为点处理和邻域处理：点处理是以单个像元为单位进行的灰度增强处理；邻域处理是对一个像元周围的小区域子图像进行灰度增强处理，又称为模板处理。

（三）辐射校正

由于遥感图像成像过程的复杂性，传感器接收到的电磁波能量与目标本身辐射的能量是不一致的，这是因为传感器输出的能量中包含由于太阳位置和角度条件、大气条件、地形影响和传感器本身的性能等所引起的各种失真。为了正确评价目标的反射及辐射特性，必须对这些失真加以校正或消除。消除或改正遥感图像成像过程中附加在传感器输出的辐射能量中的各种噪声的过程即为辐射校正。

第二节　航空摄影测量

　　航空摄影就是利用安置在飞机底部的摄影机，按一定的飞行高度、飞行方向和规定的摄影时间间隔，对地面进行连续的重叠摄影。

　　航空摄影机又称航摄仪，其构造原理与普通照相机基本相同。但在结构上有特殊要求，如感光软片须严格压平、要求像片像幅（像幅大小，一般为23cm×23cm）4个边框的中央各有一框标。摄影机的光轴与像片的交点称为像主点。两两相对框标的连线相互垂直，其交点为平面坐标系的原点，可构成像片平面坐标系，用于量测像点坐标。理想情况下框标连线的交点与像主点重合。到目前为止，航空摄影机多数是基于胶片的光学摄影机，但当前已经开始应用大幅面的数码航空摄影机。随着数码技术与数字摄影测量的发展，大幅面的数码航空摄影机将逐步取代传统的光学航空摄影机。

　　为了保证测区影像不致遗漏和内业量测的需要，相邻的像片必须有一定的重叠度，沿航线方向的重叠称为航向重叠或纵向重叠。一般要求航向重叠度为60%，最小不能小于53%。相邻航线间的重叠称为旁向重叠或横向重叠，其重叠度为30%，最小不能小于15%。同一航线上，相邻两摄影站之间的距离称为摄影基线。在第一条航线摄完后，飞机调转180°，按重叠度要求，继续摄第二条航线。

　　在航空摄影时，除要求航摄像片具有一定的重叠度外，还要求航摄像片的倾斜角（摄影光轴与铅垂线的夹角）最大不超过3°；像片的航偏角（像片边缘与航线方向的夹角）一般不大于6°，最大不超过10°。

　　像主点在像片坐标系中的坐标x_0、y_0及摄影仪焦距f称为像片的三个内方位元素，它们通常是已知的。

一、我国航空摄像的现状

　　自20世纪70年代以来，在原有航空摄影的基础上，中国航空遥感在技术及应用上都有了很大的发展。经过多年的发展，我国的航空遥感已经有了很好的基础，形成了相当的规模。目前，我国已经形成30余家拥有大、中、小型飞机作为平台的专门航空遥感的单位和企业。20世纪70—80年代发展初期，根据我国遥感应用与技术发展的需要，我国有些部门开始引进一些先进的飞机和遥感设备作为遥感基础设施。这些遥感飞机和设备都成为我国航空遥感的主力，在各自的领域里发挥了重要作用。

在国家科技攻关计划、863计划以及中国科学院重大和重点项目计划的支持下，我国以中国科学院为主开展了一系列先进和新型航空遥感系统的研制工作。先后成功研制了多光谱光学照相机、数字航空摄影仪、大面阵CCD数字相机、紫外/红外双通道扫描仪以及激光成像仪等。

目前我国航空摄影除8000m以上航高还主要使用进口的"奖状""里尔"等飞机外，中空普通航摄已普遍使用国产的"运-5""运-8""运-12"等飞机。这些飞机作为遥感平台可分别搭载多种航空遥感仪器，如DMC航空数码相机、RC30航摄仪、RMKTOP航摄仪、LMK2000航摄仪、三维激光雷达（Lidar）、机载合成孔径雷达（SAR）、成像光谱仪及导航设备等。

同时，为适应小面积航摄和低空高分辨率的需求，轻小型低空遥感平台具有机动灵活、经济便捷等优势，近年来受到摄影测量与遥感等领域的广泛关注，并得到飞速发展。低空遥感平台能够方便地实现低空数码影像获取，可以满足大小比例尺测图、高精度的城市三维建模以及各种工程应用的需要。由于作业成本较低、机动灵活、不受云层影响，而且受空中管制影响较小，有望成为现有常规的航天、航空遥感手段的有效补充。

中国将进一步建设完善天、空、地一体化的对地观测系统，大大提高我国自主空间数据的保障能力，对国家经济社会发展、国家安全和国家重大决策形成强有力的信息支撑。

二、航空摄影理论基础

摄影就是利用光学成像原理，通过物镜成像，用影像记录介质（感光材料或影像传感器）并把它们真实地记录下来的过程。空中摄影就是从空中对地球表面进行摄影。与地面摄影不同，空中摄影有其自身的特点和特殊的要求，这些特点和要求是与所获取资料的用途和摄影的特殊条件有关的。

一般来说，在离地面10km高度以下进行的摄影称为航空摄影，在高度超越稠密大气层（40km），但仍处于地球引力范围以内的摄影称为航天摄影。

空中摄影是以摄影学为原理的一种主要遥感技术。遥感就是不直接接触物体本身，而是通过电磁波来探测地球或其他星体的物体性质与特点的一门综合性的探测技术。具体地讲，是指在高空和外层空间的各种平台上，运用各种传感器获取反映地表特征的各种图像数据，通过传输、变换和处理，提取感兴趣的信息，实现研究物体空间形状、位置、性质、变化及其与环境间相互关系的一门现代应用技术科学。

图像就是对物体反射或辐射能量的记录。用图像的色调浓淡（密度）表示能量强度并记录在胶片上的就是摄影图像或称为模拟图像（简称"影像"）。用数字的大小表示能量强度，并以二进制为单位记录在磁带上的图像称为数字扫描图像或离散图像。

按照图像获取的方式，可以将遥感技术分成被动方式和主动方式。凡是遥感器自身不发射信号，只接收来自物体所反射或辐射能量而获取数据的方式称为被动方式。被动方式遥感包括光学摄影法（摄影与空中摄影）、光电摄像法（反束光导管电视摄像系统）和光学机械扫描法（多光谱扫描仪）。遥感器通过自身发射信号，然后再接收物体反射回来的信号的方式称为主动方式。主动方式遥感包括微波雷达和激光雷达。

　　显然，摄影在遥感技术的原始数据获取中占有重要的地位。早在1839年成功地摄取第一张像片以来，就建立了"摄影术"，这是遥感的雏形，是遥感技术发展的最初阶段。由于航空技术的兴起，在20世纪初期形成了航空摄影测量学，并利用航空像片进行地形测绘、资源调查和军事侦察。美国在的水星MA4飞船上第一次摄取了地面像片。随着航天技术的不断发展，第一次从航天飞机上利用测图航摄仪（RMKA30/23）成功地拍摄到1∶82万的航空像片，成为编制1∶10万地形图或修测1∶5万地形图的宝贵资料。在ISPRS阿姆斯特丹大会上，首次展示了大幅面的数码航空摄影相机，从此数码量测航空相机的发展受到了很大的重视。目前，数码航摄仪已由试验阶段开始进入实际使用阶段，为遥感技术获取原始数据增添了新的技术手段。

　　航空摄影测量是将摄影机安装在飞机上，对地面摄影，这是摄影测量最常用的方法。摄影时飞机沿预先设定的航线进行摄影，相邻影像之间必须保持一定的重叠度——称为航向重叠，一般应大于60%，互相重叠部分构成立体像对。完成一条航线的摄影后，飞机进入另一条航线进行摄影，相邻航线影像之间也必须有一定的重叠度，称为旁向重叠，一般应大于20%。

　　利用航空摄影测绘地形图，比例尺一般为1∶5万、1∶1万、1∶5000、1∶2000、1∶1000、1∶500等。其中1∶5万、1∶1万为国家、省级基本地形图，它们常用于大型工程（如水利、水电、铁路、公路）的初步勘测设计，1∶2000、1∶1000、1∶500主要应用于城镇的规划、土地、房产管理，1∶5000、1∶2000一般用于大型工程设计用图。

三、航空摄影相机

　　20世纪末，全世界用于摄影测量生产的胶片式航测相机超过2500台，而现在大约只有600台仍在服役，与此同时，已有300台左右的大型航空数码相机被售出。可以预见，随着传统胶片式航测相机的相继停产，航空数码相机有望取代传统的胶片型航测相机，成为大比例尺地理空间信息获取的主要手段。

　　Vecel、Leica等多家厂商推出了UltraCamXp和ADS 80等新型号的航空数码相机，其硬件性能进一步提高。与此同时，也出现了一些新的航空数码相机，如Appla-nixDSS 439中幅面航空数码相机及Wehrli3-DAS-2三线阵数码相机等。在过去几年里，我国使用的大幅面航空数码相机均需从国外进口，而在2007年5月，由刘先林院士主持研发的SWDC系列航空数码相机正式通过产品鉴定，结束了国外硬件厂商的垄断局面。该系统基于多台非量测相机构建，其系统售价比国外同类产品低50%以上，经过严格的相机检校过程，可拼接生成高精度的虚拟影像。经过大量试验发现，在选用50mm镜头时SWDC4型大幅面航空数码相机的高程精度高达1/10000，系统的整体技术指标达到国际先进水平。

四、航摄任务规划

（一）测区信息、资料收集

在进行航摄规划设计之前应先收集航摄地区现有的最新地形图和自然地理概况，如果该区域曾经进行过航空摄影，则应收集该区的航摄资料和大地测量成果，要详细了解该航摄地区的地形、地势情况，地物点高程、地物种类和特性以及它们的分布情况，以便适当地划分摄影分区、设计航线，正确进行航摄技术计算和选择合适的摄影材料。

另外，还要收集航摄地区的气象资料，因为这是确定航摄工作时期的重要依据。所要了解的气象资料主要包括：每年每月的晴天数、阴雨天数和大风天数，每月的平均气温和平均降水量等，根据这些气象资料，可以估计出每月的航摄天数，由此可以确定航摄工作的开始和结束的大约期限以及所需的飞机架次。所以，对气象信息的了解，对航摄的业务组织和计划是非常重要的。

（二）设计用图的选择

航空摄影航摄规划设计是在一定图纸上进行的，设计用图应选择可靠、出版时间较近的地形图作为航摄设计用图。设计用图的比例尺一般应根据测图比例尺来选择，选择用图的比例尺与测图比例尺具有一定的比例关系，选择设计用图比例尺过大，则增加设计工作量，过小则影响设计精度。在兼顾设计精度和设计工作量的同时，保证设计用图比例尺和航摄比例尺的倍率为2~5。

（三）摄影分区划分

通常航摄区域的面积很大，不能由一架飞机一两次飞行就能完成；航线过长，保持航线直线性比较困难；摄区地形高差过大，会导致像片比例尺的差别超限，同时受飞机性能的限制。因此，必须将摄影区域划分成若干摄影分区。

除了特殊情况外，每个分区的界限必须是整幅的成图图幅。分区边界线与成图比例尺图幅的图廓线一致，每一分区的最小范围不能小于相应比例尺分幅的一幅图。当摄区为丘陵和山区时，摄影分区的划分应使每个分区的高差为最小，当摄影比例尺小于1∶8000时，分区内地形高差不得大于1/4相对航高，当摄影比例尺大于或等于1∶8000时，分区内地形高差不得大于1/6相对航高。

五、航摄像片比例尺

航摄像片上某两点间的距离与地面上相应两点间水平距离之比，称为航摄像片比例尺，用1/M表示。

假定地面平坦，像片又水平，则主光轴垂直于像平面与地面。由摄影中心S组成的相似三角形可得出：

$$\frac{f}{H} = \frac{1}{M} \qquad\qquad (9-1)$$

式中：M——像片比例尺分母；

　　　f——摄影机的主距（焦距）；

　　　H——航高。

因此，当像片和地面水平时，同一张像片上的比例尺是一个常数。但当地面有起伏或像片对地面有倾斜时，像片上各部分的比例尺就不一致了。此外，对于一架航摄仪来说，f是固定值，要使各像片比例尺一致，就必须保持同一航高。但由于飞机受气流影响而产生波动，在良好的大气条件下，同一航线的航高变化限制在±20m以内，在不利情况下，也不允许超过±50m，恶劣天气时不能进行航空摄影。

航摄像片比例尺依据成图比例尺而定，一般地说，将像片比例尺放大4倍绘制成所需比例尺的地形图。

第三节　三维激光扫描

自瑞士徕卡公司推出世界上首台三维激光扫描仪的原型产品，三维激光扫描技术已走过了几十年的历程，它是继GPS之后测绘领域的又一个飞跃。三维激光扫描技术（3D Laser Scanning Technology）是一种先进的全自动高精度立体扫描技术，又称为实景复制技术。它是用三维激光扫描仪获取目标物表面各点的空间坐标，然后由获得的测量数据构造出目标物的三维模型的一种全自动测量技术。

三维激光扫描仪是通过激光测距原理（其中包括脉冲激光和相位激光），瞬间测得空间三维坐标的测量仪器。它是一种高精度、全自动的立体扫描技术。与常规的测绘技术不同，它主要面向高精度的三维建模与重构。资料显示，国外正向设计的三维模型仅占设计总量的40%，而逆向设计的三维模型达到60%。因此，三维激光扫描技术的应用十分广泛，这项技术是正向建模的对称应用，也称为逆向建模技术。由于该技术能将设计、生产、实验、使用等过程中的变化内容重构回来，所以可用于进行各种结构特性分析（如形变、应力、过程、工艺、姿态、预测等）、检测、模拟、仿真、虚拟现实、虚拟制造、虚拟装备等。因为价格昂贵，这种逆向工程目前在我国应用还处在逐步推广的阶段，我国非常多的设施、设备、生产资料、空间环境、文物古迹，以及其他无数据的目标和变换了的目标都需要三维激光扫描技术来进行研究和应用。

一、三维激光扫描系统

（一）三维激光扫描系统的组成

近年来，应用于医学、工业、规划及测绘等领域的三维激光扫描设备的生产也掀起发展高潮。国际上有30多个著名的三维激光扫描仪的制造商，生产出近100种型号的三维激光扫描仪。种类繁多的扫描仪虽然应用的领域、技术性能、扫描测量原理各有差异，但其作为三维激光扫描技术的基本组成部分，其实现功能是较为相近的。

地面三维激光扫描仪主要包含以下几个部分：

（1）扫描仪，激光扫描仪本身包括激光测距系统和激光扫描系统，还集成了CCD和仪器内部控制和校正等系统；

（2）控制器（计算机）；

（3）电源供应系统。

（二）三维激光扫描仪的部件组成

三维激光扫描仪的配置主要包括：一台高速精确的激光测距仪、一组可以引导激光并以均匀角速度扫描的反射棱镜。其中，部分仪器具有内置的数码相机，可直接获得目标对象的影像。

（三）三维激光扫描仪的基本原理

三维激光扫描仪是采用非接触式高速激光测量的方法，通过点云的形式来表现目标物体表面的几何特征。三维激光扫描仪由自身发射激光束到旋转式镜头中心，镜头通过快速、有序地旋转将激光依次扫描被测区域，若接触到目标物体，光束则立刻反射回三维激光扫描仪，内部微电脑则通过计算光束的飞行时间来计算激光光斑与三维激光扫描仪两者间的距离。同时，三维激光扫描仪通过内置的角度测量系统来量测每一束激光束的水平角和竖直角，以便获取每一个扫描点在扫描仪所定义的坐标系统内的X、Y及Z的坐标值。三维激光扫描仪在记录激光点的三维坐标的同时会将激光点位置处物体的反射强度值记录，将其称为"反射率"。

（四）三维激光扫描系统的测距原理

三维激光扫描仪的测距模式主要有两种：第一种是脉冲测量模式；第二种是基于相位差的测量模式，即通过测量发射信号和目标反射信号间的相位差来间接测距，相位差测距模式使用的是连续波激光。脉冲激光测距是利用发射和接收激光脉冲信号的时间差来实现对被测目标的距离测量，测距远、精度低；相位式激光测距利用发射连续激光信号和接收之间的相位差所含有的距离信息来实现对被测目标距离的测量，测距精度高。

（五）扫描方式

与测绘单位使用的免棱镜全站仪一样，三维激光扫描系统发射一束激光脉冲产生的一次回波信号只能获得一个激光脚点的距离信息。获得一系列连续的激光脚点的距离信息，必须借助专用的机械装置，采用扫描方式进行测量。当前，三维激光扫描系统常用的扫描方式有线扫描、圆锥扫描、纤维光学阵列扫描三种。

二、三维点云数据处理

（一）点云数据去噪

在三维点云数据处理中，人机交互的方法是用来处理三维点云数据中杂点的最简单的方法。操作人员首先通过软件显示出图形，然后找出明显的坏点，并删除它。但点云数据量特别大的情况下该方法并不适用。点云数据根据其排列形式可以分为：

（1）陈列数据，即行列分布都是均匀分布，且排列有序。

（2）部分散乱数据，由于扫描时，按线扫描，所以数据点基本上位于同一等截面线上。

（3）完全散乱的点云数据，由于扫描时完全无组织、无规律，所以出现完全散乱的点云数据。

对于（1）（2）这两种有规律可循的点云数据，目前一般是把三维点云数据转化成二维形式，把散乱点云作为二维图像数据处理。国内外很多学者对此进行了大量的研究，已经提出了很多有效的方法，主要有直观检查法、空间域方法、多次测量平均法、频率域法、随机滤波法、弦高差法及曲线检查法等。对于第（3）类数据，由于点云数据中的点与点之间完全杂乱，没有拓扑关系，因而至今仍没有通用的方法可以对其处理。而三维激光扫描仪扫描得到的点云数据就属于第（3）类，随着三维激光扫描技术的不断发展及广泛应用，目前许多学者已对这种散乱无序的点云数据的去噪进行了大量的研究，虽然还不太成熟，但也取得了一定的成果。对于散乱点云数据的去噪一般有两种方式：①直接作用于点云数据中的点；②首先网格化，然后进行网格分析，进而去除不合格的点，从而实现去噪平滑的目的。由于完全散乱的点云数据之间不存在拓扑关系，因而目前所提出的网格去噪光顺方法不能简单地应用于数据。由于完全散乱点云数据的去噪处理相对困难，所以其相应的光顺算法也较少。目前主要采用的方法有以下几种：

（1）直接通过操作人员来判断特别异常的点，并手动删除；当数据量特别大时，这种方法就很不科学，所以意义不是很大。

（2）高斯滤波、平均滤波或中值滤波算法。高斯滤波器在指定域内的权重服从高斯分布，其平均效果较小，因而在滤波的同时可以较好地保持点云数据的形貌；平均滤波器采用的数据点是窗口中所有点云数据的平均值；而中值滤波器则使用窗口内各点的统计中值作为数据点，中值滤波器对于消除点云数据毛刺有较好的效果。

（3）曲线分段去噪法。其原理是基于曲率的变化，该算法需要找到分段点，寻找的方法是依据曲率的变化，对于每一个分段区间，进行各自的曲线拟合，根据扫描线来一行一行地进行去噪处理，极大地提高了删除测量误差点的准确度，从而使拟合后的曲线的光滑性和真实性大大增强。曲线分段去噪法主要适用于曲率变化较小的情况。

（4）角度法去噪。角度法的基本原理是计算沿扫描线方向的检查点与检查点的前后两点所形成的夹角，如果此夹角小于一个阈值，则此检查点就被认定为是一个三维激光扫描数据噪点。

近年来，针对上述方法存在的不足，很多研究人员对其进行了改进，并提出了很多新方法。Liu等提出基于小波变换的去噪算法；闫艳华提出了基于曲波变换的去噪方法，但该方法存在一定的局限性，且阈值的选择存在一定的不确定性；还有基于偏微分方程（Partial Differential Equations，PDE）的曲面逼近算法、移动最小二乘曲面拟合算法及低通滤波算法等一些算法，这些算法虽然在删除小振幅的三维激光扫描数据噪声方面显示出了较好的效果，但对于一些离群点，只能通过人工手动的方法才能去除噪点。同时，近年来将统计学上的鲁棒概念应用到处理三维离散点云数据的技术也取得了长足进步，但对于离群的离散采样点，采用可靠的算法识别及删除这些噪点的技术仍有待改进。例如，刘大峰等提出了基于聚类的核估计鲁棒滤波算法从三维点云中筛选出离群点，该方法可以很好地去除振幅不相同的三维激光扫描数据噪点，但在并行处理过程中，当每一个三维激光扫描数据噪点都独立收敛于一个似然函数最大值时会出现一定的问题。

（二）点云数据的压缩

随着三维激光扫描技术的发展，三维激光扫描仪的性能越来越好，外业实测的效率得到很大的提高，在很短的时间内就可以获取大量的、密集的点云数据。直接使用庞大的原始点云数据进行模型的曲面重建是很不现实的。一方面，过多的点云数据在存储过程中需要耗费大量的空间，从而生成目标物体曲面模型时需要运行很长的时间，降低了计算机的运行效率，更甚者将导致无法运行；另一方面，过多的、密集的点云数据会影响目标物体曲面重构的光顺，然而，模型的光顺性在满足生成需求中具有非常重要的作用。因此，提取出点云数据中显示物体特征的特征点，删除其中大量的坏点，极大地精简点云数据有助于模型的重建，既可以提高建模的效率，又可以提高建模的质量。目前，点云数据的精简压缩是逆向工程的一项关键技术。

近年来，国内外的许多学者对点云数据的精简压缩进行了大量的研究，并取得了一定的成果。他们提出的点云精简算法虽然在"既保留特征点又去除冗余点"上难以做到完全兼顾，可也取得了良好的效果。下面对这些成果进行简要的介绍和点评。

1.角度法

角度法的基本原理很简单，就是先选取点云数据点中的三个邻近点a、b及c；然后获取中间点b与a、c两点连线之间的夹角，再将此夹角与设定的门限值进行比较，从而精简掉冗余数据。该方法实现简单，点云数据的处理效率也较高，不足之处在于难以识别点云数据中的特征点。基于此，王志清等对角度法进行了改进，提出了一种更优的方法，即角度偏差迭代法。该方法既保留了角度法处理效率高的优点，同时又弥补了它的缺点，增强了它的特征识别能力。角度偏差迭代法的特点在于它的角度门限值及参与计算夹角的点云数据点数是慢慢减少的，而不是一成不变的。角度偏差迭代法的不足之处在于点云数据的自动化水平不高，在整个处理过程中，人工干预过大。另外，包围盒法和角度-弦高法相结合也是在此基础上发展而成的。

2.均匀网格法

马丁等提出的均匀网格法在图像处理中已得到了广泛应用，该方法是基于"中值滤波"原理提出的。均匀网格法首先需要在垂直于扫描方向的平面上确立一系列均匀的小方格；其次将点云数据中的每个点都对应分配给其中的一个小方格，并将其与小方格的距离求出；最后根据这个距离的大小重新依序排列每个小方格中所有的点数据，让中间值的点数据代表此格中所有的点云数据点，删除其余的。均匀网格法的优点在于能很好地精简扫描方向垂直于扫描目标表面的单块点云数据，并克服了样条曲线的限制。但它有个明显的缺点，就是对目标物的形状特征识别能力较弱，容易遗失目标物体形状急剧变化处的点云数据特征点，因为均匀网格法使用的是大小均匀的网格，并没有考虑目标物体的形状。Li等提出的三维网格精简算法虽然在此基础上做了改进，但对于这种由于建立均匀网格而忽略了目标物表面形状使网格精简法产生的固有缺陷仍不能够克服。

3.三角网格法

Chen等提出的三角网格法主要是由减少三角网格数据来实现删除部分点云数据的方

法。三角网格法首先是将点云数据点三角网格化，然后将数据点所在的三角面片法向量和邻近的三角面片法向量做对比，利用向量的加权算法，在比较平坦的区域中，用大的三角面片代替小的三角面片，从而删除相对多余的点云数据，来达到精简目的。三角网格法由于要对点云数据进行三角网格化处理，所以对于点云数据特别散乱的数据不太实用，因为复杂平面和散乱点云的三角网格化处理非常困难，效率不高，因此三角网格法在实际应用中受到了一定的限制。

三、三维激光扫描仪的应用

三维激光扫描仪作为一种全新的高科技产品，经过多年的研究及发展，它的实用性越来越强，已成功应用于诸多领域，如文物保护、采矿业、飞机船舶制造、隧道工程、虚拟现实、地形测量、智能交通等。三维激光扫描仪的扫描结果以点云的形式显示，而利用获取的空间点云数据可以快速构建结构复杂、不规则场景的三维可视化模型，不仅省时而且省力，是三维建模软件无法比拟的。随着三维激光扫描仪的普及，其应用领域将会越来越广泛。

第四节 北斗卫星导航定位

北斗卫星导航定位系统是我国自主研发的，具有一定的区域性和综合性，集合了通信系统与定位系统的全球卫星导航系统。北斗卫星导航定位系统卫星数目少，设备操作简单，具有较强的自主性、开放性和兼容性，主要的服务方式为授权服务和开放式服务两种。覆盖面积极为广泛，通信和导航能力较强，为我国社会经济的发展提供了有力保障。

一、北斗卫星导航定位系统的组成

北斗卫星导航定位系统主要分为3个部分，分别是地面控制系统、空间系统以及用户接收系统。具体内容如下：

（一）地面控制系统

地面控制系统包括计算机控制中心、测高站、测轨站、地面中心定位控制站、参考标校站等。地面控制系统主要的作用是监测控制卫星的运行状态，包括定位、测轨、校准和测量，出现问题可以及时调整卫星运行姿态，根据所监测到的相关数据对用户进行实时的、精确的定位。

（二）空间系统

空间系统主要包括：地球同步卫星2颗，彼此之间经度相差60°，1颗在轨备份卫星，主要位于赤道面。

（三）用户接收系统

用户接收系统主要的作用是接收信号。卫星转发来的信号通过中心站发送到用户接收系统上，随后发出定位请求。相较于GPS接收机存在明显差异，北斗卫星导航定位系统没有设置定位解算处理设备。其中主要包括通信设备、指挥设备、定位设备、授时设备。

二、北斗卫星导航定位系统的工作原理

北斗卫星导航定位系统采用的是三球交会原理，基于此原理以两颗卫星的已知坐标为球心，两球心至用户的距离为半径，以此画出两个球面，用户机的位置则处于这两个球面交线的圆弧上。第三个球面是以地心为球心，以地心点到用户的位置点的距离为半径。届时，三个球面的交会点即为用户的位置。

三、北斗导航定位系统的工作流程

（1）中心控制系统首先向卫星1和卫星2两卫星同时发送信号，然后卫星转发器会将信号转发到用户接收方。

（2）用户接收到询问信号之后会立即发出响应信号到两颗卫星上，这时候转发器会将信号再次返回到中心控制系统。

（3）用户发出信号后由中心控制系统接收并进行分析和解调，根据具体内容和相关请求予以恰当的处理，然后申请定位。

（4）按照三球交会原理计算用户的位置二维坐标，然后查询用户高程值，并以此再次计算用户位置的三维坐标，然后以加密信息的形式发送给用户。用户随即得到自己的地理位置。

四、北斗卫星导航定位系统的主要功能

北斗卫星导航定位系统主要是通过地球同步卫星进行定位从而为用户提供位置信息、通信授权等服务的一种系统。主要功能体现在以下几个方面。

（一）快速定位

北斗卫星导航定位系统的中心控制系统可以为用户提供24小时的、高精度定位服务，一秒钟之内便可完成定位和信号发送，十分迅速。

（二）简短报文通信

系统用户终端的报文通信功能是双向的，汉字信息最多可达120个字，保证通信简短。

（三）精密授时

北斗卫星导航定位系统具有两种授时功能，一种是单向授时，另一种是双向授时。具体运行过程中主要是根据精度要求的不同，选择不同的授时，以此来保证定位系统之间的频率和时间实现同步，确保同步精度。

五、北斗卫星导航定位系统的优缺点

（一）相关优点

（1）北斗卫星导航定位系统不仅具有定位功能，还能实现通信功能，相较于GPS和GLONASS来说功能更加全面，并不需要额外设立其他的通信系统。

（2）北斗卫星导航定位系统可以实现24小时的定位服务，无任何通信盲区，覆盖面积十分广泛，除中国以外，周边一些国家也有覆盖。

（3）北斗卫星导航定位系统定位处理方式比较独特，采用的是中心节点的方式，用户机则是以指挥型为主。这样一来，用户就可以在自行定位的同时将自己的位置信息发送给别人，为交通运输、企业调度、搜索营救等工作提供了一定的方便性。

（4）北斗卫星导航定位系统具有一定的安全性、可靠性及稳定性，为企业实现大面积的监管提供了有力的技术支持。

（5）对于接收终端方面建设简单，不需要耗资铺设地面基站，成本浪费较少。

（二）存在的缺点

（1）北斗卫星导航定位系统主要是利用地球同步卫星的方式进行定位，这样一来所有处于运行中的卫星都运作在赤道面上，几何构形存在问题，获得高度坐标难度较大，复杂烦琐，很难准确地获取到用户的高度信息，导致高度信息精度存在较大误差。

（2）由于其几何构型存在问题，对于低纬度地区的定位就会失准，到了极高纬区则又会无法全面覆盖，使用效果不佳。

（3）因为卫星接收的是同一时间内用户群所发送的信息，因此容纳的数量有限。

（4）北斗导航定位系统在运行过程中很容易受到外界攻击导致中心系统受损，影响系统工作效率。

（5）规模大，造价成本较高。

第五节　地理信息处理技术

地理信息技术方法分为地理信息采集和监测技术，地理信息管理技术，地理信息处理、分析和模拟技术，地理信息表达技术，地理信息服务技术，地理信息网格技术，地理信息5S集成技术7类。它们分别对应于地理信息科学领域内的信息获取与动态监测、信息管理、表达、服务、网格计算与服务、多种技术系统集成等技术方法。

地理信息采集和监测技术方法包括基于GPS的精确空间定位和信息获取、基于遥感的地理对象动态监测、对地观测、陆地和海洋定点监测、社会经济数据采集和统计5种子方法。

地理信息管理技术方法分为地理对象时空数据模型、地理对象的数据库管理、海基地理数据的分布式管理3种子方法。

地理信息处理、分析和模拟技术方法则包括地理信息处理、基于位置的空间定位、地理时空分析建模、地理信息智能分析和计算、虚拟地理环境5种子方法。

地理信息表达技术方法由地图表达、地图及数据库概括和派生、地理信息多维动态可视化、地理信息研究成果展示4种子方法组成。

地理信息服务技术方法分为地理数据服务、地理信息和知识服务、地图服务、地理空间辅助决策服务4种子方法。

地理信息网格技术分为地理信息网格计算，网格资源定位、绑定和调度，空间信息网格在线分析处理，智能化信息网格共享与服务4种子方法。

地理信息5S集成技术方法包括多源空间数据集成、跨平台的系统集成、应用模型与GIS系统的集成、基于分布式计算的集成、GIS-RS-GPS-DSS-MIS集成5种子方法。

第六节　地理信息挖掘分析技术

随着数据库技术和数据获取技术的不断发展，获取数据的手段也日趋多样化，大量的数据被获取、收集及存储。受技术和方法多种因素的制约，出现了"数据丰富、知识贫乏"的现象，即人类具有大量的、丰富的空间数据，却感觉空间数据缺乏。这就给人们提出了一系列问题：如何才能避免这大量的数据成为包袱，甚至成为垃圾？如何从大量的地理信息数据资源中发现所需要的知识，并将其应用到实践中？从存储在大型数据库的海量数据中获取所需的信息或知识，需要数据挖掘这个强有力的数据分析工具。地理信息数据挖掘实质上是空间信息技术处理的必然结果。地理信息数据挖掘技术可以为决策者提供极有价值的知识，带来不可估量的效益，且具有非常重要的研究价值，故地理信息数据挖掘具有非常诱人的应用前景，已成为国际研究与应用的热点。

一、概述

地理信息挖掘分析技术是一门广义的交叉学科，其汇聚了众多领域的研究者，特别是数据库、人工智能、数理统计、可视化、并行计算等方面的学者与工程技术人员。数据挖掘是当今国际上数据库与信息决策领域最前沿的研究方向之一，引起学术界与工业界的广泛关注，已成为当今计算机科学界的研究热点之一。

近年来，随着信息技术领域内的对地观测技术（尤其是遥感技术）、测绘技术、数据库技术及网络技术的快速发展，再加上观测平台建设的普及和不断完善，包括资源、环境、灾害等在内的各种地理信息数据呈指数级增长，获取到的地理信息数据越来越多。正是基于该原因，作为数据挖掘技术的一个延伸发展，地理信息数据挖掘应运而生。它不仅继承了现有数据挖掘技术的特点，还具有一些新的特征。

二、地理信息挖掘技术与GIS的集成

GIS数据库中存储了大量的地理信息数据与属性数据，地理信息数据挖掘技术在GIS中的应用，一方面可以使GIS查询与分析技术提高到发现知识的新阶段；另一方面，从中发现的知识可以构成知识库用于构建智能化的GIS。为此，地理信息数据挖掘技术和GIS的结合，可以使GIS成为一种空间查询与决策、知识的智能空间系统，并将促进GPS、DPS、RS及ES等技术的完整集成。

地理数据是GIS的"血液"，而GIS则是空间数据库发展的主体。海量的数据存储在GIS空间数据库中，从而使数据的膨胀速度远远超过常规的事务型数据，"数据丰富，但知识贫乏"的现象在数据库中显得尤为严重，新的需求正推动着GIS从数据库型转化成分析型，从海量的数据中挖掘到有用的信息已成为一个迫切需要解决的问题。

第七节　地理信息可视化技术

一、地理信息可视化的概念

（一）科学计算可视化及作用

科学计算可视化（Visualization in Scientific Computing，ViSC），指的是利用图形生成、图像处理等技术，将科学计算过程中产生的数据及计算结果转换为图形图像在屏幕上显示出来，并进行交互处理的理论、方法和技术。实际上，随着技术的发展，科学计算可视化的含义已经大大扩展，它不仅包括科学计算数据的可视化，而且包括工程计算数据的可视化，如有限元分析的结果等，也包括测量数据的可视化，如用于医疗领域的计算机断层扫描（CT）数据及核磁共振（MRI）数据的可视化，就是可视化领域中最为活跃的研究领域之一。科学计算可视化的主要功能是从复杂的多维数据中产生图形，也可以分析和理解存入计算机的图像数据。它涉及计算机图形学、图像处理技术、计算机辅助设计、计算机视觉及人机交互技术等多个领域。科学计算可视化具有以下作用：

（1）实现人与机之间的图像通信，而不是目前的文字或数字通信，从而使人们观察到传统方法难以观察到的现象和规律。

（2）使科学家不再是被动地得到计算结果，而是知道计算过程中发生了什么现象，并可改变参数，观察其影响，对计算过程实现引导和控制。

（3）可提供在计算机辅助下的可视化技术手段，从而为在分布环境下的计算机辅助协同设计打下基础。总之，科学计算的可视化将极大地提高了科学计算的速度和质量，实现科学计算工具和环境的进一步现代化，从而使科学研究工作的面貌发生根本性变化。

（二）地理信息可视化的概念

地理信息可视化是运用图形生成技术和图像处理技术，将具有复杂空间分布的科学现象、地理事物、自然景观及十分抽象的概念图形图像化，并进行交互处理的理论、方法和技术。地理信息可视化是科学计算可视化的一部分，其范围是地学环境空间中具有地理特性的事物，其可视化的过程具有数字化和符号化的特征。它的主要功能是从复杂的地理数据中产生图形图像，使许多抽象的、难以理解的原理、规律和过程变得更加容易理解，以便发现规律和传播知识。

二、地理信息的时空特性与表达

在地理信息可视化研究中，不同的要素、不同的特征以及不同的研究目的需要采用不同的可视化手段，而可视化方法及其视觉样式则取决于被表达的地理要素所隐含的信息特征。地理学是空间分布研究和时间过程研究的统一体，地理信息的最大特征就是空间性。当然，与世界上其他的一切客观物质一样，地理事物也具有时间性。时间信息和空间信息是地理信息可视化的基本对象。

若干地理要素构成了地理空间，将一切关于地理空间的描述信息定义为空间信息，包括空间几何信息和空间属性信息。一方面，每一个地理要素都占据一定的位置，并具有一定的广延性；另一方面，人们需要根据客观对象在空间体现出来的不同颜色、不同质感等属性特征区分不同物体，了解它们在空间的分布状况。人们之所以能够感知地理空间，是因为不同的地理要素具有不同的属性特征，同质区域的突变勾勒出物体的空间形态，所以有了蜿蜒的河流、起伏的山峦、几何结构的建筑、广阔的草原。

三、地理信息可视化的发展与主要表现形式

由于应用领域的需求不同，地理信息的可视化表现形式也不同，主要有二维图形图像学方法、三维图形图像学方法、虚拟现实技术、时空可视化。

通常意义上的GIS，其可视化采用的方法是二维图形图像学方法，其可视化方法主要是对传统地图学以及制图学可视化方法的数字化实现。二维图形图像学可视化方法目前仍然是地理信息可视化的主流方法。

第八节　地理空间三维数据模型与结构

一、三维数据模型

三维数据模型的主要研究内容由三维数据结构、数据操作和完整性约束条件三要素组成，包括三维空间实体及空间关系的定义与表达，空间实体与非空间实体之间的直接或间接关系的描述与表达，空间实体和非空间实体之间相互制约机制及限定时间序列下的动态变化。

基于表面表示的模型重点表达的是三维空间表面，如物理世界中的地球表面、地质分层的层面等。此类模型将空间物体的三维表示转化为对其外表面的数学表达，有利于高效显示和数据更新，同时由于缺少对物体内部的属性记录和三维空间形状描述，故空间物体的空间分析和操作难以进行。基于体表示的模型通过对三维空间中空间体（如水体、植被、建筑物）的描述实现对三维物体的表达。模型的优点是便于表示，分析和观察对象的体信息，这对于空间体的空间操作和分析非常适用，但缺点也很明显，其占用存储空间较大，计算效率低下。混合数据模型综合了面模型和体模型的优点，取长补短，构建了一种一体化结构的数据模型，该模型结构能够适应不同背景条件下不同分辨率或不同应用场合的要求。

二、三维数据模型特征

1.更丰富的空间信息描述

与二维数据模型相比，三维数据模型增加了第三维信息，即垂向坐标信息，同时具有丰富的内部信息，如属性分布、结构形式等。因此，三维数据模型比二维数据模型能更真实地表现对象，虽然三维模型与实际物体还有一定的差距，但它比二维数据模型更接近实物。

2.更复杂的空间拓扑结构

与二维数据模型相比，三维数据模型通过三维坐标定义，使得其空间拓扑关系更复杂化，其中突出的一点是无论零维、一维、二维还是三维对象，在垂向上都具有复杂的空间拓扑关系；如果说二维拓扑关系是在平面上呈圆状发散伸展的话，那么三维拓扑关系则是在三维空间中呈球状朝无穷维方向伸展。

3.更强大的空间分析能力

空间信息的分析过程往往是复杂、动态和抽象的，在数量繁多、关系复杂的空间信息面前，二维数据模型的空间分析功能有一定的局限性。由于三维数据本身可以降到二维，因此三维数据模型除具有二维数据模型的空间分析功能外，还包括更强大的多维空间分析功能，如淹没分析、地质分析、通视性分析等。

三、三维数据结构编码

（一）格网结构

格网结构是最常见的一种基于表面表示的结构，是将地形表面划分成规则的矩形网格。

（二）面片结构

面片结构属于基于表面微小的结构，是利用大小和形状各不相同的小面元来近似拟合一个表面，根据面元形状的不同可以为正方形面片结构，规则三角形面片结构、不规则三角形面片结构和泰森多边形面片结构。当使用规则三角形作为基本的面元时，所形成的三维数据结构通常被称为不规则三角网（Triangulated Irregular Network，TIN），是一种常用的三维模型数据结构。使用不规则三角网表示的数字高程模型相比于使用规则格网表示的数字高程模型而言具有许多优点，如在自动跟踪等高线时可以避免"鞍部点"问题，方便计算地形坡度和坡向。点的不规则分布使采样点的分布不均匀，平坦地区分布少，起伏地区分布密集，这与实际情况是相符的，同时还可以动态调整三角形的大小以尽可能拟合原始地形。将点的高程值结合到三角形的顶点，就实现了对三维地形的2.5维表达。

（三）形状结构

形状结构以表面上各单元的法向量为基本单元，用单元点的斜率描述表面上该处的形状特征。

（四）边界表示法

边界表示法将空间对象分解成点、线、面和体等基本元素，每类元素通过几何信息、分类信息和元素间拓扑关系来描述，是一种分级表示方法。例如，四面体由四个面构成，由此构成了四个环，每个环又由三条边封闭而成，每条边又由两个端点定义。边界表示优势在于它不仅存储了物体的所有几何要素信息，还存储了各元素之间的相互连接关系，非常方便对物体进行各种以面、边、点为基础操作对象的运算和操作。但其缺点也显而易见，在实际应用中，通常不可能事先确定数据元素之间的相互关系，难以用边界表示法进行描述，其只能描述结构简单的三维物体，而对于复杂且形状不规则物体的表达则非常困难。

（五）三维体素结构

三维体素结构是基于体表示的模型结构，是将二维的格网扩展到三维空间，形成一个紧密的三维空间阵列，阵列的基本元素取值0或1，其中0表示为空，1表示有对象占用。这种结构的优点是能够直接通过空间阵列的行列索引定位单元格，结构简单，操作方便，节省了时间和空间效率。其缺点是会损失空间信息表达的几何精度，并不适合于实体之间空间关系的表达。

（六）八叉树结构

八叉树结构类似于二维地理信息系统中的四叉树结构，是其在空间上的扩展，实质是对三维体素结构模型的压缩改进。不同于三维体素结构模型大小相等、规则排列的栅格元素，八叉树结构将三维空间划分成层次式的子区域。

（七）结构实体几何法

结构实体几何法事先定义好一系列基本形状的体素，如立方体、球体、圆柱、圆锥及封闭样条曲面等，利用基本元素的组合及体素之间的几何变化和正则布尔集合操作（并、交、差）表示空向对象。一般情况下，一个结构实体几何模型可以通过一个布尔树形式的组合操作得到。

（八）八叉树—不规则四面体格网混合构模

八叉树模型的数据量随着模型空间分辨率的提高而呈几何级数增长，模型不保留原始的采样数据，只是近似地表示空间几何实体。而不规则四面体模型在保留原始观测数据的同时还能够精确地描述目标及其复杂的空间拓扑关系。单一的八叉树或者不规则四面体格网模型很难满足一些特殊的应用领域，如海洋、大气、地质、石油等，在一些需要精确描述地形构造或属性的场合，可以将两者结合起来，建立综合两者优点的八叉树——不规则四面体格网混合模型。

李德仁等曾提出八叉树和不规则四面体格网相结合的混合数据结构，用八叉树对整个数据结构进行全局的描述，同时在八叉树的部分栅格内部嵌入不规则四面体进行局部描述。但这种结构只适合于表面规则、内部结构零碎的三维空间几何实体，不适合于表面不规则的实体。

第十章　地理信息数据获取

第一节　大比例尺基础地形数据获取

一、项目背景

城市基础测绘工作是城市国民经济和社会发展的一项前期性、基础性、公益性的工作。北京市基础测绘是"数字北京""智慧北京"的空间基础框架和重要的基础设施，得到了北京市政府的高度重视和大力支持。根据《北京市测绘条例》、《北京市人民政府关于进一步加强基础测绘工作的实施意见》及原国家测绘地理信息局关于深化基础测绘建设的要求，北京市每年对中心城区1∶500地形图开展两轮修测更新工作。

本项目的主要工作内容包括外业变化发现、外业数据采集编辑、部门质量检查、入库、出库、成果验收和归档等。

本项目的总任务量为北京市四环范围及五环内重点区域422.5km²，共涉及1∶500地形图8450幅（40cm×50cm分幅）。

二、技术流程

（1）变化发现。在外业更新前，由专人进行变化区域监测，绘制变化区域范围，按照变化区域下达任务。

（2）外业修测更新生产。由外业队伍根据下达的任务，从数据库下载变化区域的数据，而后进行外业更新，并进行两级检查，合格后提交增量更新数据。

（3）入库。数据库管理部门利用检查合格后的增量更新数据包，更新1∶500数据库。当对多个变化区域进行增量更新时，外业部门应解决区域间接边问题。若入库时发现接边冲突，由入库人员确认或下载接边区域工程，并交由相关部门解决。

（4）验收。质量管理部门按照任务批次对1∶500数据库进行验收，如有不符合要求的内容，将有问题的区域和检验记录传递给生产部门，由生产部门根据这些信息重新下载数据进行改正，再经过两级检查后重新入库。

三、技术要求

（一）主要技术指标

（1）地形图规格。主要包括：①平面和高程系统。平面采用地方坐标系，高程采用地方高程系。②分幅和编号。生产任务安排以网格的形式进行管理，生产过程中的成果文件参考统一固定的网格编号进行分幅，最终成果文件采用地方分幅和编号方法。③地形类别，为平地。④地形图比例尺和基本等高距。地形图成图比例尺为1：500，基本等高距为0.5m。⑤高程注记点密度。图上每方格应测绘6~10个高程点。⑥符号。注记和图廓整饰应符合《北京市基础测绘技术规程》的规定。⑦测图日期。原测图日期不变，修测日期以测绘生产日期为准。

（2）精度要求。新测要素相对于邻近图根点的点位中误差不得超过图上0.5mm，间距中误差不得超过图上0.4mm。设站施测困难的旧街坊内部，其精度要求按上述规定放宽50%。高程注记点和等高线相对于邻近图根点的高程中误差，分别不大于0.15m和1/3等高距。

（3）地形要素分层和数据格式。成果文件的要素分层、数据格式、文件命名，以及元数据文件的命名、内容及格式等均应符合《北京市基础测绘技术规程》的规定。

（4）数据接边。测区内相邻网格对应层的同名要素应接边，接边较差不应大于地物点平面中误差的2倍（图上1mm），高程较差不应大于0.15m，小于限差时可平均配赋，但应保持地物、地貌相互位置和走向的正确性。超限时应查清原因，处理后并注明。与已有网格接边较差不大于上述的规定时，各改一半，并统一将资料室原图替换；超限时应查清原因，若确认新测图无误，则以新测图为准。新旧地物间相对关系要合理。

（5）成果内容和形式。成果主要包括：①EDB数据文件；②地方分幅DWG格式图形数据文件和元数据文件；③基本比例尺地形图图历表文件。

（二）测图技术要求

1.平面控制测量

布设的图根导线点的密度应以满足测图需要为原则，每幅新测图不低于4个点。困难地区图根导线允许附合2次。

因地形限制图根导线无法附合时，可布设不多于4条边、长度不超过450m、最大边长不超过平均边长160m的支导线，支导线边长应观测2次，角度应按2测回观测。

当图根导线线长短于300m时，其绝对闭合差不应大于实地0.15m；导线总长可放长至1.5倍，绝对闭合差不得大于0.25m。

2.图根高程控制测量

图根点的高程测量采用水准测量方法、电磁波测距三角高程测量方法、GNSS网络RTK高程测量方法。

3.内业计算整理

平面与高程控制测量应按规定进行平差计算，各类技术指标要符合要求，并认真进行成果整理。手簿填写要齐全，字迹要工整，装订要整齐，内容要齐全，应包括控制点网图及数据文件、精度统计表、计算手簿等。

4.测图的基本要求

1∶500数字化地形图测绘主要采用全站仪数字化方法，也可采用GNSS网络RTK测图。布设图根控制点进行图根水准测量和高程注记点测量时，图根控制点采用钢钉进行埋设。可利用已有控制点资料进行更新测绘，但对控制点校核，应满足平面误差小于10cm，高程误差小于5cm；同时，对周边旧地物（至少一处）校核，应满足平面误差小于50cm，高程误差小于10cm。

5.变化发现要求

地形图的更新测绘要先进行变化发现，利用审批的建设项目一书两证数据（shapefile数据）、卫星查违数据（shapefile数据）、导航地图、卫星影像、航测数据与人工巡视相结合的方法进行。优先满足城市规划用图需求，要仔细寻找公共空间更新要素，以及一书两证数据（shapefile数据）、卫星查违数据范围内更新要素，其他单位、小区、公园等内部以发现房屋要素变化为主。

6.测绘要求

地形图应按测量控制点、水系、居民地及设施、交通、管线、境界与政区、地貌、植被和土质等分层表示。按分类代码的要求进行注记，并着重显示与城市规划，建设有关的各项要素。

7.信息化处理要求

（1）基本原则。具体包括：①信息化原则，即按照点、线、面和注记等方式表达地理信息；②图属一体化原则，即空间要素及其属性一体化采集、一体化存储；③对象完整性原则，即保持地物等空间对象的整体性、完整性。

（2）基本要求。依照原图，按设计书要求对地形图上各要素数据进行处理。为了使地形图清晰易读，整理数据时要注意各类地物之间的相应关系，原数据中的地物要素不要轻易删除。房屋边线必须封闭，相接的结点应严格捕捉，不能出现悬挂点；整理数据后各要素编码要正确，各类文字注记要正确，分类分层应无误。具体要求如下：

①点、线、面等空间要素及共点、共边要严格提取与捕捉，确保空间要素、空间属性（如编码、颜色等）及空间关系的正确性，采集绘制规则的一致性，杜绝缝隙、悬挂、交叉、自相交等现象的发生。

②正确处理空间要素及空间属性，不得出现错误或异常（如等高线的点线矛盾）。

③点、线、面等空间要素只存储定位点、定位线、骨架线和轮廓线，数据中不得出现以辅助线划表示的图式符号。

④点符号基本要求。所有的点符号应是一个完整的符号，不允许用散线表示，高程点应保证点与高程值注记为一个整体，控制点应保证点与点名、高程值等注记为一个整体。

⑤线、面状符号基本要求。所有面状符号必须封闭，并修改闭合点位，不能出现自相交；被点状符号、注记压盖的线状符号应保持连通；不同层地物要素共线时，要素应在相应层分别表示，并在共线处保证严格重合；电力线、通信线和境界线等线状要素应无间断绘制；河流、沟渠依比例尺表示的不同水系要素，其面在相交处断开，但应无缝不重叠连接；河流、沟渠等水系要素的面遇桥梁或穿越道路时应保持连通；斜坡、台阶、陡崖等在同一网格内的原则上应表示成整体，并尽量保持图形效果，对于连接后有变形的可采用无缝不重叠的方式分段表示；水系面在同一网格内的原则上也应整合成整体，对于太长的水系面可分为数段以无缝不重叠的方式表示。

⑥注记基本要求。放置注记时，采用"中心"对齐方式，按照先左后右、先上后下的顺序注记，尽量不要压盖其他地物；注记内容超过一个字符的，应将其全部字符内容作为一个整体注记；注记内容指向多边形区域的，注记定位点一般应放入相应的多边形中，尤其是房屋注记中心点一定要位于房屋面内，以便房屋属性提取时使用；等高线注记字头朝向高程升高方向，并与等高线垂直；符号生成后自动带有注记的不再另外增加文字注记。

⑦所有地物的编码确保为正确的码位，不得出现规定之外的其他编码位数。

8.数据编辑与成果输出

（1）数据采集过程中采用图元码绘制的地物，利用工具转换成标准的地物编码。

（2）编辑过程中注意点、线、面符号属性正确和扩展属性选项。

（3）植被及水系层要素除需绘制范围线外，应按规定分种类进行构面，同时注意填写扩展属性选项。

（4）立交桥需要绘制标识点，且必须是唯一的标识点。

（5）图形编辑完成后应对文件进行数据合法性检查，对数据监理窗口问题进行修改。当判定问题不是错误时可以排除。

（6）输出DWG格式的成果图，保留规定的各图层，没有要素的应保留空层。

9.要素的配合表示

（1）地物地貌、地理名称等要素在测区内外都要接好图边。

（2）当两个地物中心重合或接近、难以同时准确表示时，可将较重要的地物准确表示，次要地物移位0.3mm。

（3）房屋或围墙等高出地面的建筑物，直接建筑在陡坎或斜坡上且其边线与坎坡上沿线重合的，可用建筑物边线代替坎坡上沿线。

（4）水涯线与泊岸、陡坎重合时，可用泊岸、陡坎边线代替水涯线；水涯线与斜坡脚重合时，仍应绘出水涯线。

（5）道路边线与房屋、围墙等高出地面的建筑物边线重合时，可用建筑物边线代替路边线。

（6）地类界与地面上有实物的线状符号重合时，可省略不绘；与地面无实物的线状符号（如架空管线、等高线等）重合时，可将地类界移位0.3mm绘出。

（7）等高线遇到房屋及其他建筑物、双线道路、路堤、路堑、坑穴、陡坎、斜坡、湖泊、双线河及注记等，均应中断。

（三）质量控制要求

1.检验制度

1∶500数字地形图成果的质量通过两级检查、一级验收方式进行控制，应依次通过生产部门的中队级检查、部门级检查和院级质量管理部门的验收，各项检查工作应独立，按顺序进行，不应省略代替或颠倒顺序。

2.检查比例

（1）中队级检查对数据进行100%内业检查、100%外业巡视检查。

（2）部门级检查对数据进行100%内业检查、30%外业巡视检查及10%变化图幅的数学精度检测。数学精度检测包括平面点位精度检测、高程精度检测、平面点位相对精度检测。

（3）对于更新要素少的图幅，特征点可以按变化要素个数的10%抽样。

3.数据质检原则

（1）要素全面标准化原则。确保成果无任何非标准代码，符号表述完整。

（2）空间关系全面检查原则。数据对象重叠，尺寸超限，出现不合理交叉，有悬挂点，对象内属性矛盾，对象间关联矛盾和注记压盖要素等，要做相关检查，确保对象图形和属性的完整性。

（3）地物属性内容检查原则。对数据中各类地物要素必填属性项检查，要确保指定地物要素的属性内容完整、合理。

（4）地物接边检查原则。检查物理接边处，避免由于对象属性不一致而未实现无缝拼接的问题。

（5）图面检查全覆盖原则。利用导航工具，确保图面浏览无遗漏。

4.CAD回放图检查

用于计算机辅助设计（CAD）软件环境的CAD回放图应满足《北京市基础测绘技术规程》的要求，尽量避免压盖，确保图面美观、合理。

5.外业检查

（1）检查成果是否正确，资料是否齐全，图根点的密度及各项精度指标是否符合要求。

（2）地物地貌各要素测绘是否正确，取舍是否恰当，图式符号运用是否正确，接边精度是否合乎要求。

（3）部门检查需对变化图幅的10%进行平面点位、高程、平面点位相对位置的精度检测。

（4）地物点平面位置精度统计。大于两倍中误差为粗差，不参加统计。

（5）精度检测中如发现被检测的地物点和高程点具有粗差时，应进行复核。

6.成果验收

（1）对外业测量成果进行验收。控制点的布设、测量、计算、成果应符合要求；成图精度应符合要求，地物地貌取舍应恰当，图式符号运用应正确；绘图应符合要求，各项要素应正确无误。

（2）对出库数据进行验收，包括网格接边处的数据。

（3）综合评定产品质量等级。

（4）作业部门提交验收资料时，可以将多个作业网格成果编制成一个供检查验收的资料。验收的资料包括：目录、项目任务单、生产计划表、结合表、控制网图、计算手簿、附件，这些资料应提供纸质资料并装订成控制资料；出库数据、DWG格式数据、图例表文件、元数据文件、控制展图文件、数据合法性检查文件、部门质量检查报告（含精度统计表）、本批次的技术总结。

（四）成果提交和归档

提交和归档的成果包括：出库数据、DWG格式数据等文件、控制资料、图历表文件、元数据文件、控制展图文件、数据合法性检查文件、质量检查报告、质量验收报告、专业技术设计书和专业技术总结。

四、关键技术

（一）采编一体化技术

在数据采集的同时，充分考虑数据入库的需要，简化工序，由外业人员完成外业数据采集与内业编辑，减少了数据流转经过的部门，大大缩短数据入库周期。

（二）图库一体化技术

采用图库一体的作业平台，从过去的生产图形转变为现在的生产数据。数据库只存储要素的骨架线和相应属性信息，不保存辅助制图要素，由动态符号化机制实现图形可视化显示，彻底解决地理信息系统（Geographic Information system，GIS）信息与地形图制图的一致性问题。

（三）增量更新技术

在数据入库环节，改变了过去整版入库所带来的重复工作，避免了一版一库的现象。采用增量更新技术，仅对变化的部分入库，从而大大提高了生产效率，并能够在一个数据库中存储现状数据和历史数据。

（四）数据加密技术

在生产中由多个单位承担任务，为了解决数据保密问题，采用了加密文件系统专用的数据加密技术。采用这种技术，在没有相应密钥的情况下，任何人也无法破解数据，从而保证了数据的安全。

五、创新点和特色

（一）面向对象的数据结构

在定义数据结构过程中采用了对象化的思想，突出了整体性。同时取消了本层实线等未定义要素，保证了地物的唯一性。依据新标准定制了采编平台，并依据其进行数据整理和外业修测，优化了数据结构，提升了数据品质。这种面向对象的数据结构为按六分法进行地理信息服务奠定了基础。

（二）网格管理

采用网格管理技术进行生产过程中数据单元的管理，解决了传统的图幅管理带来的接边成本，既保证了数据在更新过程中的完整性，又使未修测的数据能够保持原始状态，避免了重复加工和数据格式转换，提高了生产效率。

（三）面向数据的生产方式

本项目所设计的生产工艺流程，采用"先入库，后出图"的生产模式，即以生产数据为主，兼顾图形输出，因此是一种面向数据的方式。这种方式符合当前的发展方向，为测绘生产实现按需服务打下了良好的基础。

第二节　中小比例尺基础地形数据获取

一、项目背景

省级基础测绘1∶10000地形数据的获取，能够满足省政府和各级地方政府管理部门的决策需要，为省级经济的快速发展奠定基础。

二、技术流程

地形数据更新作业流程分为内业核查、外业核查、内业编辑，即首先内业利用遥感影像在立体环境下对地物进行更新采集，并对更新要素进行标记，同时对地形变化大的地区划定范围，然后将矢量数据与正射影像数据进行叠加，以防水相纸为介质，按照1∶10000比例尺输出调绘底图，提供给外业调绘，最后内业依据外业完成的调绘底图进行编辑、整理。

三、技术要求

（一）主要技术指标

1.空间参考系

大地基准采用2000国家大地坐标系、高斯–克吕格投影3°分带。高程基准采用1985国家高程基准。

2.基本等高距

平地为1m，丘陵地为2.5m。

3.分幅与编号

分幅和编号按《国家基本比例尺地形图分幅和编号》（GB/T 13989—2012）执行，分幅经差为3'45"，纬差为2'30"。

4.数据格式和命名规则

分幅建库数据为Personal Geodatabase格式，出图数据为EDB格式，数据文件名为1：10000标准图幅号加相应扩展名。元数据为MAT格式，数据文件名为1：10000标准图幅号加扩展名。电子图历簿为Excel格式。

5.数学精度

（1）平面精度。新增明显地物点相对于邻近野外控制点的平面位置中误差：平地、丘陵地图上不超过±0.5mm；山地地图上不超过±0.75mm；特殊困难地区（如大面积水域、大范围树林等），点位中误差可放宽至上述各指标的1.5倍。

（2）高程精度。原图内地貌变化区域高程注记点的补测精度为平地0.35m、丘陵地及植被密集地区1.2m；等高线的补测精度为平地0.5m，丘陵地及植被密集地区1.5m。

（3）接边精度。在几何图形方面，相邻图幅接边地物要素在逻辑上保证无缝接边，当由于不同时期测图造成不能自然接边时，允许保持不接边状态；在属性方面，相邻图幅接边地物要素属性保持一致。

6.其他技术指标

（1）数据属性精度。描述每个地形要素特征的各种属性数据要正确无误，要素分层及层属性的字段名、字段类别、字段长度、字段顺序、编码应正确无误。

（2）地形数据要素完备性。各要素必须完备、正确，不能有遗漏或重复现象。各种名称注记、说明注记应正确，指示明确，不得有错误和遗漏。

（二）数据预处理

1.资料的分析与利用

（1）控制资料。基础测绘数据库成果中的控制点部分、收集的新增控制点、可用于高程点补测的卫星导航定位连续运行基准站（Continuously Operating Reference Station，CORS）和似大地水准面精化成果。

（2）地形数据资料。基础测绘地形数据库成果，其坐标系统为1980西安坐标系，其高程基准为1985国家高程基准，使用时转换为Personal Geodatabase格式。

（3）坐标转换改正量。1980西安坐标系1：10000图廓点坐标转换为2000国家大地坐标系1：10000图廓点坐标的改正量。

（4）航摄资料。2012年的全数字摄影系统航摄的数码真彩色影像，其摄影比例尺约为1：50000，航高为3500m，相机焦距为70.5mm，像幅尺寸为67.86mm×103.86mm，像元分辨率为6μm，地面分辨率为0.3m。经验收，航摄资料的质量满足1∶10000地形数据更新要求。

（5）加密资料。基础测绘解析空中三角测量成果，供立体测图使用。

（6）数字高程模型数据。1∶10000数字高程模型，其格网间距为5m，立体测图过程中用来恢复矢量数据高程。

（7）水利普查成果。2012年的全国水利普查骨干河流和拓展河流最终成果数据，作为双线河流名称和起止点更新的依据。

（8）行政区划资料。截至2012年10月，国家统计局发布的各级行政区划代码表，作为境界层行政区划代码更新的依据；2012年10月之后变化的行政区域，根据该代码表的编码原则进行更新；省民政厅2012年出版的《行政区划简册》及2012年以来档案馆收集的省政府关于行政区划调整等相关文件，可作为市、县（区）、乡（镇）行政界线更新的补充资料。

2.预处理要求

（1）按照地形数据模板的图层名称、图层属性和图层表现风格，以及地物类名称、地物类编码和地物类表现风格等，进行作业方案准备。使用软件的方案模块制作统一方案，使用符号制作软件制作符号文件。

（2）对地形数据的分层、分类和代码进行调整。

（3）对已调整好的地形数据库（1980西安坐标系）数据通过国家下发的1∶10000图廓点1980西安坐标系—2000国家大地坐标系转换改正量进行坐标转换，并按2000国家大地坐标系分幅图廓进行裁切，作为地形数据更新的源数据。

（4）利用国家下发的1∶10000图廓点1980西安坐标系—2000国家大地坐标系转换改正量对数字高程模型数据进行坐标转换，并按2000国家大地坐标系分幅图廓进行裁切，用于立体测图软件中三维矢量数据的恢复。

（5）收集控制点普查成果，并转换为ArcGIS通用格式，提供给各工序使用。

（6）以地形数据库中境界数据为基础，参照行政区划变更资料整理出最新的境界数据资料。

（7）整理水利普查成果数据，提取骨干河流与拓展河流数据资料，将其作为水系更新的重要资料。

（三）立体核查

利用全省的数码航摄资料及空中三角测量加密成果，通过GeowayDPS采编一体化数字摄影测量软件，按像对恢复立体模型，导入上一代地形数据（由数据库下载的MDB数据），在立体环境下对地物进行更新。内业采集数据经检查后，将矢量数据与正射影像数据进行叠加并打印外业调绘底图，供外业进行核查。

1.影像定向建模

（1）资料获取。作业员通过查询"基础测绘加密分区图.dwg"文件获知每幅图所对应的加密分区号、涉及的原始影像片号，并从影像服务器拷贝建模相关资料。

（2）新建建模工程。以加密区域网为单位和顺序，每一个加密区域网建立一个工程，进行航摄资料参数设置。

（3）加载原始影像，建立立体模型。加载与该工程有关的原始影像，格式为TIFF，调整原始影像参数。根据航线和影像的重叠顺序，用相邻影像建立一个像对模型，同时将方案加载到每个模型中。

（4）导入外方位元素，生成核线影像。导入图幅对应加密分区的外方位元素，按外方位元素解算，生成水平核线影像。

2.要素核查

立体核查的精度、要素内容与地形表达的技术要求按设计书中的规定执行。同时，立体核查要遵循以下原则：

（1）采集的要求是以建库数据为主，兼顾出图，所以在数据采集时要注意处理好建库与出图的关系。

（2）立体环境下对影像立体模型与地形数据套合进行检查。发生变化的，面状地物位移大于图上0.4mm，线状地物位移大于图上0.3mm，独立地物位移大于图上0.3mm的地形要素重新采集。满足精度要求的可直接套用地形数据。

（3）新增地物在立体下能准确表示的，按实际情况采集；不能准确定性的地物要在"问题标注层"以红色圆圈标记，由外业重点核查。

（4）对数据中的明显丢漏和错误，如线条的打折、重线、重点属性填写不符合标准等，在采集时需要进行补测和更正。

（5）地物与地物之间需空开图上0.2mm的间距；要素重叠时，需严格重合。

（6）线状注记尽量使用散点注记，以方便进行数据交换及数据库出图。

（7）更新地物与原图地物衔接时，若衔接差在现行标准规定限差之内，则在精度允许的范围内一般应移动原图地物，并应保持要素相互间位置关系的正确性；若衔接差超过规定限差，应查明原因，作出处理。新增地物或变化地物与原有地物拼接应保持合理状态，如断在地物变换处等。

（8）更新地物与原图地貌衔接时，应协调好地物与地貌的关系，保持地物、地貌相关位置的正确性。

（9）原图与新资料成果因综合取舍等原因会产生矛盾，当原图尚能显示其特征时，可不进行修改。

（10）立体核查人员在作业结束后，根据图内实际变化情况填写图历簿。

3.工作底图输出

（1）工作底图采用符号化地形数据叠加真彩色数字正射影像图，使用防水相纸打印，比例尺设为1∶10000，线划以统一的颜色方案进行打印，方便外业读图，线宽按图式要求，基本线划宽度为0.12mm。

（2）内业无法判定的地物用红色标记打印在调绘底图上，供外业核查。

（3）地形数据中的属性（如名称、道路的等级、电力线的伏数、境界注记及说明注记等）均应标注在图上，供外业核查时确认。

（四）外业核查

外业核查内容用蓝色签字笔清绘在工作底图上，检查内容使用红色签字笔，要求线条光滑、图面清晰易读、文字注记字体正规且指向明确、符号运用得当，补调的地物、管线可以清绘在数字正射影像图上表示。

外业核查是对内业进行立体核查，对已有资料利用情况在实地按照地形图图式和设计要求进行全要素核对和调查。针对项目特点，外业核查时应重点核查以下内容：

（1）地形数据更新需要调绘的地物要素以航摄时影像为准。摄影后变化的地物，除铁路、公路，街道、县道及以上道路上的桥梁，港口、河流、高压线外，局部发生变化的和个别新增的不进行补测。

（2）外业应对内业有疑问的地方或此轮更新新增的地物进行重点核查。

（3）核查底图图面书写必须端正、清晰，避免产生歧义。清绘结束后，对图面新增的文字注记应核查一遍，避免产生错字、多字、少字现象。

（4）地名的核查必须慎重。由于拆迁，行政村合并等原因造成地名变更的，外业需反复核实。由于进行了坐标转换，图廓发生了变化，故而需特别注意地名注记的接边。

（5）核实等级公路的代码、等级、起止点。

（6）正确处理桥梁、涵洞、倒虹吸、出水孔等水工构造物的关系。

（7）调绘底图上的鱼塘与池塘，其"鱼""塘"字可分别简写为"Y""T"；正在建设的地块统一注"施工区"；正在拆迁的地块统一注"拆迁区"。

（8）植被主要核查影像判读特征与符号表示差异大的地块。居民地周围的大面积杨树林因生长周期比较短，统一用幼林表示。

（9）对外业补测的道路和电力线进行接边时，若接边差小于图上0.5mm，则相互调整接边；若接边差大于图上0.5mm，则需在野外重新定位再接边。

（10）地貌变化区域高程碎部点采用RTK作业模式。测量面积大于1km²的水库的大坝，溢洪道及具有防洪作用的干堤上的高程点，在图上干堤处每隔10~15cm采集一个高程点。

（11）图名尽量与地形数据一致。图幅名称应选择图幅内较大居民地的名称或较著名的地名，以已消失地名命名的原图名应进行相应的修改。在没有居民地时，可选注其他地理名称。村庄名称作为图名时，其注记字大应按原规定尺寸加大表示。乡镇以上居民地名称选作图名时，其注记不再加大。将行政单位和企事业单位名称作为图名时，应注全称。

（12）外业核查人员在作业结束后，根据图内实际变化情况填写图历簿。

（五）数据编辑

1.基本要求

根据外业核查内容，按数据库要求对图进行编辑修改，最终数据检查合格后经数据整理，生成符合要求的Personal Geodatabase格式，同时制作对应的元数据和电子图历簿文件，并提交给质检站验收。编辑数据时，按照外业调绘底图的标示内容，在数据加工平台上叠加数字正射影像图进行编辑；对于丢漏和新增的地物，应在立体环境下进行补测。

地形数据编辑的内容包括：要保证线状地物要素的连续性，不得有变形和打折（包括接边）；相接的结点应采用捕捉方式，不得出现悬挂点；有向点、有向线的数字化顺序方向必须准确，有向线符号方向按左手规则；按中心点、边线、中心线数字化的要素，其位置必须正确；接边必须保持跨图幅要素的几何图形的连续性和编码、属性的一致性；共边线的要素均不得相互代替，应各自独立表示并保持位置完全一致；河心岛、湖心岛的边线分别与所在双线河、湖泊的水涯线共线，不重复采集，分类代码采用相应水域多边形线代码；按照面向对象的采集原则，不同名称河流分别构面；有名称且相交的面状主要河流和面状干渠须采集水系交汇处，名称用顿号隔开；植被中的成林、花圃花坛、人工绿化地、绿化带需要构面表示；地理名称的注记点位应放在面状区域内；检查各级政府、行政村、自然村、国有农场、养殖场、开发区、大型企业单位等的名称注记，并在相应的所在地办公点准确标注点位。无法采用全拼输入的字作为生僻字处理，生僻字使用统一编码，出图时使用统一的生僻字库。

2.数据编辑的内容

（1）测量控制点。

（2）水系。水系主要有洪泽湖、骆马湖、淮河、京杭运河、废黄河、新沂河、淮沭河、徐洪河、总六塘河、滩河等。

（3）居民地及设施。

（4）交通。高速公路独立表示，新增公路参照外业调绘和相关资料表示。

（5）管线层。其主要表示35kV及以上高压输电线及工业管道。

（6）境界与政区。境界原则上以已有数据为准；参照所收集的省政府关于行政区划调整的相关文件，调整行政区划。

（7）地貌。

（8）植被与土质。

（9）地名及注记。

3.数据质量检查

每幅图完成后，需通过图面检查和EPS2008的监理模块检查，保证每一幅图都在满足建库要求的基础上符合出图要求。

（1）出图数据图面检查。①图廓整饰应符合要求，重点检查图名、图号、图幅接合表是否正确，政区略图和政区说明是否与图内BOUA层一致，等高距与坡度尺是否与图内一致，各类整饰注记是否正确。②注记检查。图内注记要摆放合理、指示明确、字体和大小正确，河名注记与路名注记间隔要合理，角度要符合阳光法则，作为图名的注记选取应合理。③符号化检查。图内符号化应与要求一致。线条要求重合时需严格重合，不需要重合时需至少空开图上0.2mm的间距。④植被需用地类界封闭，植被符号配置疏密要一致。⑤要素应符合设计书和采集规则要求，不得出现多余或遗漏。图内不能出现检查标记、外业问题标注等多余数据。

（2）图形质量检查。①要素特征检查。基础测绘要素是按要素的主题和特征分层，因此某一主题的点（P）、线（L）、面（A）层只能包含单一要素，可用图层要素选择功能检查。②数据范围检查。检查数据中除整饰层和注记层之外的点、线、面要素是否有超出图廓范围的情况。③空间关系检查。各图层各要素不得出现复合对象，同一图层内部和不同图层之间要素不得重叠（设计书明确规定必须完全重复采集的个别要素除外），各要素不得自相交，对设计书和采集规定要求不得出现悬挂节点、伪节点的各要素应严格相接，重叠、相交、包含等要素之间的空间关系应正确（如线状沟渠不得穿越普通房屋，高程点不得落水，界线必须与相应境界面严格重合，线状桥梁、点状桥梁必须严格与道路中心线重叠，电力线的拐点或电杆应与电力线的节点完全重叠）。④附属物检查。检查道路附属物（道路过水需要有桥或者闸）是否缺失及道路附属物是否正确捕捉在相应道路上。

（3）属性检查。①要素分类代码应符合设计书和相关数据标准的规定，不得出现为空或不在数据字典中的代码。②要素的几何类型和编码应符合采集规则和相关数据标准的规定，如面状要素不得使用线状要素分类代码，面状图层不得出现线状要素分类代码等。③各类要素的属性填写应完整、正确，不得出现非法字符，要符合设计书的要求和相关数据标准的规定。④有向线的采集方向应统一，有向点的起算角度应统一，各要素的面积、长度等指标应符合设计书和采集规定要求。⑤行政区划代码、铁路编码、公路编码等属性填写应符合设计书要求和相关编码标准，附属设施要求填写相应编码的应正确填写，如桥梁要素应填写所在道路的编码等；要素属性与文本标注应保持一致，如河流名称、道路名称、地名等。⑥在图幅接边处，接边要素属性内容应完全一致。

（4）标准化检查。①各图层属性项的名称、类型、长度、精度、顺序数应符合设计书和相关数据标准的规定；②各图层的名称、图层的完整性和组织方式应符合设计书和相关数据标准的规定。

（5）接边检查。在几何图形方面，相邻图幅接边地物要素在逻辑上应保证无缝接边；在属性方面，相邻图幅接边地物要素属性应保持一致；在拓扑方面，相邻图幅接边地物要素拓扑关系应保持一致。

（6）元数据文件检查。各数据项的填写应规范、统一和正确。

（7）回放纸图检查。对照外业调绘工作底图，检查图面上各要素的正确性，确保地形数据与调绘图一致。

4.图幅接边

（1）同期成图内部应严格接边，每幅图的作业员主动负责接好东、南边，并由邻图作业员检查、签名。因不同时期成图而接不上的地方应在图历簿中记录原因。

（2）与其他邻省接边的图幅做自由边处理。

（3）换带接边统一用39带图廓进行接边，对于换带接边后的40带数据需根据其图廓处理此条边上的线条悬挂情况。

（4）接边后的地物地貌，不得改变其真实及相关位置；跨越两个图幅的线状地物或面状地物，要注意两边图形、注记和属性等的一致性。

5.成果数据输出

经作业部门和承担单位质量保证科检查后，方可进行成果数据的导出。导出文件为Personal Geodatabase格式，按照规定的要求包括定位基础、水系、居民地及设施、交通、管线、境界与政区、地貌、植被与土质、地名及注记九个要素类。

6.图历簿的填写

（1）图历簿是反映成图过程和精度的重要资料，各工序作业人员和检查人员必须认真填写，保证内容齐全。

（2）统一的栏目可由部门统一填写，由具体作业队（组）、作业员和检查员单项完成的栏目应分别填写。填写的文字内容和数据要求精练、准确、规范，描述应一致。

（3）反映有关成果和精度误差的数据填写后必须由专人检查核对。

（4）根据纸质图历簿填写电子图历簿，并保证纸质图历簿与电子图历簿内容一致。

第三节　数字高程模型及正射影像数据获取

一、项目背景

某市1∶5000数字地形图测绘项目是在"十三五"期间完成的重要基础测绘项目。该项目实现了1∶5000基础地理信息成果全市域覆盖，其中1∶5000数字高程模型及数字正射影像图数据获取与建库是本项目的任务内容。

该市每年7、8月天气较好，利于航空摄影。地貌类型多样，地势沿河流、山脉起伏较大，最大高差达2700m；长江自西向东流贯测区，江河纵横。境内地物比较复杂，植被覆盖面积较大（约为20%）。主城区和各组团房屋密集，基本为街区式建筑，大中城市高层建筑较多；农村民居多为散列式房屋，居民地周围植被繁茂，遮盖明显。

二、技术要求

（一）主要技术指标

1.数字高程模型技术要求

数字高程模型数据库的管理系统采用ArcSDE，数据成果采用GRID格式。

完整图幅的成图范围内都应为有效数据，测区省界自由图边坡图幅的范围为境界线外扩100m；其余部分为无值区域，其格网高程值赋为-9999。

数字高程模型的格网间距为2.5m，其成果的精度用格网点的高程中误差表示。高程中误差的2倍为采样点数据最大误差。高程值取位至0.1m时，高程存储格式放大至整型。

其接边精度要求，同名格网点上的高程较差不超过2倍格网点高程中误差。

2.数字正射影像图技术要求

正射影像采用RGB色彩模式存储，成果格式为TIFF格式影像数据和TIFF World格式的坐标信息文件。对于跨省界边界处的图幅可不满幅，以省界外扩100m成图，影像数据有效范围覆盖市域，外扩区外的背景值统一为黑色。

数字正射影像图为平面成果，无高程信息。平面精度要求为：影像上地物点相对于附近野外控制点的点位中误差，平地和丘陵地不大于2.5m，山地和高山地不大于3.75m，地物点平面位置最大误差不超过上述中误差限差的2倍。图幅间影像应该进行接边，接边时应根据接边精度情况进行改正；改正后的接边限差不得超过两个像元，即1m。

（二）像片控制测量

像片控制测量的主要工作是按照要求布设像控点，并进行实地选点、测量。像片平面控制点相对于附近基础控制点的平面位置中误差不超过图上±0.10mm，高程控制点相对于附近基础控制点的高程中误差不超过1/10基本等高距。

按照规定的空中三角测量的精度要求，利用精度估算公式反向推导出布设像控点时航向相邻控制点间的跨度：平地无基线间隔，丘陵最大为7条基线，山地最大为13条基线，高山地最大为16条基线。规定的旁向重叠为：平地、丘陵地不大于两条航线，山地、高山地不大于3条航线。

按照上述要求，选定有代表性的试验区进行布点方案测试。通过计算空中三角测量加密成果的基本定向点和检查点精度，对测试区域网的布点方案进行精度评价，最终确定了本项目的布点方案。

本项目要求全部布设平高控制点，航向间隔按5~7条基线，相邻航线不间隔进行布设。在部分布点困难地区，如人迹罕至的高山密林区，相邻像控点间隔可适当放宽。此外，在不规则区域网布点时，在凹凸转折处布设平高控制点，在补飞航线三度重叠处也布设平高控制点。

测区的地形地貌复杂，部分地区植被密集，标志目标稀少，且地形起伏高差较大，这为选择合适的像控点点位带来困难。像控点的施测要求如下：

（1）点位应尽量公用，一般布设在航向及旁向6片或5片重叠以上区域。像控点优先兼顾目标条件，再考虑像片条件。

（2）自由图边、跨省界图边、待成图的图边像控点应布出图廓线外。

（3）航线两端的控制点一般应分别布设在图廓线附近；有困难时，可不受图廓线的限制，但应满足基线跨度的要求。

（4）平面控制点的点位应选在影像清晰的明显地物上，一般可选在交角良好的细小线状地物交点、影像小于0.3mm的点状地物中心。弧形地物、阴影、交角为锐角的线状地物交叉不得作为刺点目标。

（5）高程控制点应选在高程变化小的目标（坡度小且面积大，高程容易切准的目标）上。

（6）平高控制点应兼顾平面控制和高程控制两方面的要求。

（7）长江、嘉陵江两岸像主点落水区域，应根据像片目标条件增设像控点。

（8）点位在坎边沿及高于地面的地物上时，须量注比高至0.1m，并应注明点位设在坎上、坎下或地物的顶部、底部。

（9）进行野外测量时，应对像控点进行实地拍照并标上编号，像片的编号应与像片控制点编号对应。

像控点的量测利用网络RTK进行联测平面坐标，利用似大地水准面精化模型进行高程改正，得到1985国家高程基准下的高程。在网络RTK信号不好的局部山区，采用静态GNSS测量。

（三）空中三角测量加密

空中三角测量加密是利用加密区中的影像连接点（加密点）的像片坐标、少量像片控制点的像片坐标和大地坐标，通过平差计算，解算连接点的大地坐标，进而得到影像的外方位元素。空中三角测量加密得到的加密点成果和影像外方位元素是后续一系列摄影测量处理与运用的基础。具体步骤如下：

（1）由于本项目采用的为数字航空影像，空中三角测量精度要求及主要技术指标按照《数字航空摄影测量空中三角测量规范》（GB/T 23236—2009）执行。

（2）内定向。数码量测相机进行内定向时，自动生成内定向文件。

（3）相对定向。连接点上下视差中误差为1/3像素，即2μm；连接点上下视差最大残差为2/3像素，即4μm，特别困难资料或地区可放宽0.5倍。连接点在精确改正畸变差的基础上，距离影像边缘应大于0.1cm。

（4）绝对定向。绝对定向后，基本定向点残差、多余控制点（检查控制点）的不符值及公共点的较差应满足规范要求。

根据本项目航飞影像分布、航线方向、地形类别、外业像控点布设等情况，本测区划分了约120个加密分区，并按照不同的地形类别采用不同的精度进行空中三角测量加密。

每个加密分区间都须进行接边处理，接边具体要求如下：

①与已成图范围的空中三角测量数据接边。当较差小于规定限差1/2时，以已成图为准；若较差大于规定限差1/2又小于规定限差时，则该公共点的坐标在接边后取均值作为加密成果，并对已成图进行修改。

②由于跨多个投影带，不同投影带之间公共点接边要先将公共点的平面坐标换算到同一投影带后，在限差以内取中数，再将中数值换算为邻带坐标值。

③当接边超限时，须查明原因，对相应成果进行查改。

（四）数字高程模型数据获取

本项目采用航空摄影测量的方法成图，利用航空摄影成果进行摄影测量内外业处理，最后制作所需要的数字线划图、数字高程模型和数字正射影像图等成果。

1.立体采集

三维数据立体采集是数字高程模型制作中非常关键的一步，采集的三维数据是制作数字高程模型的直接数据源，其精度和完整性直接关系到数字高程模型成果的质量。

本项目的立体采集工作使用的是航天远景MapMatrix数字摄影测量工作站，利用空中三角测量加密成果创建自动的相对定向和绝对定向立体模型，采用自主研发的航测、采编、质检一体化平台中的联机调用立体模型进行量测和要素采集。

（1）精度要求。利用数字摄影测量工作站进行模型定向时，在完成自动绝对定向后，需要检查绝对定向的结果，主要是查看定向点的平面和高程残差是否符合要求；对相邻的立体模型也必须进行接边检查，对立体模型重叠部分的地物进行量测，查看接边误差。全部检查合格后方能利用该结果进行立体量测和要素采集。

采集时要求测标切准要素，其中等高线采集以立体模型为准，立体切准误差一般不得超过1/3基本等高距；相邻立体像对间的地物接边差不大于地物点平面位置中误差的两倍；等高线接边差不大于1基本等高距。

为了保证所采集要素的精度，单个立体模型的采集范围（生成的核线影像范围）以控制点范围为准。当模型上存在云影、大面积阴影等时，可采用邻近模型进行补救，并对精度进行验证。

（2）三维数据采集内容。本地区地形起伏大，地貌复杂多变，既有地形相对平坦、经济相对发达的城市地区，也有地形复杂、植被茂密的远郊区县。因此，要求在立体采集时必须对所有的特征地貌进行逐一采集。只有完整的、足够的三维特征点线才能保证后续制作的数字高程模型能准确反映真实地貌。

立体采集环节要对1∶5000地形图要求的所有要素都进行立体采集。采集的全要素三维数据一方面可以用于后续的数字线划图成果编辑，另一方面可以提取一部分三维数据用于数字高程模型制作。其中，数字高程模型制作可以用到的要素主要有等高线、高程点、双线河流、面状水域、双线道路等。

用于制作数字线划图的三维数据还不能完全满足制作数字高程模型的需要，还需要根据地形特征，立体采集一些特征点线。

首先，需要增加特征高程点。若满足制图要求的高程点数量太少，不能满足制作数字高程模型需要，则需要保证在山头、鞍部、肩部、凹地等地形变化处都有特征高程点。其次，要对制图立体采集的等高线进行处理。在过于密集处可能进行了首曲线断绘处理，用于制作数字高程模型的三维数据中的首曲线必须全部连通。最后，大面积植被覆盖地方的山脊和山谷线必须绘出。山地与平地交界的地形变换线，有一定高差的堤、堑、坎、斜坡、梯田坎等要素，都要求采集。坡坎的采集不能用线形表示，坡顶线和坡脚线必须按实际位置采集。

（3）采集要求。立体采集时应引入已成图的三维矢量数据进行接边。自由图边及省界需外扩100m以满足数字高程模型制作的需要。制作数字高程模型需要的各类要素的具体要求如下：

采集高程点时一般优先选取在地形变换处和有明显方位作用处，如山头、谷底、鞍部、肩部、凹地等处。在地形平缓区域，等高线间距较大的地方应适当增加高程点数量以辅助表现地貌特征；在部分地形较破碎区域，应在剧烈变化区域适量增加高程点数量。等高线采集要求保持等高线连续不间断。

采集双线河流时，从高到低或者从低到高采集，高低变换处应断开，不要在同一根线上出现起伏或逆流现象。在采集图上面积大于4mm²的池塘、水库等面状水域，其水涯线按摄影时位置表示。只有土埂相隔、水面高程一致的池塘，可适当综合，但应保持其原有形状和分布特征。

特征线采集必须在立体模型上精确切准地面，所有的三维线相连的时候都需要用三维咬合捕捉到位。

2.内业编辑

内业编辑是对立体采集数据进行编辑处理。在数字高程模型制作中，内业编辑主要是指对立体采集的三维数据进行编辑处理和数据整合。

首先，要对采集的三维数据进行提取。从全要素采集的数据中提取等高线、高程点、双线河流、面状水域、双线道路等数据，与专门采集的其他特征点线进行融合，得到用于制作数字高程模型的三维数据。其次，对三维数据进行分层整理，主要可以分为道路、水系、特征线（包括山脊线、山谷线、坡顶线、坡脚线等）、等高线、特征高程点。最后，对特征点线进行整合，主要是处理特征点线之间的关系。可以对空间位置相交的特征线进行断开处理，使特征线在交叉处的平面距离大于1m，这样可以避免生成的三角网出现错乱；还可以用线性内插的方式增加特征线上点的个数，使由特征点、线形成的不规则三角形能尽可能精细地反映地表真实情况；对等高线进行编辑处理，确保等高线不交叉，不无故中断；检查特征高程点的高程值是否与特征线相互矛盾。对三维数据进行接边时必须进行三维咬合，并确保完全接边。

3.构建三角网

构建三角网指利用三维特征点和特征线上的节点构建一系列互不交叉、互不重叠的连在一起的三角形，也可以表示地形表面。构建三角网的点呈不规则分布，所以也叫不规则三角网（Triangulated Irregular Network，TIN）。

首先，要对编辑整理好的三维特征数据进行相关检查，保证等高线连续、无交叉，特征点线无高程异常，特征点线高程值无相互矛盾，静止水面水涯线高程值相同，等等。检查合格的三维特征数据就可以采用相关软件直接生成三角网。

生成三角网后，还需要对三角网进行检查，去除边界处错误构成的三角形数据，并消除内部不合理平三角。消除不合理平三角的过程为：搜索三角网中的平三角区域，过滤掉水面等合理平三角，对处于山顶、洼地、平缓区域等位置的不合理平三角进行消除，按照一定的规则自动匹配增加地貌特征线，且使这些要素带有高程信息，加入初始三角网中，重新构建地形细节更精细的不规则三角网。对无法自动消除的不合理平三角形位置要进行人工介入，通过添加特征点线的方式进行消除。

4.数据套合检查

数据套合检查是将生成的三角网按照制作数字高程模型的方法，采用双线性内插生成规则格网数字高程模型，并通过规则格网数字高程模型数据反演生成新的等高线，将新生成的等高线与三维特征数据中的原始等高线进行套合。检查套合差，对套合差超限的局部通过重新采集或增加特征点线的方式进行修改，直到所有成果套合差满足设计要求。

数据套合检查是在数字高程模型生产中进行的检查过程，确保生产的数字高程模型能正确地反映地表信息。虽然对三维特征数据进行了严格的检查，构建的三角网也对不合理平三角进行了消除，但是难免会出现局部的地形表示失真。如果不在生产过程中进行套合检查，那么生成正式的数字高程模型成果后才发现套合超限，就要重新生产所有成果；而根据数字高程模型的特点，一般是以整个测区为单位统一制作的，局部修改后也需要对测区所有的成果进行重新生产，就会出现大量的重复工作。

5.数字高程模型生成及分幅

数据套合检查合格后，就可以利用不规则三角网数据，采用双线性内插生成规则格网数字高程模型。

在实际生产过程中，为了减少数字高程模型数据的接边工作，一般按照测区或作业区的范围，整体生成大范围数字高程模型成果。然后通过程序设置参数后，利用相关文献中的计算公式，自动计算图幅范围，自动进行裁切，输出分幅的数字高程模型成果数据。

6.数字高程模型质量检查

数字高程模型成果需要对空间参考系、位置精度、逻辑一致性、时间精度、栅格质量、附件质量进行检查。

（1）空间参考系检查。空间参考系检查主要检查数字高程模型的大地基准、高程基准、地图投影是否符合设计要求。

（2）位置精度检查。位置精度检查主要检查数字高程模型的高程中误差、套合差是否超限，同名格网点的高程值是否一致。对于位置精度的检查一般采用的几种方法包括：①利用范围内的立体采集数据中的特征高程点和在对应数字高程模型位置的内插点，比较两者的高程值，计算单点误差及整体中误差；②利用空中三角测量加密成果的保密点或者位于地面上的加密点，以及在对应数字高程模型位置的内插点，比较两者的高程值，计算单点误差及整体中误差；③利用数字高程模型数据成果反演生成等高线，与三维特征数据中的等高线进行套合，对比测量套合误差；④对图幅间重叠部分的格网点高程值进行逐一比对，统计高程值不一致的格网点个数。

（3）逻辑一致性检查。逻辑一致性检查主要检查格式一致性，包括：数据文件格式、数据文件命名、数据文件存储组织及数据文件内容是否缺失、多余或无法读出等方面。

（4）时间精度检查。时间精度检查主要检查原始资料和成果数据的现势性，首先保证使用的原始影像是项目设计规定的时间范围内的航摄影像，其次检查成果现势性是否与成图时间一致。

（5）栅格质量检查。栅格质量检查主要是在数字高程模型成果中检查格网参数，对格网尺寸和分幅数据的格网范围进行检查。

（6）附件质量检查。附件质量检查主要检查元数据和项目附属的文档。

（五）数字正射影像图数据获取

数字正射影像图是利用数字高程模型对航片进行数字微分纠正和镶嵌生成的影像数据，其生产工序比较复杂。本项目中数字正射影像图制作在已经得到空中三角测量加密成果和数字高程模型的基础上开展，采用像素工厂系统进行制作。

1.像素工厂空中三角测量加密成果恢复

本项目是分期分批完成的，采用的空中三角测量加密软件种类较多，如像素工厂、PixelGrid、SSK、INPHO等加密软件，因此需要将处理后的空中三角测量加密成果转换，并导入像素工厂系统。像素工厂系统提供的Convert Frame工具可进行像方坐标、相机文件等数据的转换，之后在像素工厂系统中再次进行平差计算；确认像素工厂平差结果与原来空中三角测量平差结果基本一致（不同平差软件处理结果有微小的差别），并满足空中三角测量精度要求，从而完成空中三角测量加密成果恢复。另外，可以直接利用像素工厂系统进行后续处理。

2.单片正射影像纠正

单片正射影像纠正的过程就是对原始航空影像逐片进行数字微分纠正，主要是利用空中三角测量加密成果中影像的内方位元素和外方位元素，结合相应位置的数字高程模型，按照一定的数学模型解算，从原始中心投影的影像得到正射投影的影像。

本项目中已经获取了1∶5000数字高程模型，其数据格式也被像素工厂系统支持，可以直接导入系统。获得同一区域的空中三角测量加密成果和数字高程模型后，像素工厂系统可以自动对范围内所有的航空影像逐片进行数字微分纠正，生成单片正射影像。

纠正后的正射影像不应有拉伸和扭曲现象，对于出现拉伸、扭曲等变形的区域要对其数字高程模型进行检查。按照前文中数字高程模型制作方法，对变形区域重新进行立体采集，制作数字高程模型，然后生成正射影像，直到消除变形情况为止。

对于立交桥、高架桥等大型架空构筑物部分，要对数字高程模型进行特殊处理。要采集桥面边缘线、桥的地面投影线及特征线，并在桥面上采集一定数量的特征点，重新生成数字高程模型。

最后还要检查生成的单片正射影像有效数据能否完全覆盖测区范围，是否有数据漏洞区。出现漏洞的时候需要检查空中三角测量加密成果范围和数字高程模型范围，在补充数据后重新生成漏洞部分的单片正射影像。

3.自动镶嵌线生成与编辑

正射影像镶嵌是将前面生成的单片正射影像拼合成整幅正射影像的过程，一般是先在相邻单片正射影像上选择同名点连接成镶嵌线，然后沿镶嵌线生产缓冲区，在缓冲区内对影像进行平衡过渡，完成影像的拼接。其中，镶嵌线生成有多种方法，可以全部自动生成，也可以手工添加。镶嵌线是否合理也直接关系到正射影像的效果和质量。现在一般采用先自动生成然后对不合理的地方进行手工编辑的方式生成镶嵌线，以保证其准确、合理。

镶嵌线应选在街道、绿化带、水域等处，避开高楼，且拼接线两边高层建筑的倒向应一致。因像片边缘部分高层房屋投影差较大，所以影像压盖严重，正射纠正精度较差，拼接时应尽量选取单片影像的中央部分。还应注意保持影像连续完整，不得有重影、纹理断裂等现象。

像素工厂系统创建镶嵌线的原则是先建立一系列相连的多边形，然后为每个多边形关联一个对应的影像文件，这些多边形通常被称为镶嵌线多边形。但由于这些多边形定义的重点内容是其边界线的位置，所以这些多边形也被称为镶嵌线。当计算最终镶嵌影像产品时，每个镶嵌线多边形范围内的像素都将来源于与此多边形相关联的子影像数据。

对自动计算生成的镶嵌线进行后期手工编辑往往是不可避免的。镶嵌线编辑处理的重点内容是：对子影像数据进行几何纠正（如道路、铁轨和建筑屋顶等的错位现象），增强某些地物的辐射均衡度（如某些农田、湖泊等地物，其对比度或亮度与周边地物反差过大），选择最佳子影像（如避开云影、烟囱上面的白烟等影像）。在使用镶嵌编辑器对镶嵌线进行编辑的过程中，可以预览编辑结果对最终镶嵌影像产品的影响。

4.影像镶嵌与分幅成果输出

对所有的镶嵌线都完成检查和编辑整理后，再使用最终的镶嵌线数据自动计算镶嵌影像产品，即按照镶嵌线的范围对所有单片正射影像进行重采样，将其合并成一张全局正射影像。拼接过程中将对影像进行初步的辐射纠正，使全局影像色调基本一致。

分幅成果输出是将像素工厂ISTAR格式的全局正射影像，按照1：5000图幅的有效覆盖范围进行裁切，并按照指定的数据格式（如TIF＋TFW格式）输出分幅的正射影像成果数据。

5.正射影像修补

镶嵌后的正射影像在进行影像质量检查时，常会发现局部存在的影像拉花、扭曲、变形等问题，这时就要进行正射影像修补。正射影像修补实际是一个完整的正射影像制作过程，需要对影像中出现问题的局部区域，通过立体采集特征点线、制作数字高程模型、生成单片正射影像、进行影像镶嵌等工序将有问题的影像区域用重新制作的正常影像替换。

桥梁、高架路等离开地面较高的大型构筑物，一般需要进行修补。这是因为正射纠正用的数字高程模型，在这些地方反映的是地面的高程信息。用这样的数字高程模型进行正射纠正时，只能保证贴近地面的要素纹理正常，架空要素的正射影像纹理就会出现拉花和扭曲。对这些特殊要素，需要在数字摄影测量工作站上立体采集桥面的边缘线和一定数量的位于桥面上的特征点，利用采集的数据对桥面部分范围重新制作数字高程模型。然后利用新做的数字高程模型对桥体范围进行正射纠正，得到桥体的正射影像。再利用影像镶嵌的方法将新的正确的桥体纹理拼接到原正射影像中，完成正射影像修补。其中，局部影像的镶嵌拼接可以在Photoshop软件中完成。在Photoshop软件中可以添加相应插件以实现正射影像的按坐标定位，这样就可以直接在Photoshop软件中勾绘镶嵌线进行过渡处理，做到自然拼接。

对正射影像中局部的纹理不清、噪声、影像模糊、影像扭曲、错开、裂缝、漏洞、污点、划痕等也要采用类似方法，选用纹理正常的影像进行修补处理。

6.影像匀色

季节、天气、太阳入射角等对真彩色航空影像的色彩影响较大，会造成不同架次及相同架次的不同航线之间的影像色彩差异较大，同一张像片也会出现明暗不一的现象。因此，正射影像镶嵌成果中水域、道路、田块和植被等区域可能存在由拼接线两边色调不一致而引起的影像色差。影像匀色就是通过对影像进行色彩、亮度和对比度的调整，缩小不同影像间的色调差异，使影像的色调均匀、反差适中、层次分明，保持地物色彩不失真。

像素工厂系统是将样片作为模板，由系统自动完成匀色工作。模板的选择和调色工作尤为关键，一般可以根据测区内地物地貌要素的不同，分别选取具有典型代表性的影像作为样片影像，如城市中心建筑密集区，以及市郊田地、水体、绿色植被丰富区等，确保不同地貌均能得到体现。

选择的样片一般在Photoshop软件中进行调色，对影像的反差和明暗度进行调整。当影像反差不足时，影像的细节被压缩，不好分开；而当影像反差过大时，又容易丢失影像的细部信息。因此，要将反差调整到合适的状态，可以采用曲线或阴影/高光工具对反差和亮度进行调整。曲线工具是Photoshop软件中较复杂但十分精准的调整工具，它利用直方图均衡对图像所有灰度值范围进行非线性拉伸，可以对图像特定的局部或者全部进行辐射增强。移动曲线顶部的点可以增加亮度，移动曲线中部附近的点可以调整对比度，移动曲线底部的点可以去除雾蒙效果。对于反差过大的情况也可以使用阴影/高光工具进行调整。

调整的时候应该先整体后局部。先将大范围的影像调整至大致合适的亮度和反差，然后进行分块调整直至所有区域亮度和反差均匀。将调整好的样片导入像素工厂系统，系统就可以利用样片的色彩信息对测区所有正射影像进行自动匀色处理。

7.影像检查与接边

影像自动匀色后，将进行影像接边。一般在接边的同时对影像纹理的质量进行检查，查看影像镶嵌、修补、匀色的效果，将可能存在的镶嵌线不合理切割建筑，影像修补不到位，局部拉花扭曲未修补、影像局部明显有偏色等问题返回各个工序进行处理。

正射影像一般以测区为单位进行整体生产，然后分幅裁切得到分幅正射影像，这样测区内部不用接边，只是测区间需要进行接边处理。接边采用影像镶嵌的方法：在重叠区域选择合适的镶嵌线，然后进行影像拼接，最后将拼接的影像按照各自范围进行裁切，得到接边后的影像。要注意的是，当接边图位于不同的投影带时，应将接边图转换到同一投影带后进行接边处理，接边后的影像再转换回原投影带。

影像接边一般可以在Photoshop软件中进行，比较方便实时选择镶嵌线，进行拼接过渡处理。

8.色彩调整

数字正射影像图经过软件匀色处理后的色彩基本一致，但仍需要人工进行全面的色彩调整，以达到色彩自然的目的。色彩调整主要从色调、色彩两方面着手，通过调节影像的亮度、色相、饱和度及对比度，使影像符合人们的视觉要求。色调调整主要包括调整图像的暗调、中间调和高光的强度级别，纠正图像的色调范围和色彩平衡；色彩调整主要是纠正色偏，使影像符合自然色彩。

影像色彩调整一般在Photoshop软件中进行，可以利用的工具有色阶、曲线、亮度、对比度及色彩平衡等。在亮度和色差都适中，整体偏色的情况下，可以用色彩平衡工具。例如，植被较多的影像，虽然影像清晰、饱和度适中，但整体偏色；依据色彩互补规律，利用色彩平衡工具进行调整，可使植被更接近真实自然色。当影像过度鲜艳或过度暗淡时，要适当调整饱和度。调整时尽量不要利用颜色替换工具或选择工具对局部颜色过分调整，避免产生影像色彩变异，应采用整体调整的方法。

调整后的影像在大范围内，其颜色和色调基本保持一致，直方图大致呈正态分布，红、绿、蓝三通道信息分布均衡；影像纹理清晰，反差适中，色彩信息丰富，无影像信息损失，色彩饱满，接近地物真实的颜色；特征地物能准确被识别。

9.数字正射影像图质量检查

数字正射影像图质量检查需要对空间参考系、位置精度、逻辑一致性、时间精度、影像质量、附件质量进行检查。

（1）空间参考系检查。空间参考系检查主要检查数字正射影像图的大地基准、地图投影是否符合设计要求。

（2）位置精度检查。位置精度检查主要检查数字正射影像图的平面位置中误差、影像接边误差。

平面位置中误差检查。①采用空中三角测量加密成果中的保密点或位于地面的加密点与成果影像上的同名点进行比对；②通过外业实地量测明显地物点进行比对；③在ArcGIS中叠加数字线划图对正射影像上同名地物点的精度进行检查。

影像接边误差检查则是在正射影像成果上选取明显的同名地物点进行比对，计算中误差；还可以在ArcGIS中同时加载接边线两边的影像，对重叠部分的情况进行整体查看。

（3）逻辑一致性检查。逻辑一致性检查主要检查格式一致性，包括：数据文件格式，数据文件命名，数据文件存储组织及数据文件内容是否缺失、多余或无法读出等方面。

（4）时间精度检查。时间精度检查主要检查原始资料和成果数据的现势性，首先保证使用的原始影像是项目设计规定的时间范围内的航摄影像，其次检查成果影像是否应用了最新的航摄影像成图。

三、关键技术

（一）综合运用GNSS三星定位技术提高像控测量精度

本项目采用自主研发的"北斗卫星区域定位参数实时转换系统"，利用北斗卫星导航系统、全球定位系统、格洛纳斯系统3种卫星信号，实现了三星组合定位，集成运用静态、RTK、精密单点定位（Precise Point Positioning，PPP）测量技术进行像控点野外测量，解决了建筑密集区、高山峡谷地区卫星信号弱的困难，提高了像控测量精度。GNSS技术的综合运用，有效提高了生产效率，节约了生产成本，确保了成果精度。

（二）采用高性能集群式影像处理系统进行影像数据快速制作

针对地形地貌特点，本项目利用高性能集群式影像处理系统——像素工厂系统对影像生产工序进行了多方面优化。利用高精度定位定姿系统（Position And Orientation System，POS）辅助空中三角测量，减少对外业像控点的需要，提高了空中三角测量的自动化程度和精度；对多源、多尺度数字高程模型接边整合，获取精度更高、现势性更好的数字高程模型数据，并导入像素工厂进行正射纠正、镶嵌，充分发挥了多节点并行计算能力；自主开发了影像换带、裁切程序，实现了大区域影像批量换带与海量影像的自动分幅裁切，实现了数字正射影像图的自动、高效、快速制作。

第四节　基础地理信息数据库建设

一、项目背景

省级地理空间信息基础框架是省级国民经济各部门规划、建设、管理的基础。根据省级"十四五"基础测绘规划和基础测绘年度计划，全面开展了省级1∶10000数字高程模型、数字正射影像图、数字线划图基础地理信息数据库的建设工作。

二、技术要求

（一）主要技术指标

1.空间参考系

（1）大地基准和投影。坐标系统采用2000国家大地坐标系，投影方式为高斯–克吕格投影3°分带，中央子午线分别为117°、120°和123°。

（2）高程基准。采用1985国家高程基准。基本等高距：平地为1.0m，丘陵地为2.5m，山地为5.0m。

2.数据格式

数据库的格式为Geodatabase。

（二）数据建库的软硬件环境

1.硬件配置

1台企业级数据库服务器（NT）、1台部门级磁盘阵列（大于15TB）、两台高档图形工作站（NT）、若干台中档微机。

2.软件配置

若干套空间数据处理软件ArcGIS DeskTop 9.3、1套空间数据管理软件ArcGIS Server 9.3、1套关系型数据库管理软件Oracle 10g。

（三）数据库设计

按照规范化设计的方法，数据库设计必须按照步骤分阶段进行。

1.数据库概念模型设计

数据建库仍然采用面向对象的空间数据模型（Geodatabase），通过空间数据引擎ArcSDE建立客户端与数据库的连接。

（1）数据内容。基础测绘数据主要包括控制点数据、数字线划图数据、数字正射影像图数据、数字高程模型数据、元数据等。

（2）数据关系。基础地理数据库包含3个既相互独立又密切相关的子数据库，即成果数据库、历史数据库和浏览数据库。基础地理数据因其具有不同的格式、详细程度、精度、时态等而存放在相应的成果数据库、历史数据库和浏览数据库中。

（3）数据流程。基础地理数据建库要经过一系列的数据处理和加工，主要步骤包括入库数据检查和整理、成果数据库创建/更新、历史数据库创建/更新、数据检索和浏览、数据编辑加工等。

2.数据库逻辑模型设计

在数据库的逻辑设计中，对于矢量和栅格两种不同格式的数据分别组织。数据库中子库的划分主要依据数据的类型和数据的比例尺。

（1）数字线划图数据子库。数字线划图数据子库主要存储数字线划图数据。以矢量结构描述带有拓扑关系的空间信息和属性信息，包括大地测量控制点、水系及其附属设施、居民地及设施、交通及其附属设施、管线、地貌、植被、行政区界线和地名等内容。数字线划图数据的逻辑子库均按照国标进行大类的划分，每一个大类再根据实体的类型（点、线、面）和实体在数据中的意义（辅助信息、主要信息）划分具体的逻辑层。

（2）数字正射影像图数据子库。数字正射影像图数据子库是数字正射影像图数据及其管理软件的集合，按照不同比例尺和分辨率可对其进行划分。

（3）数字高程模型数据子库。数字高程模型数据子库是数字高程模型数据及其管理软件的集合，按照地面不同格网间距可对其进行划分。

（4）测量控制成果子库。测量控制成果子库主要存储控制测量成果数据。控制测量成果是由新测的所有大地控制点及保存完好可供使用的原有大地控制点组成。

（5）元数据子库。元数据是说明数据内容、质量、状况和其他有关特征背景信息的数据。通过元数据可以检索访问数据库，可以有效地利用计算机的系统资源，提高系统效率。因此，建立有效的元数据存储体系在整个数据库建设中占有重要的位置。

元数据子库按照所描述的层次划分为数据集级、数据类级、要素级和图幅级4种：①数据集级元数据是对整个数据库包含的各个要素数据集的描述，包括标识信息、限制信息、数据质量信息、参考系信息、内容信息、分发信息等；②数据类级元数据是对数据集下各个要素类的描述，包括标识信息、限制信息、数据质量信息、参考系信息、内容信息、分发信息等；③要素级元数据是对数据库中一些重点或特殊要素的元数据描述，如高速公路，包括名称、车道数、限速、道路等级、所在表名、更新时间、更新人员、更新类型、管养单位、建设单位等信息；④图幅级元数据是对各图幅数字产品的描述，包括基本信息、新图信息、原图信息、更新信息、结合表信息、分发信息等。

（6）历史数据库。历史数据库是对过去某一时刻、某一区域的地理现状的回溯，包括历史数据集和历史数据元数据集。

（7）时空数据库的逻辑设计。从数据管理和数据集成的角度看，基础地理数据按时态可划分为现状数据、历史数据和临时工作数据。向用户提供的现势性最好的成果数据，即现状数据；被更新替换下来的成果数据，即历史数据；按照入库的要求经过预处理但尚未正式导入现势库的数据，即临时工作数据。

建立一个临时工作数据库是十分必要的。经过转换的数据首先进入临时工作数据库，在临时工作数据库中对数据做进一步的检查、修改，或者与从现状数据库中提取相关的数据进行接边处理工作，经确认无误后再把数据上传到现状数据库中。由于临时工作数据库与现状数据库的结构完全一致，经过在临时工作数据库中检查确认的数据可以最大限度地保证其结构的正确性，故而用临时工作数据库中的数据对现状数据库进行数据更新还可以保证最少的时间和最少的操作步骤。临时工作数据库中的数据只是临时存在的，一旦完成数据的入库工作，临时工作数据库就可以被清空。

现状数据是数据库系统管理和操作的主要数据，是向用户提供的基本数据。各数据生产单位生产的原始采集数据经过入库检查和整理，按照一定的地理单元，根据现状数据管理的要求存储在服务器的磁盘阵列中。

历史数据库与现状数据库的结构基本相同，只是所管理的数据是被替换的成果数据。现状数据被更新后，将原来的数据转移到历史数据库中，变成历史数据。

3.数据库物理模型设计

（1）数据存储。数据库的物理存储设计主要是指数据在服务器中的物理存储配置，目的是使数据库的逻辑结构能在实际的物理存储设备上得以实现。省级基础地理信息数据库的数据存储方式是"关系数据库Oracle 10g+空间数据引擎ArcSDE 9.3"的模式，实现空间数据和属性数据的统一管理。

（2）数据命名规则。①数据库中文全称，省级基础地理信息数据库的英文名称为JSFGDB。②要素数据集命名规则。按照数据类型组织要素数据集，如1∶10000比例尺的数字线划图数据集命名为JSDLG_G。③要素类命名规则。具体形式为要素层名称_比例尺代码，如1∶10000比例尺的数字线划图数据集下的行政区域层命名为JSDLG.BOUA_G；

④历史数据的命名规则。在原有要素数据集后加 "_H" 组成历史数据集，在原有要素类后加 "_H年月" 组成历史数据要素类名称，如 "十五" 期间的1：10000比例尺的数字线划图要素数据集命名为JSDLG_G_H，数字正射影像图命名为JSDOM_50CM_117_H200602，1：10000比例尺的数字线划图历史数据集下的行政区域要素类命名为JSDLG.BOUA_G_H200602。

三、关键技术

（一）核心语义模型技术

地理信息数据库采用知识与规则的方式进行构建，所涉及的基础数据和相关属性信息及数据字典等内容通过知识来表达，按规范统一存储在Oracle数据库中。在异构数据转换过程中，利用知识库和规则驱动引擎解析数据的属性特征、图形特征和空间关系特征，在做到无损转换的同时，有效实现空间关系的快速重构。系统采用本原理实现了DWG格式到SHP格式、MIF格式到SHP格式等异构数据的转换。通过知识与规则的方式构建系统，实现了数据组织和功能操作的统一。

（二）多粒度更新技术

在数据库构建的模式上采用了分幅和连续相结合的方式，建立了分幅库和连续库。根据分幅库可以做到快速、实时更新，根据连续库可以做到定期更新，系统提供接口实现两库之间数据的同步。在数据库的更新机制上设计了按区域、图幅、要素实体等多种更新方式，针对不同的数据类型和数据区域特征采取覆盖更新或要素更新的手段，达到了快速更新的要求。

第五节　大比例尺地形数据多库合一建库方法

一、项目背景

上海城市多尺度时空地理信息大数据的建设是在国家推进地理信息公共服务平台及上海智慧城市三年行动计划大背景下开展建设的，其主要目标就是构建一个真正意义上的多尺度时空地理信息大数据库，从而满足地理信息网络化服务的需求，更好地为社会服务。

用数据库管理空间数据早在21世纪初就已经有所研究，并取得了相应的成果，一般都是按照原有地形图的比例尺分类，分别构建多个空间数据库，这已经为城市规划、建设与管理，以及城市信息化、社会经济发展作出了很大贡献。应该说早期的空间数据库的建设和应用是基础测绘从数字化到信息化的巨大飞跃。但必须看到，大多数人对于空间数据库的理解还没有脱离数字化地形图的概念，无论是作业部门还是质检部门一般看重的是数据的图形表现，比较容易忽视数据空间关系和属性信息的生产和检查。其原因在于地理信息的采集和应用长期以来都是以用图为主要目的的，更重要的还在于受技术条件的限制无法对具体的地理要素进行高度抽象，即为了满足国家地形图的制图规范要求，通常采用很多辅助空间实体来表达某一类地物，往往导致信息的重复加工和数据转换的困难。这样的空间数据库并不是真正意义上的多尺度时空地理信息大数据库。

当前的社会发展对地理信息的需求更广泛，特别是随着网络技术的发展，各政府部门对基础地理数据的需求更迫切，对地理信息服务提出了数据权威、服务实时、接口标准、内容全面、快速更新的新要求。构建多尺度时空地理信息大数据库，并提供不同比例、不同时态和不同级别的地理信息服务是技术发展的必然选择。

二、技术流程与要求

（一）多尺度时空地理信息大数据库的构建

多尺度时空地理信息大数据库（以下简称"地理数据库"）的构建不是简单地对原有分比例尺的空间数据库进行技术升级，也不是增加几个图层或扩充几项属性。地理数据库构建的一个核心就是解决地理信息面向对象方式的采集和表达，即地形要素的骨架线存储（抽象化）和多应用的符号化表达。

用特定的符号来表达地形和地貌是地图的基本功能，从而形成了由各种符号、色彩与文字构成的表示空间信息的一种图形视觉语言，即地图语言。不同比例尺和不同专题的地图所采用的地图语言是不同的，正如不同国家的文化交流需要翻译一样。在传统的地图制图过程中，不同地图语言的转换"翻译"是通过人工实现的，而不是通过计算机自动实现的。虽然人们已经在使用计算机进行数字化测图，但大多数情况下这个过程仅仅只是把铅笔换成鼠标，把白纸换成屏幕，输出的成果仍然以人能够读懂为标准。在地理信息广为应用的今天，地图语言的表达更丰富，地图语言转换的计算机自动化实现无疑是提高各类地理信息加工效率和质量的有效手段。

面向对象是软件开发方法的主流，但面向对象的概念和应用已超越了程序设计和软件开发，扩展到很宽的范围，如人工智能等，面向对象的概念同样适用于测绘工作。地图语言的计算机自动化转换的实现依赖于如何定义一个被描述的对象。例如，要表述现实世界中的电力线，以往通常是采用一个点表示电杆，并在同样的位置用若干个带有方向的光芒线点符号表示电力线的走向。这样的对象定义不需要额外的计算方法，一旦需要进行地图语言转换，如大比例尺地图到小比例尺地图的综合，则只能通过人工进行。从面向对象的角度考虑，电力线的定义应该是一根连续的折线，同样大比例尺地形图中常见的楼梯台阶也是如此。

（二）地理数据库的维护

地理数据库的构建是否成功，最终还是要看维护体系是否有效。高度对象化测绘方式对生产环节中的各级人员来说都是一次全新的认识和挑战。对测图人员来说，需要建立面向对象的概念；对质检人员来说，除要求检查图面的完整性之外，还要求检查数据的拓扑性、符号表达的完整性等；对数据库维护人员来说，要求考虑高效的同步更新过程，满足网络服务的数据要求。

首先，研究和定制数据采集编辑平台。其次，需要考虑的是地理数据库的接边问题，传统的不同比例尺间的地形图以图幅为单位进行接边。三库合一后将存储不同比例尺地理空间数据，这些数据不能再以图幅为单位进行接边。在这一区域应当以街坊为界，以保持空间数据的完整和连续。尽管这一变化非常小，但对于传统生产管理方法，仍然需要通过相应技术手段满足要求。最后，初步实现地形要素的自动缩编技术。自动缩编的实现是一个高度智能化和具有创造性的作业过程，它是一个整体任务，包含一系列不同性质的操作，可以分解为若干个子过程来实现。作为地理数据库运行和维护中的一项主要内容，必须对市区范围内的大部分图形要素进行自动化程度较高的缩编作业，并取得良好的结果。通过自动缩编技术，地理数据库可以派生出多种专题子库，其更新方式则可以采用"级联更新"的模式，即在原有数据基础上，只对发生变化的数据进行相应更新，并将这些变化更新传递到其派生数据库上，以实现多比例尺系列数据的级联更新。

利用增量数据进行更新，关键是建立有效的增量数据的获取、管理和控制机制。数据库更新的实现必须考虑元数据，元数据在整个多尺度地理数据库更新流程上继续发挥了重要作用。笔者始终认为元数据也是数据的一种，是结合整个数据生产不断完善和优化的。随着地理数据库建设的完成，一个显著特点就是矢量地理信息在一个统一的架构体系下实现了综合管理，但又必须面对不同的应用方式和更新方式，同时还要衍生出更多的子库，如三维地理数据库、地下综合管线库等。因此，元数据在数据的快速统计分析及可追溯等方面必然发挥新的作用。

（三）地理数据库多领域应用实现

数据库建设的最终目的是应用，地理数据库的建设为基于在线的地理信息服务的实现打下了坚实的基础。由于地理数据库采用了面向对象高度信息化存储方式，空间数据的提取和扩充变得异常容易，常规的地图编制和发布有了更灵活的手段。通过全自动的信息表达，同一个区域的空间数据可以灵活自由地进行配置，既可以满足专业地形用图的需要，也可以满足普通用户对地理信息的需求。特别是随着地理信息在线服务技术的发展，用户可以第一时间获得最新的地理信息，并且不需要购买专用的地理信息软件，可直接接入常用业务系统中。基于网络使用地理数据库一般可以按照应用环境分为两种类型，即浏览器应用和桌面应用。

第六节　数字地形图数据库信息化改造与基础地理信息数据库

一、概述

随着测绘地理信息科学技术的发展，许多测绘地理信息部门已经形成了数字地图的规模化生产，同时建立了以图形服务为主的数字地形图数据库。在数字测图逐步向信息化测绘发展的今天，信息化成为测绘地理信息建库的主流，负载大量非图形信息。面向社会多元化服务，既可按要求做基于地理空间信息的数据查询、统计、分析、提取等各种处理，又可绘制数字地形图，使地理信息得到更好更广泛的应用。数据库的改造与重构的目标是面向社会、政府成果应用，加强地理空间数据供给改革，以信息化测绘为主线，以数据服务应用为工作方向，挖掘数据自身升值潜力与内容，提升空间数据应用层次。因此，数字地形图数据库具有向信息化改造，是现有地形图数据库进行基础转型升级的需要，其本身是数字化测绘向信息化测绘过渡不可避免的一个过程。

二、改造与重构的基础、原理和方法

（一）数据基础

信息化是数字地形图数据库信息化改造与基础地理信息数据库重构的基础，面向信息与服务是其本质。信息化改造是在建立信息化测绘基础之上进行，其数据成果具有标准的规则和足够的可用信息，若想得到信息化测绘成果，必须通过信息化测绘技术进行约束与处理；基础地理信息数据库重构建立在已有数字地形图数据库的基础之上，尽可能利用已有数据基础进行信息化测绘技术改造。因此，已有数字地形图数据库是信息化测绘技术改造与重构的数据基础。

（二）软件基础

数字地形图数据库信息化改造的意义在于能够基于大量已有数据基础，实现信息化测绘成果的转变。与重新测绘相比，具有减少外业投入、节省生产成本、提高作业效率、缩短信息化建库周期等优势，这需要高效的信息化测绘软件配合，因此信息化测绘软件的选取是数字地形图数据库信息化改造与基础地理信息数据库重构的软件基础。

（三）原理与方法

数字地形图数据库信息化改造与基础地理信息数据库的重构一般情况下包括基础地理信息标准体系建立、地形线划数据预处理、地理信息数据组织重构、要素实体化处理等过程。基础地理信息标准体系建立是信息化改造的基础，需要按照建立单位的实际情况及社会应用需求，确定信息化改造目标，制定信息化测绘数据标准，建立信息化地理数据改造约束体系；预处理主要包括数据提取，必要时进行格式转换与分类代码转换，数据提取的关键是建立整合后实体数据分层与基础地理数据的对应关系；数据组织重构包括数据分层命名与属性结构规整；要素实体化处理是依据原始数据中的属性信息确定地理实体，找同属于该实体的图元，赋以相应的实体标识码，并建立相应的图元实体关系表。数据源应选取最新版本，在整合时需要处理好同一比例尺数据各要素间的协调关系，并尽可能地处理好不同比例尺数据间的一致性关系。

三、技术体系构建

（一）总体技术流程

技术体系是在地理空间数据标准与模板约束体系的基础上制定的信息化改造技术方案，包括数据预处理、数据组织重构、要素实体化处理等技术方法，使已有数字地形图数据库能够批量而高效地向信息化数据成果转变，建立以面向服务为主的信息化测绘数据体系，构建信息化基础地理信息数据库。信息化技术改造建库的方案取决于所采取的信息化测绘软件的特性和原数字地形图数据库的质量，并且也直接决定了信息化测绘技术改造建库的效率。

（二）技术方法

1.原始资料分析

（1）文档资料。其包含原始数据的分类代码、名称、线型、块名、层名的标准文档和原始数据的建库标准文档，以及其他一些与原始数据作业相关的说明文档等。

（2）数据资料，原始数据的现有格式数据，包括地形图、坐标系、高程系、已有数据库格式数据等，其标准可能与文档资料有出入。

（3）相关技术标准文档，即本次作业的技术标准和依据资料。

2.信息化数据标准选定

信息化空间数据标准主要包括分类编码、符号定义、数据分层、属性定义、数据字典等内容。以下为确定的信息化数据标准设计原则：

（1）科学性、系统性。标准方案应适应各种比例尺的数字成图，现代计算机技术实现与数据库管理技术的应用，同时以确保与现有数据编码方案无冲突为目标，进行系统的分类与科学划分。

（2）可操作性。标准方案在保证地图信息分类科学、合理、系统的同时，应充分考虑全野外数字测图的特殊要求及人们的一般习惯，使代码便于记忆和使用。

（3）兼容性。支持现有国标的分类编码体系，以及已完成的城市信息数据的编码体系。

（4）可扩展性。标准方案应设置足够的收容空间，保证在今后10年内，面对新信息的增加，不至于打乱已建立的分类体系；扩充代码应符合科学性、系统性、可扩展性、兼容性原则；相关数据子集的分类与编码应保持一致。

3.制定生产规则约束模板

根据已有数据资料和文档标准，制作与数据库标准一样的规则模板，以保证生产数据与库数据标准相匹配。在制作规则模板的同时，要考虑原始数据的情况，便于更好地接收各种数据，兼顾后续的处理，提高工作效率。

模板本身也是数据库。之所以称模板是数字化的、标准化的工程设计实施准则，是因为模板中描述了关于数据工程中的平面坐标系、高程系、比例尺、作业范围、分层标准、编码标准、符号定义、颜色定义、属性表结构及数据转换等一系列指导作业的控制参数。

第十一章　数字化地籍测量基础

第一节　数字化地籍测量

一、数字地籍测量概述

科学技术的进步，计算机的普及，各种软件的开发和电子测绘仪器的发展和应用，促进了测绘技术朝自动化、数字化方向发展。测量成果不再是纸质图，而是以数字形式存储在计算机中可以传输、处理共享的数字图。

数字地籍测量是数字测绘技术在地籍测量中的应用，其实质是一种全解析的、机助测图的方法。数字地籍测量是以计算机为核心，在外连输入、输出设备及硬、软件的支持下，对各种地籍信息数据进行采集、输入、成图、绘图、输出、管理的测绘方法。

数字地籍测量是地籍测量中一种先进的技术和方法，实质上是一个融地籍测量外业、内业为一体的综合性作业系统，是计算机技术用于地籍管理的必然结果。它的最大优点是在完成地籍测量的同时可建立地籍图形数据库，从而为实现现代化地籍管理奠定了基础。

数字地籍测量模式有3种：一是全野外数字地籍测量模式；二是数字摄影地籍测量模式；三是内业扫描数字化地籍测量模式。这3种模式各有优缺点，它们相互补充，从而实现地籍信息的全覆盖采集。

（一）全野外数字地籍测量模式

该模式对于尚未测绘大比例尺地籍图的城镇地区是一种可行和非常值得推荐的测量模式。所采集的数据经过后续软件的处理，便可得到该地区的大比例尺地籍图以及其他各种专题图，同时还可以为建立该地区的地籍数据库提供基础数据。

根据数据采集所使用的硬件不同，又可分为如下几种模式：

228

1.全站仪+电子记录簿（如PC-E500，GRE3，GRE4等）+测图软件

这种采集方式是利用全站仪在野外实地测量各种地籍要素的数据，在数据采集软件的控制下实时传输给电子手簿，经过预处理后按相应的格式存储在数据文件中，同时配绘草图，供测图软件进行编辑成图。这是早期主要的数字地籍测量模式。其优点是容易掌握；缺点是草图绘制复杂，容易出错，功效不高。

2.全站仪+便携式计算机+测图软件

这是一种集数据采集和数据处理于一体的数字式地籍测量方式，由全站仪在实地采集全部地籍要素数据，由通信电缆将数据实时传输给便携机，数据处理软件实时地处理并显示所测地籍要素的符号和图形，原始采样数据和处理后的有关数据均记录于相应的数据文件或数据库中。由于现场成图，这种模式具有直观、速度快、效率高的优点，缺点为便携式计算机价格昂贵、适应野外环境的能力较差。

3.全站仪+掌上电脑+测图软件

这种模式的作业方式与上一种相同。由于掌上电脑价格低廉、操作简便、现场成图、速度和效率都很高，其前景十分广阔。

4. GPS-RTK接收机+测图软件

利用GPS-RTK接收机在野外实地测量各种地籍要素的数据，经过GPS数据处理软件进行预处理，按相应的格式存储在数据文件中，同时配绘草图，供测图软件进行编辑成图。CPS-RTK接收机是一种实时、快速、高精度、远距离数据采集设备，发展于20世纪90年代中期。其显著的优点是控制点大大减少，在平坦地区，一个控制点可测量几十平方千米甚至几百平方千米，在复杂地区，也比前三种模式的控制点减少很多，因此其测量效率大大提高。其缺点为必须绘制测量草图，一些无线电死角和卫星信号死角无法采集数据，必须用全站仪进行补充。这种模式在土地利用现状调查及其变更调查、土地利用监测中将大显身手。

5. GPS-RTK接收机+全站仪+掌上电脑+测图软件

这种模式将克服以前集中数字测量模式的缺点，发挥它们各自的优点，可适应任何地形环境条件和任意比例尺地籍图的测绘，实现全天候、无障碍、快速、高精度、高效率的内外业一体化采集地籍信息，是未来发展的必然方向。

（二）数字摄影测量模式

这种数据采集的方式是基于数字影像和摄影测量的基本原理，应用计算机技术数字影像处理、影像匹配模式识别等多学科的理论与方法，在数字影像上利用专业的摄影测量软件来采集数据和处理采集的数据，从而获得所需要的基本地籍图和各种专题地籍图，如土地利用现状图。

（三）模拟地籍图数字化测量模式

这种数据采集方式是利用数字化仪或扫描仪对已有的地籍图进行数字化，将地籍图的图解位置转换成统一坐标系中的解析坐标，并应用数字化的符号和计算机键盘输入地籍图符号、属性代码和注记。而界址点的坐标数据可由全野外测量得到，或把已有界址点的坐标数据输入计算机，然后将这两部分数据叠加并在数据处理软件的控制下得到各种地籍图和表册。

在实际工作中，所说的数字地籍测量主要是指大比例尺全野外地面数字地籍测量。

二、数字地籍测量的发展

20世纪50年代，美国国防制图局开始制图自动化的研究，这一研究也推动了制图自动化全套设备的研制，包括各种数字化仪（手扶数字化仪及半自动跟踪数字化仪）、扫描仪、数控绘图仪以及计算机接口技术等。70年代，随着计算机及其外围设备的不断发展、完善和生产，在新的技术条件下，对计算机制图理论和应用问题，如地图图形数字表示和数学描述、地图资料的数字化和数据处理方法、地图数据库和图形输出等方面的问题进行了深入的研究，使制图自动化形成了规模生产，美国、加拿大及欧洲各国在相关的重要部门都建立了自动制图系统。进入80年代，世界上各种类型的地图数据库和地理信息系统（GIS）相继建立，计算机制图得到了极大发展和广泛应用。

我国数字地籍测量是随着数字测图的发展而产生的，数字测图的发展大致经历了以下3个阶段：

第一阶段从20世纪80年代初至1987年，这一阶段参加研究的人员和单位都比较少，人们对数字测图的许多问题还模糊不清。再加上当时测图系统的硬件和软件的限制，所研制的数字测图还很不成熟。

1988—1991年为第二阶段。这一阶段参加研制的单位和人员增多，先后研制了十几套数字测图系统，并在生产中得到应用。野外数据采集开始采用国内自行研制的电子手簿进行自动记录、计算和图形信息的输入和修改等。编码方法一种是采用绘制简单草图，然后再根据草图进行数据编码；另一种是直接野外编码，不绘草图。内业图形编辑已有了全部自行研制开发的地图图形编辑系统，可对所测的数字图在屏幕上进行各种编辑和汉字、字符注记，也有的是在Auto CAD平台上进行二次开发，利用Auto CAD强大的绘图功能进行图形编辑。

1992年以后，我国数字测图进入全面发展和广泛应用阶段。随着我国大范围数字测图的生产和应用，人们对数字测图的认识进一步提高，并提出了一些新的更高的要求，数字测图不再局限于前一阶段只生产数字地图这一范围，而是更多地考虑数字地图产品如何与各类专题GIS进行数据交换，如何应用数字地图产品进行工程计算。因此，人们开始对前一阶段研制的各种数字测图系统的数据结构、开发性、可扩充性等进行了新的研究，并进行大范围多种图（地形图、地籍图、管线图、工程竣工图等）的试验和生产，在此基础上，国内推出了成熟的、商品化的数字测图系统，并在生产中得到了广泛的应用。

随着数字测图的科学技术理论与实践的进步，这项技术也逐步应用到地籍测量中。一些数字成图软件的研制和开发，进一步促进了数字地籍测量的发展。数字地籍测量作为一种先进的测量方法，其自动化程度和测量精度均是其他方法难以达到的。目前，数字地籍测量已经逐步成为地籍测量的主流，正处于蓬勃发展的时期，相关理论和方法也在实践中逐步得到创新和完善。

三、数字地籍测量的特点

数字地籍测量是一种先进的测量方法，与模拟测图相比具有明显的优势和广阔的发展前景。

（一）自动化程度高

数字地籍测量的野外测量能够自动记录，自动解算处理，自动成图、绘图，并向用图者提供可处理的数字地图。数字地籍测量自动化的效率高，劳动强度小，错误概率小，绘制的地图精确、美观、规范。

（二）精度高

模拟测图方法的比例尺精度决定了图的最高精度，图的质量除点位精度外，往往和图的手工绘制有关。无论所采用的测量仪器精度多高，测量方法多精确，都无法消除手工绘制对地籍图精度的影响。数字地籍测量在记录、存储、处理、成图的全过程中，观测值是自动传输的，数字地籍图毫无损失地体现外业测量精度。

（三）现势性强

数字地籍测量克服了纸质地籍图连续更新的困难。地籍管理人员只需将数字地籍图中变更的部分输入计算机，经过数据处理即可对原有的数字地籍图和相关的信息作相应的更新，保证地籍图的现势性。数字地籍测量的这种优势在城镇变更地籍中能得到充分的体现。

（四）整体性强

常规地籍测量是以幅图为单位组织施测。数字地籍测量在测区内部不受图幅限制，作业小组的任务可按照河流、道路的自然分界来划分，也可按街道或街坊来划分。当测区整体控制网建立后，就可以在整个测区内的任何位置进行实测和分组作业，成果可靠性强，精度均匀，减少了常规测量接边的问题。

（五）适用性强

数字地籍测量是以数字形式储存的，可以根据用户的需要在一定范围内输出不同比例尺和不同图幅大小的地籍图，输出各种分层叠加的专用地籍图。数字地籍图可以方便地传输、处理和多用户共享，可以自动提取点位坐标、两点距离、方位角、量算宗地面积输出各种地籍表格等；通过接口，数字地籍图可以供地理信息系统建库使用；可依软件的性能，方便地进行各种处理、计算，完成各项任务；数字地籍测量既保证了高精度，又提供了数字化信息，可以满足建立地籍信息系统及各专业管理信息系统的需要。

但是，数字地籍测量也有缺点：一是硬件要求高，一次性投入太大，成本高；二是利用全站式电子速测仪或GPS与电子手簿野外采集数据时，必须绘制草图，这在一定程度上会影响工作效率，增加野外操作人员的负担。但是，随着便携式计算机和掌上电脑在野外测绘的应用，这种状况已经得到改进，并使数字地籍测量工作朝内外业一体化方向发展。

四、数字地籍测量的作业流程

数字地籍测量可以分为3个阶段：数据采集、数据处理和数据的输出。数据采集是在野外和室内电子测量与记录仪器获取数据，这些数据要按照计算机能够接受的和应用程序所规定的格式记录。从采集的数据转换为地图数据，需要借助计算机程序在人机交互方式下进行复杂的处理，如坐标转换、地图符号的生成和注记的配置等，这就是数据处理阶段。地图数据的输出以图解和数字方式进行。图解方式是自动绘图仪绘图，数字方式是数据的存储，建立数据库。

第二节　数字地籍测量的软硬件环境

一、数字地籍测量系统硬件的组成

数字地籍测量系统是以计算机为核心的，它的硬件由计算机主机、全站型电子速测仪、数据记录器（电子手簿）、数字化仪、打印机绘图仪及其输出输入设备组成。

全站型电子速测仪采集野外数据通过数据记录器（电子手簿、PC卡、掌上电脑）输入计算机。功能较全的全站型电子速测仪可以直接与计算机进行数据传输。计算机包括台式、便携式PC机等。若用便携机作电子平板，则可将其带到现场，直接与全站仪通信，记录数据，实时成图。

绘图仪和打印机是机组成图系统不可缺少的输出设备。数字化仪通常用于现有地图的数字化工作。其他输入输出设备还有图像/文字扫描仪、磁带机等。计算机与外接输入输出设备的连接，可通过自身的串行接口、并行接口及计算机网络接口实现。

二、数字地籍测量的硬件

（一）计算机硬件

计算机是数字地籍测量系统的核心。计算机的硬件由中央处理器（CPU）、存储器输入输出设备组成。硬件性能指标是评价计算机性能的主要依据。

中央处理器是计算机硬件的核心，计算机的运算是由CPU完成的。CPU还控制着存储器和输入输出设备，其运算速度和处理能力决定了计算机的运算速度和处理能力。存储器是计算机主机内部存放指令和数据的部件，又称为内存。程序必须放在内存中才能被CPU读出和执行。外部存储设备有磁盘，它们是利用磁性介质来记录信息。此外，还有只读光盘和可读写光盘也应用于计算机系统中。输入设备包括键盘和鼠标等。键盘是计算机的基本输入设备，可以直接输入英文字母和数字。利用鼠标可以简单快捷地输入指令，而不需要通过键盘敲入复杂的命令。计算机的输出设备包括显示器和打印机。利用显示器可以直接进行显示和人机交互。打印机可输出表格、文字数据和图件，但出图质量差，精度较低，适合草图的输出。

（二）全站型电子速测仪

1.全站型电子速测仪简介

全站型电子速测仪，简称全站仪，是指在测站上一经观测，必要的观测数据如斜距、天顶距、水平角均能自动显示而且几乎是在同一瞬间得到平距、高差和点的坐标。

全站型电子速测仪由电子经纬仪、红外测距仪和数据记录装置组成。世界上第一台电子速测仪Ela14于1968年在德国奥普托厂研制成功。而现在，由于引用微电子技术，新一代的全站型电子速测仪无论在外形结构、体积和重量方面，还是在功能效率方面，都出现了惊人的进步。当今，全站仪产品已有几十种型号，且精度、测程、重量、体积各项指标都稳步提高，以满足各项工程的需要。

全站型电子速测仪的优势就在于它采集的全部数据能自动传输给记录卡、电子手簿、掌上电脑到室内成图，或传输给电子平板，在现场自动成图，再经过少量的室内编辑，即可由电子平板（或台式计算机）控制绘图仪出图。

2.全站型电子速测仪数据通信

全站型电子速测仪数据通信是指全站型电子速测仪和计算机之间的数据交换。目前全站型电子速测仪主要用两种方式与计算机通信：一种是利用全站型电子速测仪原配置的PCMCIA卡；另一种是利用全站型电子速测仪的输出接口，通过电缆传输数据。

（1）PCMCIA记录卡

PCMCIA（Personal Computer Memory Card International Association，个人计算机存储卡国际协会，简称PC卡）是该协会确定的标准计算机设备的一种配件，目的在于提高不同计算机型以及其他电子产品之间的互换性。

在设有PC卡接口全站型电子速测仪上，只要插入PC卡，全站型电子速测仪测量的数据将按规定格式记录到PC卡上。取出该卡后，可直接插入带PC记录卡接口的计算机，与之直接通信。

（2）电缆传输

通信的另一种方式是指全站型电子速测仪将测得或处理的数据，通过电缆直接传输到电子手簿或电子平板系统。由于全站型电子速测仪每次传输的数据量不大，所以几乎所有的全站型电子速测仪都采用串行通信方式。串行通信方式是数据依次一位一位地传递，每一位数据占用一个固定的时间长度，只需一条线传输。

最常用的串行通信接口是由电子工业协会EIA（Electronic Industries Association）规定的RS-232C标准接口，它是一个25针（或9针）的插头，每一针的传输功能都有标准的规定，传输测量数据最常用的只有3条传输线，即发送数据线、接收数据线和地线，其余的线供控制传输用。

（三）掌上电脑

PDA（个人数字助理）是在笔记本电脑和手机之外的移动数字设备，这类产品的共同特点是几乎全部使用笔式输入，通过触摸屏来操作。PDA可以分为电子词典、电子记事本、掌上电脑、手持电脑和智能手机等多种形态。掌上电脑是PDA的主流，它具有完善的操作系统，但受空间的限制，一般没有硬盘，而通过Flash来存储系统文件和数据。目前市场上的掌上电脑主流操作系统主要有Palm OS 5，Pocket PC，EPOC系统。

掌上电脑一般使用3.8英寸（1英寸=2.54厘米）的LCD屏，其色彩有灰度屏、256色、4096色和64K色彩屏。屏幕分辨率也从160×160至320×320或240×320。LCD屏的照明有两种方式，即背光式和反射式。前者在正常光线及暗光线下，显示效果都很好，在日光下效果较差，且耗电量大；后者不需要外加照明电源，只需使用周围环境的光线，在户外或光线充足的室内，显示效果很好。

掌上电脑多采用红外通信端口、RS-232串行通信端口或底座上的USB端口，非常方便与台式机和笔记本电脑交换数据，还可以通过这些端口连接一些标准的外设与存储设备。

在掌上电脑上安装测图软件，利用电缆与全站仪进行连接，进行外业数据的采集，在采集的同时就可进行空间与属性数据的编辑操作，内业时再将数据传入台式机中。掌上电脑体积小、重量轻，便于携带；低能耗，工作时间长，保持了作业的连续性，在最佳的测量条件下进行最多的测量作业，减少测量环境对测量数据精度的影响；掌上电脑使用图形用户操作界面的操作系统，具有良好的图形显示和交互操作的特性，实现即测即显。

（四）扫描仪

目前应用的扫描仪多数为电荷耦合器件（CCD）阵列构成的光电扫描仪。基本工作原理是用激光源经过光学系统照射原稿，使反射光反射到CCD感光阵列，CCD阵列产生的电子信号经过处理得到原稿的数字化信息，传送给主机。对黑白图像，扫描仪可产生包含不同灰度等级信息的数字信号。对于彩色图像，一般用红、绿、蓝三种颜色分别进行处理，得到3种颜色比例信息的结果。

扫描数字化仪，按结构分为滚动式和平台式两种类型，按扫描方式可分为以栅格形式扫描的栅格扫描仪和直接沿线扫描的矢量扫描仪。滚动式扫描数字化仪主要由滚动、扫描头和X方向导轨组成，图纸固定在滚动上，滚动旋转一周，扫描头沿X导轨移动一个行宽，直至整幅图扫描结束，即得到原图的像元矩阵数据。平台式扫描数字化仪由平台、扫描头和X、Y导轨组成，图纸固定在平台上，扫描头在X导轨上移动，X导轨可沿Y导轨方向移动，这样扫描头作逐行扫描，同样获得原图的像元矩阵数据。

（五）绘图仪

绘图仪是计算机制图系统常用的图形输出设备，它可以将计算机中以数字形式表示的图形绘在图纸上。现在市场上的绘图仪主要分笔式和无笔式两类。笔式有滚筒式和平板式两种；无笔式绘图仪主要有喷墨、热敏、激光、静电式绘图仪。喷墨绘图仪由于其价格较低、速度快、分辨率高成为数字地籍测量系统中最理想的选择，并得到广泛的应用。

目前喷墨打印机按打印头工作方式可以分为压电喷墨和热喷墨两大类型。用压电喷墨技术制作的喷墨打印头成本比较高，为了降低用户的使用成本，一般都将打印喷头和墨盒做成分离的结构，更换墨水时不必更换打印头。它对墨滴的控制力强，容易实现高精度的打印。缺点是喷头堵塞的更换成本非常高。用热喷墨技术制作的喷头工艺比较成熟，成本也很低廉，但由于喷头中的电极始终受电解和腐蚀的影响，对使用寿命会有不小的影响。所以采用这种技术的打印喷头通常都与墨盒做在一起，更换墨盒时即同时更新打印头。

三、数字地籍测量软件的功能

数字地籍测量软件是数字地籍测量系统的关键。一个完整的数字地籍测量软件应具有数据采集、输入、数据处理、数据库管理、成图、图形编辑与修改和绘图功能。软件必须通用性强，稳定性好，数据的表示和编辑直观、简洁，使用时应该给用户尽可能地提供方便，采用菜单驱动方式和鼠标工作方式，并且对汉字的支持也是必不可少的。处理后的结果可以以列表方式、文件方式或以图件方式输出，绘制出的图符合国家标准图式。

（一）数据采集功能

它可以用全站型电子速测仪、红外测距仪或电子经纬仪与掌上电脑组合，按一定格式的特征编码采集数据。也可以利用已有的航摄像片对地物点进行量测计算，然后把坐标和特征编码一起存放。或者在原有地籍图上进行数字化采集。

（二）数据输入功能

数据输入即是将采集到的数据转换成成图软件所能接受图形数据文件，即按点、线、面的X、Y坐标分层次输入计算机，并自动生成各种特征文件。同时，还可以输入属性数据，即按用途要求输入所需的物体特征，如建筑物的类别注记、说明等有关属性。

（三）编辑处理功能

程序对输入的外业采集和数字化方法得到的数据可以进行存储、检索、提取、复制、合并、删除和生成符合规范要求的地图符号，从而保证了数据的正确性和完善性。对地物、地貌特征的再分类，各种特征的归一化、分解和合并，曲线光滑，畸变消除，投影改变，直角改正，以及根据同一级数据生成不同需要的专题图等。

（四）数据管理功能

数据的管理靠数据库技术来实现。数据库的内容包括特征码、制图要素的坐标串、制图要素的属性及要素间的相互关系等。其功能主要有数据的添加、修改与删除的功能，汉字的输入与输出功能，进行分类统计等数据处理功能，显示和打印统计报表的功能，绘制地籍图的功能，分层检索的功能。

（五）整饰功能

具有图幅间的拼接，绘制图廓、方格网、图名、图廓坐标、比例尺、测量单位和日期等功能，并可根据需要取整饰项目。其特点是用户界面良好，操作简便，只要使用常规的几种命令就能达到上述要求，方便灵活，易于掌握。

（六）数据的输出功能

数据输出包括数据打印、数据分析和图形输出等方面的功能。

图形输出是将存储于计算机系统中的用数字表示的图转换成可视图形。通过图形显示器和数控绘图机来实现，并具有图形按比例放大和缩小的功能。

四、几种测图软件简介

目前，在国内市场上有许多数字测量软件都具有数字地籍测量的功能，其中较为成熟，且应用较广泛的主要有CitoMap数字测图系统、SZCT数字测图系统、CASS地形地籍成图软件、RDMS数字测图系统、MAPSUV数字测图系统等。这几种软件均可用于地籍图的测绘，并能按要求生成相应的图件和报表等。下面简介其中3种软件。

（一）CitoMap数字测图系统

CitoMap软件是北京威远图仪器有限公司开发的一种软件，2002年该公司入驻中关村德胜科技园区，同时获得北京市西城区政府下属隆达集团风险投资，被北京市认证为高新技术企业以及软件企业、获得北京市规划委员会颁发的测绘软件及地理信息系统开发的乙级资质，同年与美国知名企业Autodesk公司携手，作为Autodesk GIS产品在中国测绘行业的总代理以及成为测绘行业唯一的一家全球开发商网络（ADN）成员。

CitoMap主要有以下功能：

1.测绘工程相关信息管理

在实际工作中，不同的工程项目对系统的一些配置要求不同。比如，图层的划分、符号的表现、属性数据的种类和结构等。"工程管理"的功能要针对不同的工程，进行相应的配置，生成相应的模板。系统配置提供"工程维护"功能，实现不同工程或是同一工程不同作业员间系统配置信息的传输。

2.空间数据的野外采集和内业处理

CitoMap考虑到了实际作业过程中的许多问题，如多个作业组数据合并，从图上提取部分数据，从其他系统导入数据等情况。

3.空间实体属性数据的录入、编辑

CitoMap绘制的地图符号表象属性，可以以列表的形式表达出来，并可进行编辑。

4.质量控制

CitoMap提供了一系列数据质量控制工具，用于控制制作数据的质量，主要有点位中误差计算、边长中误差计算、实体基本属性检查、面状符号闭合检查数据库清理、实体扩展属性检查垃圾清理等。

5.完备的数据接口

CitoMap通过SVF数据交换格式，提供了和常用软件（如Mapinfo、ArcView、MapCis、GeoWay等）的多种数据接口。

6.地籍测量

界址线生成，界址线修改，自动宗地图生成，自动表格生成，表格编辑打印管理器，街坊界址点成果表，街坊宗地面积汇总表，分类面积统计表，插入界址点，删除界址点，手动宗地图图廓。

7.电子平板

输入控制点，设置测站后视，驱动全站仪测量，野外直接连线成图。

8.扫描矢量化

扫描图像纠正，图像调入与定位，矢量化跟踪设定，曲线自动跟踪矢量化。

9.数据处理

坐标数据下载，坐标数据转换，坐标数据合并与分幅。

10.图幅管理

图幅格网绘制，地形、地籍图的自动分幅与手动分幅。

（二）SZCT数字测图系统

SZCT数字测图系统是武汉大学测绘学院和广西第一测绘院联合研制开发的数字测图软件。该系统以AutoCAD为系统平台，具有强大的外业数据采集和内业数据处理、绘图功能，在全国许多城市和地区的测绘部门和土地管理部门都得到应用。系统在充分利用AutoCAD最新技术成果，充分吸收了数字化成图、GIS、GPS的最新技术思想，其测绘成果可以作为用户深层次应用开发的前端数据。SZCT数字测图系统分为野外采集、绘制编辑、高程模型、地籍处理、工程计算、图幅管理6大模块，其中地籍处理模块具有以下地籍测绘功能：

（1）绘制带权属的界址线，权属数据自动录入地籍数据库。

（2）插入界址点、删除界址点、修改权属线宗地分割宗地合并。

（3）对某界址线的界址点进行统一编号。

（4）完全自动的宗地图生成，包括四至处理、自动比例变换、自动选择图幅大小，以及手动绘制宗地图等功能。

（5）将成果表以图形形式插入宗地图中。

（6）统计选定界址线的面积。

（7）根据地类号、单位名、宗地号、面积范围等对某街坊的数据进行查询。

（8）利用本功能，可快速将某宗地定位在当前屏幕中。

（9）快速查找到重名、重号宗地，以便进一步处理。

（10）街坊界址点成果表的自动生成，街坊宗地面积汇总表的自动生成等。

（11）包括单个生成、单个编辑、批量生成批量打印宗地面积量算表等功能。

（三）CASS地形地籍成图软件

南方公司的CASS系列数字地籍测量系统是我国开发较早的数字地籍测量软件之一，在全国许多城市和地区具有广泛的影响。该系统采用AutoCAD为系统平台，并不断地升级。CASS地籍版集地形地籍测绘与管理于一体，它依据国家最新颁布的有关地形及地籍调查测量的标准而开发，提供的成果标准而且规范，真正做到了图形管理与地籍属性数据管理的有机统一，实现了图数交互查询（由宗地的属性可查询宗地的图形，由宗地图形可查询该宗地的所有属性数据），为地籍管理提供了非常直观的图形化界面，其地籍模块的技术特色有：

（1）根据权属文件自动生成地籍图。

（2）修改界址点号、重排界址点号、注记界址点名、删除界址点注记、调整界址点顺序、界址点修图等。

（3）实现宗地的合并、分割、重构。

（4）完全自动的宗地图生成，可以单个宗地图的生成或批量生成。

（5）地籍信息数据库的建立。用户可以在"当前街道"编辑框中直接输入数据库的路径及文件名；也可以在已有街道中用鼠标选择；用户还可以新建街道，并在对话框中输入数据库的路径及文件名。然后输入宗地信息，包括宗地上建筑物的信息。

（6）地籍信息数据库的操作。利用地籍数据库，用户可以实现由图查库、由库查图或根据宗地号查询宗地信息，如宗地面积界址点坐标、建筑物等，并对宗地信息或建筑物信息进行修改。

（7）报表输出。可以输出以街道为单位的宗地面积汇总表、界址点坐标表、街道分类面积汇总表等。

第三节　全野外数字地籍测量

一、野外数据采集的原理

（一）点的描述

从普通测量学得知，测图最基本的测量工作是测定点位。传统的测图方法在外业只测得点的三维坐标，然后由绘图员按坐标（或角度、距离）将点展绘到图纸上，再根据测点与其他点的关系连线，按点（地物）的类别加绘图示符号，通过这样逐点测绘，生产出一幅幅地图。数字地籍测量是由计算机自动完成的。因此，对于点必须同时给出点位信息及绘图信息。数字地籍测量中的点测绘必须具备三类信息：

（1）测点的三维坐标。

（2）测点的属性，即点的特征信息（地貌点，地物点等）。

（3）测点的连接关系，按照这个连接关系，即可将相关的点连成一个地物。

测点的三维坐标使用仪器、工具、在外业测量得到的，最终以 X，Y，H（Z）坐标表示。

测点的属性是用编码表示的，有编码就知道它是什么点，图式符号是什么。反之，外业测量时知道测的是什么点，就可以给出该点的编码并记录下来。因此，数字地籍测量软件必须建立一套完整的图式符号库，只要知道编码，就可以从库中调出图式符号并绘制成图。

测点的连接信息，是用连接点和连接线型表示的。

若在外业测量时，将上述三类信息都记录下来，经过计算机软件的处理（自动识别、自动检索、自动调用图示符号等），将自动绘出所测的地形图或地籍图。

（二）地籍信息编码

计算机是通过测点的属性信息来识别测点是哪一类特征点，用什么符号来表示的，为此，在数字地籍测量系统中必须设计一套完整的地籍信息编码来替代地籍要素和地物要素相应的图式符号，以表明测点的属性信息。

1.地籍信息编码的原则

（1）科学性和系统性。地籍以适合现代计算机和数据库技术应用和管理为目标，地籍信息的编码首先要遵从国家标准，按国家基础地理信息的属性或特征进行严密的科学分类，形成系统的分类体系。

（2）适用性和开放性。编码要充分考虑地籍图的需要，既要能制作标准的地籍图，也要能够满足LIS和CIS分析的需要。分类名称尽量沿用习惯名称，编码尽可能简短并便于记忆，易于观测员掌握。不同地区、不同的LIS和GIS系统对数据的要求有差别，这就要求系统具有较大的灵活性和开放性，用户可根据需要定制实体代码、实体属性、实体分层等。

（3）完整性和可扩展性。分类既反映要素的类型特征，又反映要素的属性、要素相互关系及要素的作用，具有完整性。代码结构留有适当的扩充余地。

2.地籍信息编码的内容

地籍信息是一种多层次、多门类的信息，对地籍信息如何分类、编码，目前尚无充分的论证和统一的规定，根据有效组织数据和充分利用数据的原则，对地籍信息的编码至少考虑如下4个信息系列：

（1）行政系列。包括省（市）、市（地）、县（市）区（乡）、村等有行政隶属关系的系列，这个系列的特点是呈树状结构。

（2）图件系列。包括地籍图、土地利用现状图、行政区划图、宗地图（权属界线图）等。这些图件均是地籍信息的重要内容。

（3）符号系列。包括各种独立符号、线状符号、面状符号及各种注记。

（4）地类系列。包括土地利用现状分类和城镇土地利用现状分类。

3.地籍信息编码的方法

目前，数字地籍测量成图软件编码时可以采用的国家标准主要有：《国家基本比例尺地图图式第1部分：1∶500　1000　1∶2000地形图图式》（GB/T 20257.1—2017）、《基础地理信息要素分类与代码》（GB/T 13923—2006）、《基础地理信息数字产品元数据》（CH/T 1007—2001）。

现在，商业化的数字地籍测量软件中都采用"无记忆编码"，即将每一个地物编码和它的图式符号及汉字说明都编写在一个图块里，形成一个图式符号编码表，存储在计算机内，只要按一个键，编码表就可以显示出来；用光笔或鼠标点中所要的符号，其编码将自动送入测量记录中，用户无须记忆编码，随时可以查找，还可以对输入的实体的编码进行修改。随着GIS的广泛地建立，数字地籍测量的编码如何适应GIS的要求，如何形成统一的国标，还有待进一步探讨。

（三）连接信息

连接信息可分解为连接点和连接线型。

当测点是独立地物时，只要用地形编码来表明它的属性，即知道这个地物是什么，应该用什么样的符号来表示即可。如果测的是一个线状或面状地物，这时需要明确本测点与哪个点相连，以什么线型相连，才能形成一个地物。所谓线型，是指直线、曲线或圆弧线等。

二、数据处理

数据处理是数字地籍测量系统中的一个非常重要的环节。因为数字地籍测量中数据类型涉及面广，信息编码复杂，其数据采集方式和通信方式形式多样，坐标系统往往不一致，这对数据的应用和管理是不利的。因此，对数据进行加工处理，统一格式，统一坐标，形成结构合理、调用方便的分类数据文件，将是数字地籍测量软件中不可缺少的组成部分。数据处理软件通常由数据预处理模块和数据处理模块组成。

（一）数据预处理

数据预处理的目的主要是对所采集的数据进行各种限差检验，消除矛盾并统一坐标系统。具体内容大体上包括以下几个部分：

（1）对野外采集并传输到计算机内的原始数据进行合理的筛选、科学的分类处理，并对外业观测值的完整性及各项限差进行检验。

（2）对于未经平差计算的外业成果实施平差计算，从而求出点位坐标。

（二）数据处理

经过预处理之后的数据，已进行了分类，形成了各自的文件。但这些数据文件还不能直接用来绘图，真正可以用来绘图的文件，尚需进一步处理。数据处理模块主要应包含以下几个部分：

（1）对碎部地物点数据文件进行进一步处理，检验其地物信息编码的合法性和完整性，组成以地物号为序的新的数据文件，并对某些规则地物进行直角化处理，以方便图形数据文件的形成。

（2）对界址点数据文件进行进一步处理，界址点测量的数据结构一般采用拓扑结构，界址点信息编码亦应按此结构的要求设计和输入。在数据处理时，软件首先对信息编码的正确性进行检验，然后连接成界址链。这种数据结构，不仅体现了多边形的形状，而且便于根据观测数据计算出各宗地的面积，通过输入界址链的各宗地号，可清楚地反映各宗地的毗邻关系。

（3）根据新组成的数据文件的信息编码和定位坐标，再按照绘制各个矢量符号的程序，计算出自动绘制这些图形符号所需要的全部绘图坐标形成图形数据文件。

三、图形输出

绘制出清晰、准确的地图是数字地籍测量工作的主要目的之一，因此图形输出软件也就成为数字化成图软件中不可缺少的重要组成部分。各种测量数据和属性数据，经过数据处理之后所形成的图形数据、文件数据是以高斯直角坐标的形式存放的，而图形输出无论是在显示器上图形显示，还是在绘图仪上自动绘图，都存在一个坐标转换的问题。另外，还有图形截幅绘图比例尺确定、图式符号注记及图廓整饰等内容，都是计算机绘图不可缺少的内容，现简介如下。

（一）图形截幅

因为在数字化地籍测量野外数据采集时，常采用全站仪等设备自动记录或手工键入实测数据，并未在现场成图，因此对所采集的数据范围需要按照标准图幅的大小或用户确定的图幅尺寸进行截取，对自动成图来说，这项工作就称为图形截幅。也就是将图幅以外的数据内容截除，把图幅以内的数据保留，并考虑成图比例尺和图名图号等成图要素，按图幅分别形成新的图形数据文件。

图形截幅的基本思路是首先根据4个图廓点的高斯直角坐标，确定图幅范围；然后，对数据的坐标项进行判断，利用在图幅矩形框内的数据及由其组成的线段或图形，组成该图幅相应的图形数据文件，而在图幅以外的数据及由其组成的线段或图形，则仍保留在原数据文件中，以供相邻图幅提取。图形截幅的原理和软件设计的方法很多，常用的有四位码判断截幅、二位码判断截幅和一位码判断截幅等方式。

（二）图形显示与编辑

要实现图形屏幕显示，首先要将用高斯直角坐标形式存放的图形定位，并将这些数据转换成计算机屏幕坐标。高斯直角坐标系X轴向北为正，Y轴向东为正；对于一幅图来说，向上为X轴正方向，向右为Y轴正方向。而计算机显示器则以屏幕左上角为坐标系原点（0，0），X轴向右为正，Y轴向下为正，X，Y坐标值的范围则以屏幕的显示方式决定。因此，只需将高斯坐标系的原点平移至图幅左上角，再按顺时针方向旋转90°，并考虑两种坐标系的变换比例，即可实现由高斯直角坐标向屏幕坐标的转换。在屏幕上显示的图形可根据野外草图或原有地图进行检查，若发现问题，用程序可对其进行屏幕编辑和修改。经检查和编辑修改而准确无误的图形，软件能自动将其图形定位点的屏幕坐标再转换成高斯坐标，连同相应的信息编码保存图形数据文件中（原先有误的图形数据自动被新的数据所取代）或组成新的图形数据文件，供自动绘图时调用。

（三）绘围仪自动绘图

采用喷墨绘图仪进行图形输出，适合于对栅格数据或经过格式转换后形成的栅格数据进行处理。输出时，每个栅格像元对应一个"墨点"，最后输出一幅比例准确、表现精美的彩色地图。图形输出时，也应考虑其图形整饰、图形符号管理和绘图输出3个部分的内容。

第四节 地籍图原图数字化

随着信息技术在土地管理中的应用，各地相继建立城镇地籍数据库、土地利用数据库及地籍信息系统。在建库时往往要对大量的现有白纸地籍图进行数字化。目前，对模拟地籍数字化的方法有扫描数字化、手扶跟踪数字化两种，其中扫描数字化效率高，应用也最普及。

一、地籍图原图扫描数字化

扫描仪获取的数据是大量记录为"黑"和"白"以及一些中间色的像元，必须经过大量的处理工作才能变成有用的地籍图数据，如房屋、道路和权属界线等。像元的大小取决于扫描仪的步进距离等因素，有的扫描仪的步进距离可以按需要调整。

（一）图面预处理

在进行扫描数字化前首先进行图面预处理。图面预处理主要是检查相邻图幅的接边情况，线状要素的连续性，图斑界线是否闭合以及等高线是否连续、相接，与水系的关系是否正确等；标出同一条线上具有不同属性内容线段的分界点等；添补不完整的线划，如被注记符号等压盖而间断的线划，境界线以双线河、湖泊为界的部分均以线划连接；将图面上的各种注记标示清楚，包括图廓内外各种注记。

（二）分层矢量化

扫描仪获取的是栅格数据。对数字地籍图应用时，如点、线、面的计算，各种统计、分析等，要求数字地籍图必须用矢量数据表示，这样就要将扫描的栅格图像数据转换成矢量图形数据，即以坐标方式记录图形要素的几何形状。这个转换过程称为矢量化。矢量化的工作一般还需要人机交互来完成，最优途径就是扫描屏幕数字化的方法。

矢量化是指将栅格图像数据转换为矢量图形的过程，一般的线段可做到自动跟踪矢量化，但由于地图上线划分布比较复杂，地物要素的多样、重叠、交叉以及一些文字符号、注记等使得全自动跟踪矢量化更加困难。一般都采用人机交互与自动跟踪相结合的方法完成地图的矢量化，这一过程是在屏幕上进行的，也称屏幕数字化。线段跟踪算法的操作步骤如下：

（1）给定线段的起点，记录其坐标。

（2）以此点为中心，按8个方向的邻近像素，搜索下一个未跟踪的点，如果没有点则退出，若有点，则记下它的坐标（搜索方向）。

（3）将找到的点作为新的判别中心，转向操作（2），依次循环，直到追踪到另一端点（结束点），线段上所有点被自动跟踪出来。

（4）追踪结束。

地籍图矢量化是分层进行的，作业人员可以参照《城镇地籍数据库标准》《县（市）级土地利用数据库标准》进行分层。分层矢量化完成后必须对成果进行检查，检查合格后方能进行下一步的工作。目前，矢量化的软件主要有 CoreIDRAW、MapInfo、CASSCAN 等。

（三）坐标系转换及投影转换

由原图扫描生成的光栅图存在旋转、位移和畸变等误差，没有纠正过的光栅图不能真实地反映出原图上图形的位置和形状。只有通过对扫描图的一系列纠正才能让光栅图上图形的位置和形状与原图一致。

平面坐标的转换是根据4个内图廓点及格网点的坐标采集和键盘输入的相应点高斯平面坐标的对应关系，求出坐标系的平移和旋转参数，最后使两坐标系统一。平面坐标的转换可以基本上消除图纸旋转、位移和畸变等误差。

当行政区域跨过两个以上3°带时则选择一个主带，将附带的数据转换到主带上来。如果数据源的投影方式与要求不吻合，则需要进行投影转换。

（四）属性数据的录入

属性数据又称为非几何数据，包括定性数据和定量数据。定性数据用于描述地籍要素的分类或对要素进行标志，一般用拟定的属性码表示。定量数据则用于说明地籍图要素的性质、特征等。属性数据主要通过地籍调查或相关资料处理来获取，用键盘进行输入。

可以将属性数据与空间数据组织在数据文件的同一记录中。采用这种记录方式，可以在一个记录中同时反映出空间位置及其特征信息。但当数据量很大时，在数据管理过程中便显得很不灵活，同时又会造成很大的数据冗余，从而使数据处理时间增加，降低系统的效率。除此之外，还可以将属性数据以单独的数据文件方式与空间数据文件并存于文件系统中。采用这种方式，对于某些具体应用可能是简单实用的，但局限很大，结构不灵活，难以实现数据共享。

（五）数据接边处理

数据接边是指把被相邻图幅分割开的同一图形对象不同部分拼接成一个逻辑上完整的对象。在图形接边的同时，要注意保持与属性数据的一致性，数据接边要满足限差要求。

（六）属性数据的连接

在输入空间数据时可以直接在图形实体上附加特征编码，但当数据量较大时，这种交互输入的效率太低。因此，可以用特定的程序把属性与已数字化的点、线面空间实体连接起来。这样只要求空间实体带有唯一的识别符即可，识别符可以用程序自动生成也可以手工输入。

数字地籍图中属于一个空间实体的属性项目可能有很多，可以将其放入同一个记录中，而该记录的顺序号或者是某一特征数据项可作为该记录的识别符。该识别符与所对应的空间数据的识别符一起构成了它们之间相互检索的纽带。

二、数据编辑处理

在数据采集和录入过程中，不可避免地会产生错误。因此，数据采集、录入完成后，要对其进行必要的编辑处理，以保证数据符合要求。

数据编辑处理指在数字获取和图形输出这两个阶段之间所进行的各种数据处理，数据检索编辑与更新，以及执行建立图形的各种处理功能（如数据的选取、图形变换、各种专门符号的绘制注记等）和为图形输出（如宗地图、地籍图）而进行的计算机处理，这些工作都是通过调用系统和应用程序来完成的。编辑处理的途径是采用图形显示编辑方法，即将每次处理结果及时地在屏幕上显示，供编辑人员检查，以便对重复、遗漏或错误的数据进行编辑。编辑功能应包括数据的添加、删除、修改，图形的分割、连接、显示、放大、选取、变换，以及线划、符号、注记和图廓整饰处理等。

（一）编辑处理步骤

数据编辑处理工作是按照检查错误、编辑修改，再检查、再编辑修改，再检查……循环进行的，直到满足质量控制要求为止。

（二）编辑方法

（1）图形数据的编辑工作，一般利用土地信息系统软件提供的功能，或数据采集软件提供的编辑工具进行。图形数据的编辑工作包括点、线、面数据的增加、删除、移动、连接、相交等。对于带属性的图形数据，在编辑阶段，还要对其属性数据进行增加、删除或修改等。

（2）利用具有拓扑关系的地理信息系统软件建库时，还应建好拓扑关系，并对其进行检查。

（3）由于不同的软件功能不同，对数据的编辑处理方式有一定的差异。因此可根据软件的功能，以数据结构设计为标准，进行不断的编辑处理。

（4）属性数据的编辑处理主要是检查表中记录数据的正确性，进行增加、删除、修改等。

（三）编辑处理内容

（1）扫描影像图数据的编辑处理包括几何纠正。

（2）空间数据的编辑处理包括精度检查、与影像图数据的匹配、节点平差、图幅拼接、拐点匹配、行政界编辑、权属编辑、地类界编辑、数据的几何校正、投影变换接边处理要素分层等。在编辑处理的每个过程中要不断检查修正。

（3）属性数据的编辑处理主要包括各数据记录完整性和正确性检查与修改等。

（4）在数据编辑处理阶段，应该建立和完善图形数据与属性数据之间的对应连接关系。

第五节　数字地籍测绘系统测绘方法

一、数据地籍成图

数据地籍成图：将地籍调查和地籍测量的工作形成计算机存储的数字、图形、文字信息。

根据野外采集的数据绘出平面图。地籍部分的核心是带有宗地属性的权属线，其生成方法有两种：一是直接在屏幕上用指定坐标定点绘制；二是通过事先生成权属信息文件方法自动绘制。

生成权属信息数据文件：权属信息文件有权属合并、由图形生成权属、由复合线生成权属、由界址线生成权属4种方法，点击"地籍"弹出下拉菜单，点击"权属文件生成"。

权属合并需要用到两个文件，即权属引导文件和界址点数据文件。

权属引导文件的格式：宗地号，权利人，土地类别，界址点号……E（文件结束）说明；一宗地信息占一行，以E为结束符。宗地编号方法：街道号（地籍区号）＋街坊号（地籍子区号）＋宗地号（地块号），权利人按实际调查结果输入，土地类别按规范要求输入。

（1）编辑权属文件。鼠标点击"编辑\编辑文本文件"。

（2）权属信息文件生成。选择"地籍\权属文件生成\权属合并"项，弹出对话框，按提示输入文件名，生成权属引导文件，点击"打开"按钮。系统弹出对话框，提示"输入坐标点（界址点）数据文件名"，选择文件，点击打开按钮。系统弹出对话框，提示"输入地籍权属信息文件名"，在这里输入要保存的地籍信息权属文件名。当指令提示"权属合并完毕"时，表示权属信息数据文件已自动生成。

①由图形生成权属。在外业完成权属调查和地籍测量后，得到界址点坐标数据文件和宗地的权属信息。在内业，可以用此功能完成权属信息文件的生成工作。

先选择"绘图处理"下的"展野外点点号"功能，展出全站仪或GPS RTK测量的外业数据，然后选择"地籍\权属文件生成\由图形生成"。

这时系统在命令区有提示：

请选择：a.界址点号按序号累加；b.手工输入界址点号<1>按要求选择，默认选择a。

下面弹出对话框，要求输入地籍权属信息数据文件名，保存在合适的路径下，如果此文件已存在，则屏幕提示：

文件已存在，请选择：a追加该文件；b.覆盖该文件<1>按实际情况选择。

输入宗地号：输入0010100001，回车。

输入权属主：输入"××一中"，回车。

输入地类号：输入44，回车。

输入点：打开系统捕捉功能，用鼠标捕捉第一个界址点37。接着，命令行继续提示。

输入点：等待输入下一点。

……

一次选择39，40，41，182，181，36点。

输入点：回车或空格键完成该宗地的编辑。

请选择：a.继续下一宗地；b.退出，输入2，回车。

这时，权属信息数据文件已经自动生成。以上操作中采用的是坐标定位，也可用点号定位。用点号定位时不需要依次用鼠标捕捉相应点位，只需要直接输入点号。

进入点号定位的方法是：在屏幕右侧菜单上找到并点击"测点点号"，系统弹出对话框，要求输入点号对应的坐标数据文件，输入相应文件即可。这时按F2键可以看到权属生成过程。

②用复合线生成权属。这种方法在一个宗地就是一栋建筑物的情况下特别好用，否则就需要先手工沿着权属线画出封闭复合线。

"地籍＼权属文件生成＼由图形生成"，输入地籍权属信息数据文件名后，命令区提示。

选择复合线（回车结束）：用鼠标点取一定封闭建筑物。

输入宗地号：输入"010100001"，回车。

输入权属主：输入"××一中"，回车。

输入地类号：输入44，回车。

"该宗地已写入权属信息文件！"

选择复合线（回车结束）。

用界址线生成权属图。

如果图上没有界址线，可用"地籍"子菜单下"绘制权属线"生成。

使用此功能时，系统会提示输入宗地各边界的各个点。当宗地闭合时，系统将认为宗地已绘制完成，弹出对话框，要求输入宗地号、权属线地类号等。输入完成后点击"确定"按钮，系统会将对话框中的信息写入权属线。

权属线绘制完成后，就可以用界址线生成权属图，操作步骤如下：

执行"地籍＼权属生成＼由界址线生成"命令后，直接用鼠标在图上批量选取权属线，然后系统弹出对话框，要求输入权属信息文件名。这个文件将用来保存下一步要生成的权属信息。

输入文件名后，点击保存，权属信息将被自动写入权属信息文件。

已有权属线一般在统计地籍报表时，再生成权属信息文件。得到带属性权属线后，可通过"绘图处理＼依权属文件绘权属图"作权属图。

（3）权属信息文件合并。权属信息文件合并的作用只是将多个权属信息文件合并成一个文件，即将多宗地的信息合并到一个权属信息文件中。这个功能常在需要将多宗地信息汇总时使用。

绘权属地籍图：

生成平面图之后，可以用手工绘制权属线的方法绘制权属地籍图，也可以通过权属信息文件来自动绘制。

①手工绘制。使用"地籍"子菜单下"绘制权属线"功能生成，并选择不注记，可以手工绘出权属线，这种方法最直观。

②通过权属信息数据文件绘制。首先利用"地籍＼地籍参数设置"功能对成图参数进行设置。根据实际情况选择合适的注记方式，确定绘权属线时要做哪些权属注记，如要将

宗地号、地类、界址点间距离、权利人等全部注记，则在这些选项前的方格中打上钩。

参数设置完成后，选择"地籍\依权属文件绘制权属图"，弹出要求输入权属信息数据文件的对话框，输入权属信息文件，命令区提示。

输入范围（宗地号、街坊号或街道号）<全部>：根据绘图需要，输入要绘制地籍图的范围，默认为全部。

最后得到地籍图。

二、图形编辑

（一）修改界址点号

选取"地籍"菜单下修改的界址点号，系统提示："选择界址点圆圈"点取你要修改的界址点，也可以按住鼠标左键，拖框批量选择。回车，出现修改界址点提示对话框，对话框的左上角就是要修改界址点的位置，提示的是它的当前点号，将它修改成所需求的数值，回车。

系统会自动在当前宗地中寻找输入的点号。如果当前宗地中已有该点号，系统将弹出对话框，说明该点已存在，如果输入的点号有效，系统将其写入界址点圆圈的属性中。

当选择了多个界址点时，在下一个点的位置将出现修改界址点提示对话框，点号变成当前点号。

（二）重排界址点号

用此功能可以批量修改界址点号。

选取"地籍"菜单下"重排界址点号"功能。

屏幕提示：①手工选择要重排的界址点；②区域内按生成顺序重排；③区域内按从上到下、从左到右顺序编排，<1>按照所需的方法即可。然后系统会提示选择对象：选择需要重新排列的界址点后，输入界址点起始点，<1>在这里如输入界址点的起点号，点号将被赋予选中的第一个点，按顺时针方向，其他点的点号将依次加1。排列结束，最大界址点号为×××。

（三）界址点圆圈修饰（剪切\消隐）

此功能可一次性将全部界址点圆圈内的权属线切断或者消隐。

选取"地籍\界址点圆圈修饰\圆圈剪切（或者'生成消隐'和'撤销消隐'）"功能，一般在出图之前执行该功能。"生成消隐"则是将界址点圆圈不显示，但所有界址线仍然是一个整体，移动屏幕时可以看到圆圈内的界址线。

（四）界址点生成数据文件

用此功能可一次性将全部界址点坐标读出来，写入坐标数据文件中。选取"地籍"菜单下"界址点生成数据文件"功能。屏幕弹出对话框，提示输入地籍权属信息数据文件名。输入后点击"确定"。

屏幕提示：①手工选择界址点；②指定区域边界。<1>如果选择手工选择界址点，回车后框选所有要生成坐标文件的界址点。如果只想生成一定区域内的界址点的坐标数据文件，可选择先用复合线画出区域边界，然后点去所画复合线，这时生成的坐标数据文件只包含区域内的点。

选取"地籍"菜单下"查找指定界址点"功能。屏幕提示：

输入要查找的界址点号，输入界址点号，回车后，系统在图上寻找所输入的点号，然后将图进行平移，使得当前点居中显示，同时显示该点坐标。

如果是查找宗地，用"查找指定宗地"功能，输入宗地号，系统也会将制定宗地居中显示。

（五）修改宗地属性、修改界址线属性、修改节制点属性

点取"地籍"可以对宗地属性、界址线属性进行修改。

（六）输出宗地属性

选取"地籍\输出宗地属性"功能屏幕提示，输入ACCESS数据文件名，输入文件名，点击确定，输出成功。

三、宗地处理

（一）宗地加界址点

宗地缺少界址点时可以通过该功能增加界址点，点取"地籍\宗地加界址点"功能，屏幕提示：

指定插入点位置：用鼠标点击要添加界址点的位置。

指定添加点的新位置；确定添加点的具体位置，完成后，除界址线位置移动外，宗地属性无变化。

（二）宗地合并

宗地合并可以每次将两宗地合为一宗。选取"地籍\宗地合并"功能，屏幕提示：

选择第一宗地：点取第一宗地权属线。

选择第二宗地：点取第二宗地权属线。

完成后两宗地的公共边被删除，宗地属性为第一宗地的属性。

（三）宗地分割

宗地分割每一次将一宗地分割成两宗地。执行此项工作前必须先将分割线用复合线画出来。选取"地籍成图"菜单下"宗地分割功能"，屏幕提示：

选择要分割的宗地：选择要分割的权属线。

选择分割线：选择用复合线画出的分割线。回车后，原来的宗地自动分为两宗，但此时属性与原宗地相同，需要进一步修改其属性。

（四）绘制宗地图

绘制地籍图完成后，便可制作宗地图了。具有单块宗地图制作和多块宗地图制作两种方法。两种都是基于带属性的权属线。

1.单块宗地图的制作

此方法可用鼠标划出切割范围。打开地籍图.dwg文件。选择"地籍\绘制宗地图框\A4竖\单块宗地\"。命令区提示：

用鼠标器指定宗地范围——第一角：用鼠标指定要处理宗地的左下方。

用鼠标器指定宗地范围——第二角：用鼠标指定要处理宗地的右上方。

这时，系统会弹出宗地参数设置的对话框。根据需要进行设置，在输入保存路径时参数设置后系统提示：用鼠标器指定宗地图框的定位点，操作后则在指定位置显示单块宗地图。

2.多块宗地图制作

选择"地籍\绘制宗地图框\A4竖\单块宗地\"。弹出"宗地参数设置的对话框"对话框，设置后点击确定。系统提示：

选择对象：选择多个要制作的地籍图，然后点回车。

用鼠标器指定宗地图框的定位点：单击后自动生成多块宗地图。

（五）绘制地籍表格

选择"绘图处理\绘制地籍表格"下拉菜单，根据要求输入相应的地籍信息，即可分别得到界址点成果表、坐标表，以及各种面积汇总等地籍成果表。

参考文献

[1]朱志铎.岩土工程勘察[M].南京：东南大学出版社，2022.

[2]曹方秀.岩土工程勘察设计与实践[M].长春：吉林科学技术出版社，2022.

[3]刘兴智，王楚维，马艳.地质测绘与岩土工程技术应用[M].长春：吉林科学技术出版社，2022.

[4]李潮雄，田树斌，李国锋.测绘工程技术与工程地质勘察研究[M].北京：文化发展出版社，2019.

[5]谢强，郭永春，李娅.土木工程地质[M].4版.成都：西南交通大学出版社，2021.

[6]张宏兵，蒋甫玉，黄国娇.工程地球物理勘探[M].北京：中国水利水电出版社，2019.

[7]王冬梅.遥感技术应用[M]2版.武汉：武汉大学出版社，2023.

[8]邹同元，丁火平.星地一体化遥感数据处理技术[M].北京：机械工业出版社，2020.

[9]余培杰，刘延伦，翟银凤.现代土木工程测绘技术分析研究[M].长春：吉林科学技术出版社，2020.

[10]李丹，刘妍，倪春迪，等.地图制图学基础[M].武汉：武汉大学出版社，2021.

[11]王冬梅.无人机测绘技术[M].武汉：武汉大学出版社，2020.

[12]艾玉红，董文，吴思，等.国土空间规划体系下村庄建设用地规模研究[J].小城镇建设，2021，39（1）：24-31.

[13]宋大权.国土空间规划功能定位与实施路径探析[J].现代商贸工业，2021，42（4）：157-158.

[14]邓丽君，栾立欣，刘学.完善新时期国土空间规划体系的几点思考[J].中国国土资源经济，2021，34（1）：21-27.

[15]李如海.国土空间规划：现实困境与体系重构[J].城市规划，2021，45（2）：58-64+72.

[16]刘鸿展，周国华，王鹏，等.基于CiteSpace的国土空间规划研究进展与展望[J].湖南

师范大学自然科学学报，2021，44（1）：1-10.

[17]郝庆，邓玲，封志明.面向国土空间规划的"双评价"：抗解问题与有限理性[J].自然资源学报，2021，36（3）：541-551.

[18]温啸静.国土资源规划与可持续发展[J].居舍，2021（11）：7-8.

[19]王炯.建设用地与国土资源规划设计[J].建筑结构，2021，51（13）：146.

[20]凌敏.新时期国土空间规划的战略研究[J].冶金管理，2021（13）：166+190.

[21]田甜.人口大数据在国土资源规划中的应用研究[J].居业，2021（11）：19-20.

[22]刘自增，姚建华，张德政，等.国土空间规划的遥感监测技术思考和探讨[J].科技创新与应用，2022，12（2）：148-150.

[23]吴启红.矿山复杂采空区稳定性分析、治理及生态修复研究[M].西安：西北工业大学出版社，2023.

[24]单治钢，周光辉，张明林，等.复杂条件地质钻探与取样技术[M].北京：中国水利水电出版社，2022.